普通高等教育"十三五"规划教材

PUTONG GAODENGJIAOYU SHISANWU GUIHUA JIAOCAI

机械制造工艺学

◎主 编：何 瑛　欧阳八生　◎副主编：陈书涵　蔡小华

JIXIEZHIZAOGONGYIXUE

U0642533

中南大学出版社
www.csupress.com.cn

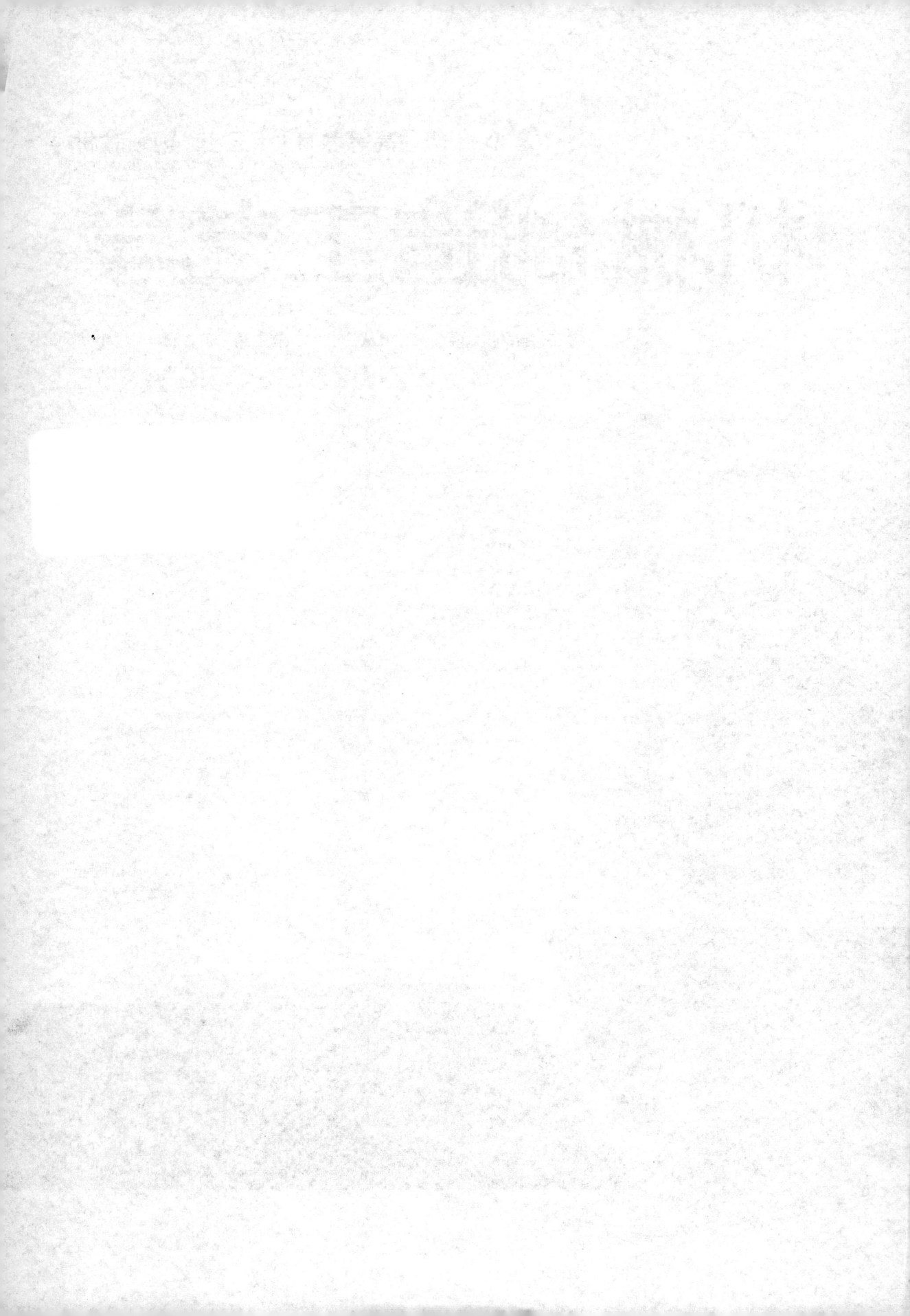

内容提要

　　本教材是根据近年来机械制造技术的发展，以及"教育部机械制造工艺及设备专业教学指导委员会"制订的教学计划和课程教学大纲要求编写的。在章节安排和内容阐述上，一方面保持知识体系的完整性；另一方面努力使知识阐述更加循序渐进，更加符合学生的认知规律，并富有启发性。全书内容共分 8 章：绪论、机械加工过程与工艺规程设计、典型零件加工工艺、机械装配工艺基础、机械加工精度及表面质量控制、机床夹具设计、典型机床夹具设计及先进制造技术基础等。

　　本教材简明扼要，实用性强，突出强调机械加工工艺规程编写能力的培养与训练。力求在保证基本内容的基础上，为反映现代制造工艺技术的发展，增加了一些新内容。配有较多的实例分析，每章后附有思考题，以培养学生综合分析问题和解决问题的能力，加强对学生能力的培养。

　　本书主要作为高等院校机械制造专业及相关专业本科教材，也可供高职高专学校、职工大学、电视大学、函授大学、业余大学等学生作为教材或参考书，同时也可供从事机械制造业的工程技术人员和自学考试考生参考。

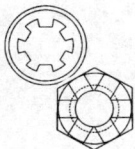

总序 F☉REWORD

　　机械工程学科作为联结自然科学与工程行为的桥梁，它是支撑物质社会的重要基础，在国家经济发展与科学技术发展布局中占有重要的地位，21世纪的机械工程学科面临诸多重大挑战，其突破将催生社会重大经济变革。当前机械工程学科进入了一个全新的发展阶段，总的发展趋势是：以提升人类生活品质为目标，发展新概念产品、高效高功能制造技术、功能极端化装备设计制造理论与技术、制造过程智能化和精准化理论与技术、人造系统与自然世界和谐发展的可持续制造技术等。这对担负机械工程人才培养任务的高等学校提出了新挑战：高校必须突破传统思维束缚，培养能适应国家高速发展需求的具有机械学科新知识结构和创新能力的高素质人才。

　　为了顺应机械工程学科高等教育发展的新形势，湖南省机械工程学会、湖南省机械原理教学研究会、湖南省机械设计教学研究会、湖南省工程图学教学研究会、湖南省金工教学研究会与中南大学出版社一起积极组织了高等学校机械类专业系列教材的建设规划工作，成立了规划教材编委会。编委会由各高等学校机电学院院长及具有较高理论水平和教学经验的教授、学者和专家组成。编委会组织国内近20所高等学校长期在教学、教改第一线工作的骨干教师召开了多次教材建设研讨会和提纲讨论会，充分交流教学成果、教改经验、教材建设经验，把教学研究成果与教材建设结合起来，并对教材编写的指导思想、特色、内容等进行了充分的论证，统一认识，明确思路。在此基础上，经编委会推荐和遴选，近百名具有丰富教学实践经验的教师参加了这套教材的编写工作。历经两年多的努力，这套教材终于与读者见面了，它凝结了全体编写者与组织者的心血，是他们集体智慧的结晶，也是他们教学教改成果的总结，体现了编写者对教育部"质量工程"精神的深刻领悟和对本学科教育规律的把握。

　　这套教材包括了高等学校机械类专业的基础课和部分专业基础课教材。整体看来，这套教材具有以下特色：

（1）根据教育部高等学校教学指导委员会相关课程的教学基本要求编写。遵循"重基础、宽口径、强能力、强应用"的原则，注重科学性、系统性、实践性。

（2）注重创新。本套教材不但反映了机械学科新知识、新技术、新方法的发展趋势和研究成果，还反映了其他相关学科在与机械学科的融合与渗透中产生的新前沿，体现了学科交叉对本学科的促进；教材与工程实践联系密切，应用实例丰富，体现了机械学科应用领域在不断扩大。

（3）注重质量。本套教材编写组对教材内容进行了严格的审定与把关，教材力求概念准确、叙述精练、案例典型、深入浅出、用词规范，采用最新国家标准及技术规范，确保了教材的高质量与权威性。

（4）教材体系立体化。为了方便教师教学与学生学习，本套教材还提供了电子课件、教学指导、教学大纲、考试大纲、题库、案例素材等教学资源支持服务平台。

教材要出精品，而精品不是一蹴而就的，我将这套书推荐给大家，请广大读者对它提出意见与建议，以利进一步提高。也希望教材编委会及出版社能做到与时俱进，根据高等教育改革发展形势、机械工程学科发展趋势和使用中的新体验，不断对教材进行修改、创新、完善，精益求精，使之更好地适应高等教育人才培养的需要。

衷心祝愿这套教材能在我国机械工程学科高等教育中充分发挥它的作用，也期待着这套教材能哺育新一代学子茁壮成长。

中国工程院院士　钟　掘

前言 PREFACE

为了适应新形势下普通高等学校本科人才培养需求，我们在总结专业教学实践和工程实践经验的基础上，根据"教育部机械制造工艺及设备专业教学指导委员会"所制订的教学大纲编写了本书。

本书的写作过程中始终贯彻下面的基本思想：

写一本容易读的书。在保证知识内容阐述完整严密的条件下，追求叙述直白、易懂。

写一本实用性强的书。机械制造工艺学是与生产实际联系密切的课程，有些内容较为难懂。本书编写力求使教师容易教，学生易懂，便于学生获取实用性强的知识。

本书内容完整，实例丰富，简明扼要，实用性强。突出强调机械加工工艺规程编写能力培养与训练。特点如下：

（1）体系完整，结构合理。在章节安排和内容阐述上，一方面保持知识体系的完整性；另一方面努力使知识阐述更加循序渐进、循循善诱，更加符合学生的认知规律，并富有启发性。

（2）重点突出，简明精炼。突出课程的主线，并加强工艺与设计的配合。全书叙述简明，论述精炼。

（3）注重能力，突出实用。针对当今社会人才需求，加强学生的能力培养的内容。机械制造工艺是机械行业的一项重要和主要工程技术。教材强化了所阐述知识内容的实用性，强化了例题和实例与工程实际的联系，并对部分例题进行了较详细解答。

（4）反映发展，顺应形势。增加了特种加工工艺等反映新技术发展的内容，在教材内容多方面反映了新技术的发展。新的教育形势发展需要加强教学效果与效率，适应快节奏的生活方式。

本书使用提示：建议课堂授课48学时，课程教学可以另外配备一定数量的实验课、习题课。限于篇幅，教材实例内容受到一定限制，而实际案例对于培养学生的素质与能力十分有益。因此对于多学时情况，建议授课教师可以针对学生专业方向，适当增加案例讲解，进一步扩充本书实例内容，将有助于培养学生的素质与能力。

全书编写分工如下：第1~2章由何瑛编写，第3~4章由欧阳八生编写，第5~6章由陈书涵编写，第7~8章由蔡小华编写。全书由何瑛、欧阳八生组织编写，并完成统稿和校稿工作。

由于编者水平有限，书中缺点和错误在所难免，恳请读者不吝指正。

编　者

CONTENTS 目录

第1章
绪论

第一节 机械制造生产过程简介

一、机械制造工程

机械制造企业是生产制造与经营机械产品的工业企业。机械制造工程是指机械制造企业在从最初识别市场需求到最终满足用户要求的全过程中，所进行的一系列活动的总和。这些活动包括：营销和市场调研，产品开发和设计，过程策划和开发，采购，生产或服务提供，验证，包装和储存，销售和分发，安装和投入运行，技术支持和售后服务，使用寿命结束时的处置或再生利用，等等。或者说机械制造工程就是在对市场进行调研的基础上，开发机械产品，设计机械产品与制造工艺，按照设计生产出机械产品实体，进行市场营销，使机械产品在质量、数量、价格和交货期等方面满足用户的需求或符合对用户的市场协议，同时获得企业满意的经济效益的全部工程活动。可见机械产品的设计、生产和营销是机械制造工程的主要职能。

按照系统工程的观点，企业是一个系统。机械制造工程是从企业这个系统的内、外输入各种投入物，再将作为投入物的各种生产要素转换为包括产品和服务的产出物，向企业系统之外的市场输出。投入物是各种生产要素，包括劳动力、劳动对象、劳动手段和各种生产、技术与市场信息，产出物则是具有用户满意的性能、质量、数量、价格和交货期并为企业带来效益的机械产品和服务。在转换过程中，作为主导因素的人（劳动力，包括工人、技术人员和管理人员），在劳动分工和协作的条件下，按照一定的标准、方法和步骤（例如技术标准、工作标准、工作程序和工艺规程等），使用一定的劳动工具（例如厂房、机床、设备和工具）或借助于自然力的作用（例如铸件、锻件和热处理件的自然冷却和时效，表面油漆的自然干燥等），作用于劳动对象（例如原材料、毛坯、零部件等工件和信息），使之成为具有定购使用价值的机械产品。

二、机械制造生产过程及构成

1. 机械制造生产过程

作为系统转换的一部分，机械制造生产过程通过各种生产手段对加工对象的形状、尺寸和性能进行改变。制造工业的生产过程有两种基本类型：流程式生产过程和加工装配式生产过程。在流程式生产过程中，原材料投入生产线后顺序而下，经过连续的作业和一定的程序后即产出产品，如钢铁冶炼。在加工装配式生产过程中，一般是先出原材料生产毛坯，制造零件，然后装配成组件、部件、总成，最后总装配为一个完整的最终产品。机械产品结构复杂，制造工艺复杂，生产组织复杂，所需要的机床设备和工艺装备繁多，机械制造生产过程

1

具有多品种、多零件、多工艺阶段、多工种、多工序、社会化大生产和专业化协作的特点。

机械制造生产过程还包括运输和储存等场所和时间的转换。运输是按照工艺流程将工件在工作地之间移动。储存是为适应工艺流程和生产经营而对原材料、半成品及产成品的储备库存。运输和储存都是机械制造生产过程不可缺少的组成部分。

机械制造企业的生产制造和经营活动的全过程需要进行有效的管理。管理是为了实现企业的经营目标、适应市场需求和提高企业经济效益。管理承担着对生产经营全过程的计划、指挥、组织、协调和控制。广义地讲，机械制造企业管理涉及整个机械制造工程的方方面面。我国国有大中型机械制造企业的管理一般包括以下内容：计划管理、销售管理、组织人事管理、生产管理、产品开发与技术管理、质量管理、劳动工资管理、教育培训管理、设备基建管理、物资管理、财务成本管理、安全技术与环境保护管理、后勤保障管理、思想政治工作等。狭义的机械制造生产过程管理则只涉及生产计划、生产过程的组织、劳动定额与物资定额、工艺技术、设备工具、质量、安全生产与环境保护、成本与经济核算及生产服务等生产过程的管理。

2. 机械制造生产过程的构成

机械制造生产过程是机械制造企业的基本产品和辅助产品生产过程的总和，包括产品的直接生产过程和与产品生产过程有关的其他生产活动和过程。一个较为完整的机械制造生产过程由以下几部分组成。

（1）生产技术准备过程。生产技术准备过程是指机械产品在投入生产前所进行的各种技术准备工作。例如产品开发、产品设计、工艺设计、工艺装备的设计制造、标准化、材料定额和工时定额、劳动组织、厂房与设备的配置等。

（2）基本生产过程。基本生产过程是指机械制造企业生产市场销售的产品即基本产品的过程。机械制造企业的基本生产过程一般包括下料、铸造、锻压、切削加工、热处理、表面处理、电化学处理、铆焊、钳工、装配、油漆等工艺与作业。在生产过程中，这些直接使用各种工艺作业方法生产零部件和产品的过程称为工艺过程。

（3）辅助生产过程。辅助生产过程是为保证基本生产过程的正常进行所必需的各种辅助产品的生产过程。例如一些大型机械制造企业自己进行各种动力（压缩空气、蒸汽、供水、发电等）的生产，自己制造专用的设备、工具、夹具、量具、模具、刃具，自己进行厂房建设和维修、设备的安装和维修及备件生产等。

（4）生产服务过程。生产服务过程是为基本生产过程和辅助生产过程所做的各种生产服务活动。例如物资供应、半成品、成品运输、包装、储存、检验、试验、发送、售后服务等。

（5）附属生产过程。附属生产过程是指机械制造企业在基本生产过程和辅助生产过程以外为进行综合利用和提高效益而进行的其他生产过程，例如铁屑的烧结回用等。

在构成机械制造生产过程的各组成部分中，生产技术准备过程是整个生产过程是否有效率和有效益的前提。而基本生产过程则是其核心，其他过程都应服从于和服务于生产技术准备过程和基本生产过程，使整个生产过程成为企业系统中的一个高效率和高效益的子系统。

当然，并非每一个机械制造企业的生产过程都必须完整地包括以上所有的过程。这与产品的复杂程度、企业生产规模和能力、装备的技术水平与工艺方法、专业化生产及社会化协作的能力及水平、企业经营管理水平以及整个经济市场化的水平等都有关系。

三、机械制造企业生产过程组织

生产过程是在一定的时间、一定的空间进行的。机械制造生产过程的组织包括生产过程的空间组织和生产过程的时间组织。生产过程的空间组织指工厂的总体规划布置、生产单位（分厂、车间、工段、班组）的设置、机器设备设施的配套和布置等，其目的是形成一个相互分工和密切协作，保证生产过程高质高效进行的空间布局。生产过程的时间组织指生产对象按照工艺规程在生产过程的空间组织中运行，在时间上相互配合和衔接，其目的是保证生产过程的连续性和节奏性，提高设备利用率，缩短产品的生产周期，保证对用户的交货期。

1. 机械制造企业生产单位组成

实现机械制造生产过程需要有一定的组织机构，将机械制造企业内的各种生产要素有机地组合，以实现一定的功能，这就是企业的生产单位。

机械制造企业生产单位按其在生产过程中的职能和作用可分为生产技术准备部门、基本生产部门、辅助生产部门、生产服务部门和附属生产部门。

（1）基本生产部门。指直接进行基本产品生产、实现基本生产过程的生产单位。一般机械制造企业的基本生产部门有以下车间：

①准备车间。如备料、铸造、锻压等车间或工段。

②加工车间。如机械加工、冲压、铆焊、热处理、电镀等车间或工段。

③装配车间。如部件装配车间、总装装配车间或工段等。

（2）辅助生产部门。指为基本生产过程提供产品和服务、实现辅助生产过程的生产单位。机械制造企业的辅助生产部门有以下车间：

①辅助车间。如机修、电修、工具、模具、模型、建筑等车间。

②动力车间。如供电、供水、供压缩空气、供氧气等车间或部门。

（3）生产服务部门。指为基本生产过程和辅助生产过程服务的生产单位。

①运输部门。

②仓库。如材料库、半成品库、成品库、工具库、设备配件库等。

③试验、计量与检测部门。如中心试验室、中心计量室、试验站、技术检查站等。

（4）生产技术准备部门。生产技术准备部门是为基本生产过程和辅助生产过程提供产品设计、工艺设计、工艺装备设计、非标准设备设计、非标准刀具设计、装配说明书、试验大纲、检验规范和质量保证体系等技术文件，进行新产品的开发、试制和鉴定，进行新工艺的开发，规划厂房、设备、工夹量具及制定各种消耗定额的部门。一般包括开发、设计、工艺、工具、物资、劳动工资等部门和试制车间。

（5）附属生产部门。在机械制造生产过程中，各个生产单位按照一定的权责分工协作，形成有机的系统，保证实现机械制造生产过程的合理要求。实际上机械制造企业的生产单位组成需要从实际出发，考虑企业的产品方向、生产的专业化和协作水平、生产规模、产品结构特点、设备和工艺特点、工厂总体布置以及企业的经营环境等，动态设置和调整，如综合利用车间等。

2. 机械制造企业厂区布置

厂区的布置是否合理将直接影响到整个生产过程的效率和效益。机械制造企业厂区布置是指在原材料的接收到成品的制造完成以及销售发运的全部过程中，按照合理组织生产过程对人员、设备、物料所需要的空间的要求，在工厂的全部平面和空间内，对工厂的生产车间、辅助设施、运输线路、服务设施以及办公室等进行总体分配和布置，使其有机组合，保证生产过程高效地进行，并获得最大的经济效益。机械制造企业的厂区布置有以下基本原则：

（1）生产厂房和设备设施的布置应力求满足生产过程的要求，保证生产按照基本生产过程、工艺过程的顺序流程通畅。原材料、半成品及成品的运输线路尽可能短，避免交叉、往返和重复，以缩短生产周期，节约运输及生产费用。一般可按以下顺序布置：材料库—准备车间—加工车间—装配车间—成品库。

（2）按照工艺过程的顺序，有密切联系和协作关系的生产单位尽量相互靠近，辅助生产部门和生产服务部门尽量靠近其主要服务的基本生产部门，使整个工区紧凑合理。

（3）充分利用现有的公共基础设施。如公路、铁路、港口、管道、线路和社区生活供应保障体系等。

（4）综合考虑生产性质，水、电、气等动力和物料的需求、供应与周转，安全与环境保护以及周边环境等因素，合理规划利用厂区。例如可按此原则把厂区划分为热加工车间区、冷加工车间区、木材加工车间区、动力设施区、仓库区和厂前区等。

（5）努力提高厂区布置的建筑系数(厂房建筑占地面积与工厂总面积的比)，高效率地利用立体空间，使厂区面积尽量有效用于生产经营。

（6）综合考虑当前需要和长远发展、企业资源和经济效益、生产经营的相对稳定性和适应市场需求变化的灵活性，总体规划适度，留有余地。

3. 生产过程的时间组织

机械产品的生产过程有简单生产过程和复杂生产过程之分。简单生产过程指单一零件的加工过程或单一部件的装配过程，它由顺次密切联系的上下工序组成，是企业整个产品生产过程的一部分。在由许多个零部件装配而成的机械产品生产过程中，这些零部件各自在不同的工作地平行或顺序地生产和装配，最后再全部集中总装配为一个完整的机械产品，这就是复杂生产过程。一般机械产品的生产过程就是由若干简单生产过程集合而成的复杂生产过程。产品或零部件从原材料投入生产，到制成成品及检验合格入库的整个生产过程所经过的日历时间，就是产品或零部件的生产周期。实际生产过程所消耗的时间不仅有各工序的加工时间，产生的工艺时间，还有工序之间的运输、检验、入库保险期以及非生产性活动等所造成的工序间中断时间。

在一般机械制造企业中，产品和零部件都是按一定的批量生产的。在组织批量生产时，这些零件在工序间可以有着不同的移动方式，这些不同的移动方式就形成了生产过程的不同的时间组织。一批零件在工序间的移动方式不同，生产过程的时间组织不同，实现的生产周期就不同。零件在工序间的移动有以下3种方式：

（1）顺序移动方式。是指一批零件在前一道工序全部加工完毕以后，才整批转到下道工序进行加工的移动方式。顺序移动方式的工艺周期等于该批零件的全部工序加工时间的总和。

在顺序移动方式下，一批零件在各道工序加工的时间是集中的，加工过程连续进行，设备没有停歇，生产过程组织简单。但每个零件都有中断时间，工艺周期长，一般用于批量不大和工序时间短的生产。

（2）平行移动方式。平行移动方式是每个零件在前道工序加工完毕之后，立即转移到下一道工序加工，形成一批零件中的各个零件同时在各道工序上平行地进行加工。

在平行移动方式下一批零件的工艺周期最短，但运输工作量最大。在实际生产中，零件在各道工序的加工时间一般不等，当后道工序的单件加工时间小于前道工序时，会出现后道工序在每个零件加工完毕之后都有中断和停歇时间；反之，当后道工序的单件加工时间大于前道工序时，又会出现零件等待加工的现象。采用平行移动方式的比较理想的情况是各道工序加工时间相等，工序间衔接紧凑，无中断和等待。若批量足够大，宜组织流水生产。

（3）平行顺序移动方式。平行顺序移动方式既考虑了相邻工序加工时间的重合，又保持了该批零件在工序上的顺序加工，是平行移动方式和顺序移动方式的综合运用。

平行顺序移动方式兼有以上两种移动方式的优点，其工艺周期虽比平行移动方式长，但短于顺序移动方式。设备和人员的停歇时间又不像平行移动方式那样零散，运输次数也较之少。它的缺点是生产过程的组织较复杂。

批量生产零件移动方式的选择要综合考虑多种因素，例如，批量大小、零件加工工序时间长短、生产单位专业化形式等。批量小，零件加工工序时间短，宜采用顺序移动方式。批量大，零件加工工序时间长，可选择平行移动方式或平行顺序移动方式。工艺专业化生产单位宜采用顺序移动方式。对象专业化生产单位可选择平行移动方式或平行顺序移动方式。在多种零部件同时生产的复杂生产过程中，除了一批零件的移动方式外，还要以产品的主要零件为基础，综合考虑所有不同零部件之间的衔接配合来确定整个生产过程的时间组织。

四、机械制造生产过程中的成本费用

机械产品的生产经营过程同时也是生产和经营管理的耗费过程，包括各种人力资源和物质资源的耗费。这些耗费的货币表现形态就是生产和经营管理的费用。它们由以下要素组成：

（1）外购材料。指为生产机械产品，直接和间接耗用的半成品、辅助材料、包装物、修理用备件和低值易耗品等。

（2）外购燃料。指耗用的一切从外部购进的各种燃料。

（3）外购动力。指耗用的一切从外部购进的各种动力。

（4）工资。指企业全体员工的工资。

（5）职工福利费。应按规定提取。

（6）折旧费。指厂房、设备等长期使用的固定资产因折旧按年度分摊计提的费用。

（7）利息费用。指企业为筹集资金所发生的利息费用。

（8）税金。指企业依法向国家缴纳的各种税金。

（9）其他费用。

由以上要素构成的机械制造企业的生产和经营管理费用又可以归结为：用于机械产品生产的费用，称为生产费用；用于机械产品销售的费用，称为销售费用；用于组织和管理生产和经营活动的费用，称为管理费用；用于筹集生产和经营资金的费用，称为财务费用。机械制造企业为生产一定种类、一定数量的产品所支出的各种生产费用之和，就是这些产品的生产成本，也称产品的制造成本。销售费用、管理费用、财务费用又总称为经营管理费用。制造成本和经营管理费用就是机械制造企业的生产经营管理费用。此外，机械制造企业还会发生各种非生产经营管理的费用。企业的全部生产经营管理费用和非生产经营管理费用就构成了机械制造企业的成本费用。

生产经营的最终目的是要销售产品以获取利润，销售产品和提供服务实现一定的收入，收入减去成本费用和上缴的税费后的余额就是利润。利润是企业在一定期间内的生产和经营成果。企业有利润就是盈利，没有利润就会出现亏损。显然，要提高机械制造企业的经济效益，增加利润，就要在不断地增加收入的同时，降低成本费用。在这方面，对于机械制造生产过程而言，提高产品质量、降低各种人力资源和物质资源的消耗能起到最为直接的作用。

第二节　机械制造技术的现状及发展方向

一、机械制造技术的现状

制造技术是当代科学技术发展最为重要的领域之一，是产品更新、生产发展、市场竞争的重要手段，各发达国家纷纷把先进制造技术列为国家的高新关键技术和优先发展项目，给予了极大的关注。机械制造业是国民经济的支柱产业，也是其他各种产业的基础和支柱，各种产业的发展都有赖于制造业提供高水平的专用和通用设备，从一定意义上讲，机械制造技术的发展水平决定着其他产业的发展水平。在国际国内的激烈竞争中，具有适应市场要求的快速响应能力并能为市场提供优质的产品，对于增强市场竞争能力是非常重要的因素，而快速响应能力和产品质量的提高，主要是取决于制造技术水平。一个国家的经济独立性和工业自力更生能力也在很大程度上取决于制造技术水平。

正是由于上述原因，各国都对制造技术的发展给予高度的重视。美国国防部根据国会的要求委托里海（Leihigh）大学于1994年提出了《21世纪制造企业战略》报告，其核心就是要使美国的制造业在2006年以前处于世界领先地位。而日本自50年代以来经济的高速发展，在很大程度上也是得益于制造技术领域研究成果的支持。

新中国建立60多年来，我国的机械制造业也取得了很大的成就。在解放初几乎空白的工业基础上，建立起了初步完善的制造业体系，生产出了我国的第一辆汽车、第一艘轮船、第一台机车、第一架飞机、第一颗人造地球卫星等，为我国的国民经济建设和科技进步提供了有力的基础支持，为满足人民群众的物质生活需要作出了很大的贡献。"八五"计划以来，我国机械工业努力追赶世界制造技术的先进水平，积极开发新产品、研究推广先进制造技术，我国的机械制造技术水平在引进吸收国外先进技术的基础上有了飞速的发展。从1999年中国国际机床博览会可以看出，我国的机床产品较之上一届博览会有了长足的进步，为航天等国防尖端、造船、大型发电设备制造、机车车辆制造等重要行业提供了一批高质量的数控机床和柔性制造单元；为汽车、摩托车等大批量生产行业提供了可靠性高、精度保持性好的柔性生产线；已经可以供应实现网络制造的设备；五轴联动数控技术更加成熟；高速数控机床、高精度精密数控机床、并联机床等已走向实用化；国内自主开发的基于PC的第六代数控系统已逐步成熟，数控机床的整机性能、精度、加工效率等都有了很大的提高；在技术上已经克服了长期困扰我们的可靠性问题。

同时，我们也必须认识到，我国的制造技术与国际先进技术水平相比还有不小的差距。数控机床在我国机械制造领域的普及率仍不高，国产先进数控设备的市场占有率还较低，数控刀具、数控检测系统等数控机床的配套设备仍不能适应技术发展的需要，机械制造行业的制造精度、生产效率、整体效益等都还不能满足市场经济发展的要求。这些问题都需要我们

6

继续努力去攻克。

二、机械制造技术的发展方向

传统的机械制造过程是一个离散的生产过程，它是以制造技术为核心的一个狭义的制造过程。随着科学技术的发展，传统的机械制造技术与计算机技术、数控技术、微电子技术、传感技术等相互结合，形成了以系统性、设计与工艺一体化、精密加工技术、产品生命全过程制造和人、组织、技术三结合为特点的先进制造技术。其涉及的领域可概括为与新技术、新工艺、新材料和新设备有关的几项制造技术和与生产类型有关的综合自动化技术两方面。其发展方向主要在以下几个方面：

1. 制造系统的自动化

机械制造自动化的发展经历了单机自动化、自动线、数控机床、加工中心、柔性创造系统、计算机集成制造和并行工程等几个阶段，并进一步向柔性化、集成化、智能化发展。CAD/CAPP/CAM/CAE（计算机辅助设计/计算机辅助工艺规程/计算机辅助制造/计算机辅助分析）等技术进一步完善并集成化，为提高生产效率、改善劳动条件、保证产品质量、实现快速响应提供了必要的保证。

2. 工程与微型机械精密加工

精密工程包括精密和超精密加工技术、微细加工和超微细加工技术、纳米技术等。它在超精密加工设备，金刚石砂轮超精密磨削，先进超精密研磨抛光加工，去除、附着、变形等原子、分子级的纳米加工，微型机械的制造等领域取得了进展。

3. 特种加工

利用声、光、电、磁、原子等能源实现的物理的、化学的加工方法，如超声波加工、电火花加工、激光加工、电子束加工、电解加工等，在一些新型材料、难加工材料的加工和精密加工中取得了良好的效果。

4. 表面工程技术

即表面功能性覆层技术，它是通过附着（电镀、涂层、氧化）、注入（渗氮、离子溅射、多元共渗）、热处理（激光表面处理）等手段，使工件表面具有耐磨、耐蚀、耐疲劳、耐热、减摩等特殊的功能。

5. 快速成形制造（RPM）

它是利用离散、堆积、层集成形的概念，把一个三维实体零件分解为若干个二维实体制造出来，再经堆积而构成三维实体零件。利用这一原理与计算机辅助三维实体造形技术和CAM技术相结合，通过数控激光机和光敏树脂等介质实现零件的快速成形。

6. 智能制造技术

智能制造技术是指把专家系统、模糊理论、人工神经网络等技术应用于制造中，解决多种复杂的决策问题，提高制造系统的实用性和技术水平。

7. 敏捷制造、虚拟制造、精良生产、清洁生产等概念的提出和应用

先进制造技术是以传统的加工技术和工艺理论为基础，结合科技发展的最新成果而发展起来的。先进制造技术的应用还需要检测技术、质量控制技术、材料技术、工具技术等的支持。了解和掌握基本的制造技术理论和方法是学习和掌握先进制造技术知识所必不可少的基础。本课程主要涉及各种单项技术及其基础的知识和应用。

第三节　本课程的性质和内容及学习要求

一、本课程的性质和内容

从普遍的意义上讲，机械制造技术是各种机械制造过程所涉及的技术的总称，它包括以材料成形为核心的金属和非金属材料成形技术（如铸造、焊接、锻造、冲压、注塑以及热处理技术）、以切削加工为核心的机械冷加工技术和机械装配技术（如车削、铣削、磨削、装配工艺）和其他特种加工技术（如电火花加工、电解加工、超声波加工、激光加工、电子束加工等）。其中，机械冷加工技术和机械装配技术占机械制造过程总工作量的60%以上，它是机械制造技术的主体，大多数机械产品的最终加工都依赖于机械冷加工技术来完成。因此，本课程所讲的机械制造技术主要是指机械冷加工技术和机械装配技术。

一个机械产品的制造过程包括零件制造、整机装配等一系列的工作，零件的加工实质是零件表面的成形过程，这些成形过程是由不同的加工方法来完成的。在一个零件上，被加工表面类型不同，所采用的加工方法也就不同；同一个被加工表面，精度要求和表面质量要求不同，所采用的加工方法和加工方法的组合也不同。因而机械制造技术的主要内容包括：①各种加工方法和由这些方法构成的加工工艺。②在机械加工中，由机床、刀具、夹具与被加工工件一起构成了一个实现某种加工方法的整体系统，这一系统称为机械加工工艺系统。工艺系统的构成是加工方法选择和加工工艺设计时必须考虑的问题。③为了保证加工精度和加工表面质量，需要对工艺过程的有关技术参数进行优化选择，实现对加工过程的质量控制，因而工艺系统、表面成形和切削加工的基本理论是本课程的基本理论。上述三个方面就是本课程的主体。

二、学习本课程的目的和要求

为了适应制造技术的发展趋势，机械类和机电类专业的学生必须具有合理的知识结构。本课程内容是学生的专业知识结构中机械技术知识的重要组成部分。通过本课程的学习，学生可掌握机械制造技术的基本加工技术和基本理论，再通过后续课程的学习，进一步掌握先进制造技术的有关知识，从而为将来胜任不同职业和不同岗位上的专业技术工作、掌握先进制造技术手段应用、具备突出的工程实践能力奠定良好的基础。为实现这一目的，本课程的学习要求主要有以下几方面：

（1）掌握机械制造过程中工艺系统、表面成形和切削加工的基本理论；掌握常用加工方法及其工艺装备的基本知识和基本理论；了解现代制造技术的知识、应用及发展。

（2）掌握常用加工方法的综合应用、机械加工工艺、装配工艺设计的方法，初步掌握工艺装备选用和夹具设计的方法。

（3）初步具备解决机械制造过程中工艺技术问题的能力和产品质量控制的能力。

必须指出的是，机械制造技术是通过长期生产实践的理论总结而形成的。它源于生产实践，服务于生产实践。因此，本门课程的学习必须密切联系生产实践，在实践中加深对课程内容的理解，在实践中强化对所学知识的应用。

第2章
机械加工过程与工艺规程设计

第一节　基本概念

制订机械加工工艺规程是机械制造企业工艺技术人员的一项主要工作内容。机械加工工艺规程的制订与生产实际有着密切的联系，它要求工艺规程制订者具有一定的生产实践知识和专业基础知识。

在实际生产中，由于零件的结构形状、几何精度、技术条件和生产数量等要求不同，一个零件往往要经过一定的加工过程才能将其由图样变成成品零件。因此，机械加工工艺人员必须从工厂现有的生产条件和零件的生产数量出发，根据零件的具体要求，在保证加工质量、提高生产效率和降低生产成本的前提下，对零件上的各加工表面选择适宜的加工方法，合理地安排加工顺序，科学地拟定加工工艺过程，才能获得合格的机械零件。下面是在确定零件加工过程时应掌握的一些基本概念。

一、生产纲领和生产类型

不同的机械产品，其结构、技术要求不同，但它的制造工艺却存在着很多共同的特征。这些共同的特征由企业的生产纲领来决定，零件的机械加工工艺过程与生产类型密切相关，在制订机械加工工艺规程时，首先要确定生产类型，而生产类型主要与生产纲领有关。

1. 生产纲领

生产纲领是指企业在计划期内应当生产的产品产量和进度计划，计划期通常定为 1 年，零件的年生产纲领就是包括备品和废品在内的年产量，可按下式计算：

$$N = Qn(1 + a\%)(1 + b\%) \tag{2-1}$$

式中：N 为零件的年生产纲领；Q 为产品的年产量（台/年）；n 为每台产品中，该零件的数量（件/台）；$a\%$ 为零件备品率；$b\%$ 为零件废品率。

2. 生产类型

生产类型是指某生产单位（企业、车间、工段、班组等）生产专业化程度的分类。根据生产纲领和产品的大小，可分为单件生产、成批生产和大量生产三大类。

（1）单件生产。单件生产是指单个地生产不同结构和不同尺寸的产品，并且很少重复生产。例如：重型机械产品、专用设备制造，机械配件加工、新产品设计试制等。

（2）成批生产。成批生产是指一年中分批地制造相同的产品，加工对象周期性的改变，制造过程成周期性的重复。例如：机床制造、食品机械、电动机的生产等多属于成批生产。

同一产品（零件）每批投入生产的数量称为批量，根据产品的特征和批量的大小，成批生产又可分为小批生产、中批生产和大批生产，小批量生产的工艺特征和单件生产相似，大批量生产的工艺特征和大量生产的相似。

(3)大量生产。大量生产是指同一产品数量很大，结构和规格比较固定，大多数工作地点一直按照一定节拍进行同一种零件的某一道工序的加工。例如：手表、自行车、汽车、轴承等的生产。

根据公式(2-1)计算的生产纲领参考表2-1即可确定生产类型。

不同生产类型对生产组织、产品制造的工艺方法、所用设备和装备的要求有所不同，表2-2列出了各种不同生产类型的主要工艺特点。

表2-1 生产类型与生产纲领的关系

生产类型		零件生产纲领(件/年)		
		重型零件	中型零件	轻型零件
单件生产		5 以下	10 以下	100 以下
批量生产	小批生产	5 ~ 100	10 ~ 200	100 ~ 500
	中批生产	100 ~ 300	200 ~ 500	500 ~ 5000
	大批生产	300 ~ 1000	500 ~ 5000	5000 ~ 50000
大量生产		1000 以上	5000 以上	50000 以上

表2-2 各种生产类型的工艺特点

特点	单件生产	成批生产	大量生产
工件的互换性	一般是配对制造，缺乏互换性，广泛用钳工修配	大部分有互换性，少数用钳工修配	全部有互换性。某些精度较高的配合件用分组选择装配法
毛坯的制造方法及加工余量	铸件用木模手工造型；锻件用自由锻。毛坯精度低，加工余量大	部分铸件用金属模；部分锻件用模锻。毛坯精度中等；加工余量中等	铸件广泛采用金属模机器造型；锻件广泛采用模锻，以及其他高生产率的毛坯制造方法。毛坯精度高，加工余量小
机床设备	通用机床。按机床种类及大小采用"机群式"排列	部分通用机床和部分高生产率机床。按加工零件类别分工段排列	广泛采用高生产率的专用机床及自动机床。按流水线形式排列
夹具	多用标准附件，极少采用夹具，靠划线及试切法达到精度要求	广泛采用夹具，部分靠划线法达到精度要求	广泛采用高生产率夹具及调整法达到精度要求
刀具与量具	采用通用刀具和万能量具	较多采用专用刀具及专用量具	广泛采用高生产率刀具和量具
对工人的要求	需要技术熟练的工人	需要一定熟练程度的工人	对操作工人的技术要求较低，对调整工人的技术要求较高
工艺规程	有简单的工艺路线卡	有简单的工艺规程，对关键零件有详细的工艺规程	有详细的工艺规程
生产率	低	中	高
成本	高	中	低

特点	单件生产	成批生产	大量生产
发展趋势	箱体类复杂零件采用加工中心加工	采用集成技术、数控机床或柔性制造系统等进行加工	在计算机控制的自动化制造系统中加工，并可能实现在线故障诊断、自动报警和加工误差自动补偿

二、生产过程和工艺过程

1. 生产过程

生产过程指的是将原材料（或半成品）转变为成品（机械）所进行的全部过程。生产过程主要包括以下几个过程组成：

（1）工艺过程：①毛坯制造阶段（锻、铸、焊、型材、粉末冶金等）；②零件加工阶段（机加工、冲压、热处理等）；③装配阶段；④调试阶段；⑤油漆、包装；⑥出厂（入库）。

（2）生产准备工作过程。产品的开发和设计、工艺设计、专用工艺装备的设计和制造，各种生产资料的准备和生产组织等方面的工作。

（3）生产辅助工作阶段。原料的运输、保管，刀具刃磨，工艺装备的维修，生产统计、核算等。

2. 工艺过程

工艺过程指的是在生产过程中，直接改变生产对象的形状、尺寸、相对位置和性质，使其成为成品（或半成品）的过程，机械制造工艺过程分为：毛坯制造工艺过程、机械加工工艺过程、机械装配工艺过程等。

机械加工工艺过程指的是用机械加工（切削或磨削）的方法，直接改变毛坯或半成品的形状、尺寸、表面之间相对位置的性质等，使其成为成品零件的过程。

3. 工艺过程的组成

在机械加工工艺过程中，根据被加工零件的结构特点和技术要求，要采用不同的加工方法和装备，按照一定的顺序依次进行加工才能完成由毛坯到零件的过程。因此，工艺过程是由一系列顺序排列的加工工序组成的，所以，工序是加工过程的基本组成单元，每一个工序又分为一个或若干个安装、工位、工步和走刀。

（1）工序。由一个（或一组）工人，在一个工作地对同一个或同时对几个工件所连续完成的那一部分工艺过程，工序是工艺过程的基本单元。

例　如图 2 - 1 所示轴按不同批量的生产加工方法。

方案 1　对一个工件钻孔，然后调头车外圆 2。

此方案中两个表面的加工属同一个工序。

方案 2　钻孔 1，对一批工件，

车外圆：对一批工件。

此方案中两个表面的加工分属两个工序。

图 2 - 1　小轴加工工序划分

（2）安装。加工前，使工件相对与机床、刀具占据一个正确位置的过程，称为定位。使工件在加工过程中保持所占据的正确位置不变的过程称为夹紧。定位后一般需要可靠夹紧才

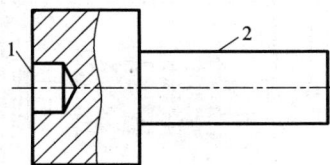

能进行加工，将工件在机床或夹具中每定位、夹紧一次所完成的那一部分内容称为安装。

在一道工序中，工件在加工位置上可能只装夹一次，也可能装夹若干次，例如图 2-1 小轴加工的方案 1，一道工序里有两次装夹，方案 2 里的一道工序只有一次装夹。工件在加工过程中，应尽量减少装夹次数，因为装夹次数越多，误差就越大，而且装夹工件的辅助时间也要增加。

（3）工位。为了完成一定的工序部分，一次装夹后，工件（或装配单元）与夹具或设备的可动部分一起相对刀具或设备的固定部分所占据每一个位置时完成的加工内容，称为工位。无转位或移位功能，就不存在工位。

如图 2-2 所示为利用自动回转工作台在一次装夹中顺次完成装卸工件、钻孔、扩孔和铰孔四个工位的示意图。

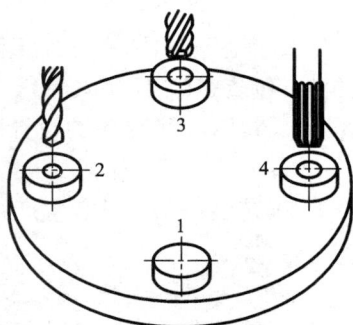

图 2-2　多工位加工

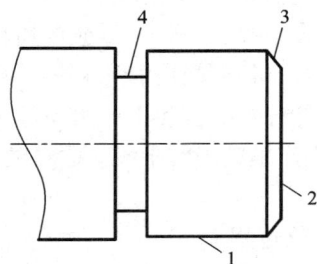

图 2-3　工步示例

（4）工步。在加工表面（或装配时的连接表面）和加工（或装配）工具不变的情况下，所完成的那一部分加工内容，称为工步。图 2-3 所示加工短销的过程如下：车外圆 1，车端面 2，倒角 3，切断 4，每一项加工内容为一个工步，共分为四个工步。

有时为了提高生产效率，经常利用几把刀具同时分别加工几个表面的工步，称为复合工步，复合工步也视为一个工步，如图 2-4 所示的复合工步加工示例。

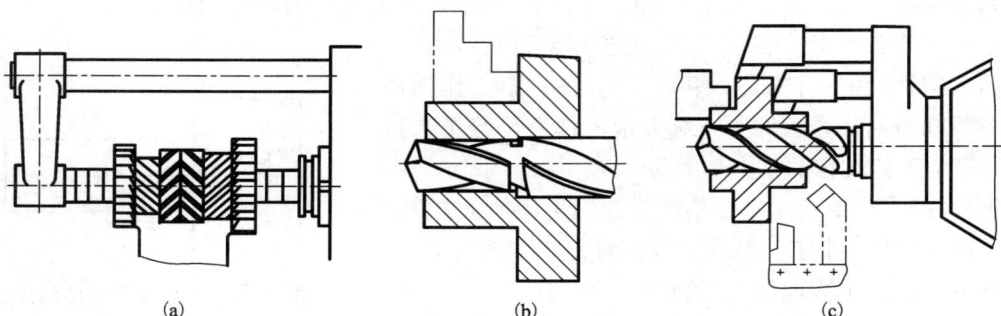

图 2-4　复合工步

（a）组合铣削；（b）复合钻扩孔；（c）多刀加工

（5）走刀。在一个工步内，若被加工表面需切除的余量较大，需要分多次切削，则每进行一次切削就称为一次走刀。一个工步可包括一次或多次走刀。

12

第二节　机械加工工艺规程概述

用来规定零件机械加工工艺过程和操作方法等的工艺文件称为机械加工工艺规程。

一、机械加工工艺规程的格式

把工艺规程的内容填入一定格式的卡片，即成为工艺文件，目前，工艺文件还没有统一的格式，各厂都是按照一些基本内容，根据具体情况自行确定。各种工艺文件的基本格式如下：

（1）机械加工工艺过程卡。它是以工序为单位，简单说明零件的整个工艺过程应如何进行的一种工艺文件（表 2 - 3），在单件小批生产中，通常不编制其他较详细的工艺文件，而是以这种卡片指导生产，这时应编制得详细些。

（2）机械加工工艺卡。它是按产品或零（部）件的某一加工工艺阶段而编制的一种工艺文件（表 2 - 4）。以工序为单位，详细说明工件制作工艺过程的工艺文件，它用来帮助管理人员及技术人员进行生产管理和技术管理。广泛用于大批量生产的零件和小批生产的重要零件。

（3）机械加工工序卡。它是在工艺过程卡的基础上，按每道工序所编制的一种工艺文件（表 2 - 5）。卡片上详细说明了工序的内容和进行步骤，绘有工序简图，注明了该工序的定位基准和工件的装夹方式、加工表面及其工序尺寸和公差、加工表面的粗糙度和技术要求、刀具的类型及其位置、进刀方向和切削用量等，用于指导工人的操作。主要用于大批大量生产或批量生产中的关键工序或成批生产中的重要零件。

表 2 - 3　机械加工工艺过程卡

工厂	机械加工工艺过程卡片		产品型号		零（部）件图号		共　页	
			产品名称		零（部）件名称		第　页	
材料牌号		毛坯种类		毛坯外形尺寸		每毛坯件数		每台件数		备注	
工序号	工序名称	工　序　内　容		车间	工段	设备	工　艺　装　备		工时	
									准终	单件
							编制（日期）	审核（日期）	会签（日期）	
标记	处记	更改文件号	签字	日期	标记	处记	更改文件号	签字	日期	

表 2-4 机械加工工艺卡

工厂	机械加工工艺卡	产品型号		零(部)件图号			共 页	
		产品名称		零(部)件名称			第 页	

| 材料牌号 | | 毛坯种类 | | 毛坯外形尺寸 | | 每毛坯件数 | | 每台件数 | | 备注 | |

工序	装夹	工步	工序内容	同时加工零件数	切削用量					设备名称及编号	工艺装备名称及编号			技术等级	工时定额	
					切削深度/mm	切削速度/(m·min^{-1})	每分钟转速或往复次数	进给量/(mm或mm/双行程式)			夹具	刀具	量具		单件	准终

| | | | | | | | | 编制(日期) | 审核(日期) | 会签(日期) | | |

| 标记 | 处记 | 更改文件号 | 签字 | 日期 | 标记 | 处记 | 更改文件号 | 签字 | 日期 | | | |

表 2-5 机械加工工序卡

工厂	机械加工工序卡片	产品型号		零(部)件图号		共 页
		产品名称		零(部)件名称		第 页

| 材料牌号 | | 毛坯种类 | | 毛坯外形尺寸 | | 每毛坯件数 | | 每台件数 | | 备注 | |

车间	工序号	工序名称	材料牌号
毛坯种类	毛坯外形尺寸	毛坯件数	每台件数
设备名称	设备型号	设备编号	同时加工件数
夹具编号		夹具名称	冷却液
			工序工时
		准终	单件

14

工步号	工步内容	工艺装备	主轴转速 /(r·min^{-1})	切削速度 /(m·min^{-1})	进给量 /(mm·r^{-1})	切削深度 /mm	进给次数	工时定额	
								机动	辅助
				编制 （日期）	审核 （日期）	会签 （日期）			

标记	处记	更改文件号	签字	日期	标记	处记	更改文件号	签字	日期

二、机械加工工艺规程的作用

机械加工工艺规程是规定零件制造工艺过程和操作方法的工艺文件，是企业生产中的指导性技术文件，是企业长期生产经验的总结，其作用有：

(1)它是指导生产的主要技术文件，工艺规程是最合理的工艺过程的表格化，是在工艺理论和实践经验的基础上制订的。工人只有按照工艺规程进行生产，才能保证产品质量和较高的生产率以及较好的经济效益。

(2)它是组织和管理生产的基本依据，在产品投产前要根据工艺规程进行有关的技术准备和生产准备工作，如安排原材料的供应、工装设备的准备、专用工装设备的设计与制造、生产计划的编排、经济核算等工作。生产中对工人业务的考核也是以工艺规程为主要依据的。

(3)它是新建和扩建工厂的基本资料，新建或扩建工厂或车间时，要根据工艺规程来确定所需要的机床设备的品种和数量、机床的布置、占地面积、辅助部门的安排等。

三、制订机械加工工艺规程的原则

(1)应能保证产品的加工质量，达到设计图样上规定的各项技术要求。

(2)尽可能提高生产率，降低制造成本，使产品尽快投放市场。

(3)在充分利用本企业现有生产条件的基础上，尽可能采用国内外先进工艺技术和经验。

(4)注意减轻工人的劳动强度，保证生产安全。

由于工艺规程是直接指导生产和操作的重要文件，因此，工艺规程应做到正确、完整、统一和清晰，所用术语、符号、计量单位和编号都要符合相应的标准。

四、制订机械加工工艺规程所需的原始资料

(1)产品装配图和零件图。

(2)产品验收质量标准。

（3）产品的生产纲领。

（4）产品毛坯材料及毛坯生产条件。

（5）工厂现有生产条件，包括机床设备和工艺装备的规格与性能，工人的技术水平、专用设备的制造和工艺装备的制造能力等资料。

（6）有关的工艺手册和有关标准。

（7）国内外同类产品的有关工艺技术资料。

五、制订机械加工工艺步骤

（1）分析研究部件装配图，审查零件图。

（2）选择毛坯。

（3）拟定工艺路线。

（4）确定各工序采用的设备和工装。

（5）确定各工序加工余量、计算工序尺寸、公差。

（6）确定各工序切削用量的时间定额。

（7）确定各主要工序的技术检验。

（8）填写工艺文件。

第三节　零件图的研究和工艺分析

制定零件的机械加工工艺规程前，必须认真研究零件图，对零件进行工艺分析。

一、零件图的研究

零件图是制订工艺规程最主要的原始资料。只有通过对零件图和装配图的分析，才能了解产品的性能、用途和工作条件，明确各零件的相互装配位置和作用，了解零件的主要技术要求，找出生产合格产品的关键技术问题。零件图的研究包括三项内容：

（1）检查零件图的完整性和正确性。主要检查零件视图是否表达直观、清晰、准确、充分；尺寸、公差、技术要求是否合理、齐全。如有错误或遗漏，应提出修改意见。

（2）分析零件材料选择是否恰当。零件材料的选择应立足于国内，尽量采用我国资源丰富的材料，尽量避免采用贵重金属；同时，所选材料必须具有良好的加工性。

（3）分析零件的技术要求。包括零件加工表面的尺寸精度、形状精度、位置精度、表面粗糙度、表面微观质量以及热处理等要求。分析零件的这些技术要求时在保证使用性能的前提下要考虑是否经济合理，在本企业现有生产条件下是否能够实现。

二、零件的结构工艺性分析

零件的结构工艺性是指所设计的零件在不同类型的具体生产条件下，零件毛坯的制造、零件的加工和产品的装配所具备的可行性和经济性。零件结构工艺性涉及面很广，具有综合性，必须全面综合地分析。零件的结构对机械加工工艺过程的影响很大，不同结构的两个零件尽管都能满足使用要求，但它们的加工方法和制造成本却可能有很大的差别。所谓具有良好的结构工艺性，应是在不同生产类型的具体生产条件下，对零件毛坯的制造、零件的加工和产品的装配，都能以较高的生产率和最低的成本、采用较经济的方法进行并能满足使用性能的结构。在制订机械加工工艺规程时，主要对零件切削加工工艺性进行分析。

三、零件工艺分析应重点研究的几个问题

对于较复杂的零件，在进行工艺分析时还必须重点研究以下三个方面的问题：

（1）主次表面的区分和主要表面的保证。零件的主要表面是指零件与其他零件相配合的表面，或是直接参与机器工作过程的表面。主要表面以外的其他表面称为次要表面。根据主要表面的质量要求，便可确定所应采用的加工方法以及采用哪些最后加工的方法来保证实现这些要求。

（2）重要技术条件分析。零件的技术条件一般是指零件的表面形状精度和位置精度，静平衡、动平衡要求，热处理、表面处理，探伤要求和气密性试验等。重要技术条件是影响工艺过程制订的重要因素，通常会影响到基准的选择和加工顺序，还会影响工序的集中与分散。

（3）零件图上表面位置尺寸的标注。零件上各表面之间的位置精度是通过一系列工序加工后获得的，这些工序的顺序与工序尺寸和相互位置关系的标注方式直接相关，这些尺寸的标注必须做到尽量使定位基准、测量基准与设计基准重合，以减少基准不重合带来的误差。

四、零件的结构工艺性

1. 加工技术要求可行性和经济性分析

（1）分析研究部件装配图，审查零件图。通过分析产品的装配图，可熟悉产品的用途、性能、工况，明确被加工零件在产品中的作用，进而审查设计图样是否完整和正确。

了解被加工零件的功用，可加深对各项技术要求的理解，这样在制订工艺规程时，就能抓住为保证零件使用要求应解决的主要矛盾，为合理地制订工艺规程奠定基础。

在了解零件形状和结构之后，应检查零件视图是否正确、足够，表达是否直观、清楚，绘制是否符合国家标准，尺寸、公差以及技术的标注是否齐全、合理等。

（2）零件的技术要求分析。零件的技术分析包括以下几个方面：

①加工表面本身的要求（尺寸精度、形状和粗糙度）。

②表面之间的相对位置精度（包括位置尺寸、位置精度）。

③加工表面粗糙度、热处理以及表面质量方面等要求。

④其他要求：如等重、动平衡、探伤等。

同时还应审查材料选用是否恰当、技术要求是否合理。过高的精度要求、粗糙度以及其他要求，会使工艺过程复杂化，加工困难，成本增加。

2. 零件的结构工艺性分析

结构工艺性是指在不同生产类型的具体生产下，毛坯的制造、零件加工、产品的装配和维修的可行性与经济性，零件结构工艺性好还是差对其工艺过程的影响非常大，不同结构的两个零件尽管都能满足使用性能要求，但它们的加工方法和制造成本却可能有很大的差别。良好的结构工艺性就是指在满足使用性能的前提下，能以较高的生产率和最低的成本而方便的加工出来。制订工艺规程时主要对零件切削加工工艺性进行分析，表 2 - 6 列出了一些零件机械加工结构工艺性对比的实例。

表 2−6　零件的机械加工结构工艺性示例

序号	零件结构		
	工艺性不好		工艺性好
1	车螺纹时，螺纹根部易打刀，工人操作紧张，且不能清根		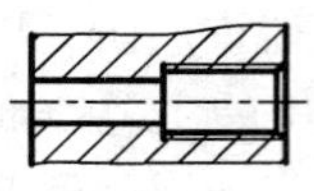 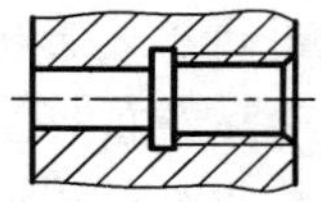 留有退刀槽，可使螺纹清根，操作相对容易，可避免打刀
2	插键槽的底部无退刀空间，易打刀		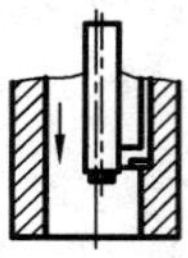 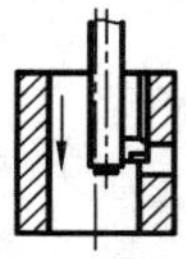 留出有退刀空间，避免打刀
3	键槽底与左孔母线齐平，插键槽时易划伤左孔表面		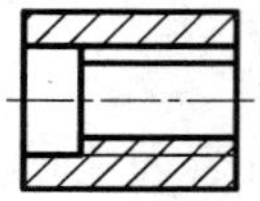 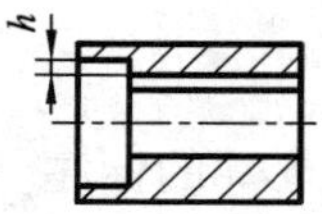 左孔尺寸稍大，可避免划伤左孔表面，操作方便
4	小齿轮无法加工，无插齿退刀槽		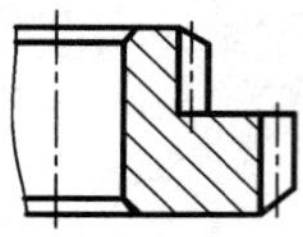 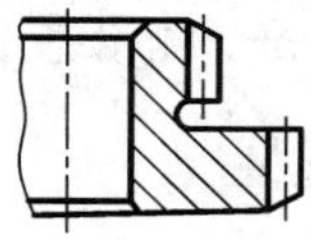 大齿轮可滚齿或插齿，小齿轮可以插齿加工
5	两端轴径需磨削加工，因砂轮圆角而不能清根		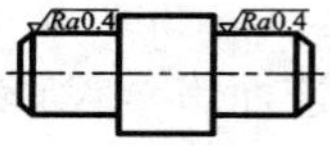 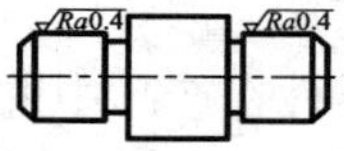 留有退刀槽，磨削时可以清根
6	锥面需磨削加工，磨削时易碰伤圆柱面，并且不能清根		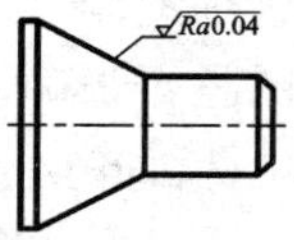 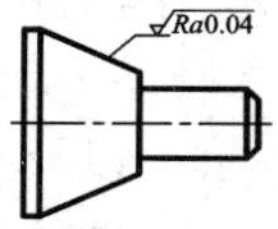 可方便地对锥面进行磨削加工
7	三个退刀槽的宽度有三种尺寸，需用三把不同尺寸刀具加工		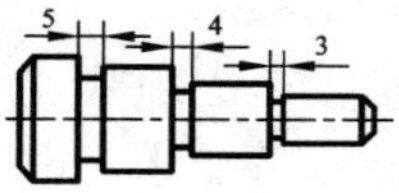 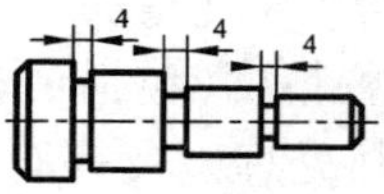 同一个宽度尺寸的退刀槽，使用一把刀具即可加工
8	键槽设置在阶梯轴90°方向上需两次装夹加工		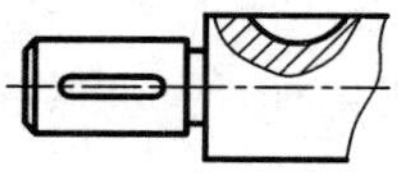 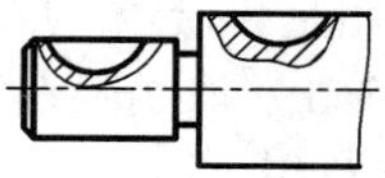 将阶梯轴的两个键槽设计在同一方向上，一次装夹即可对两个键槽加工
9	加工面高度不同，需两次调整刀具加工，影响生产率		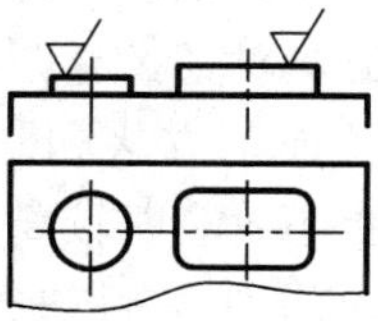 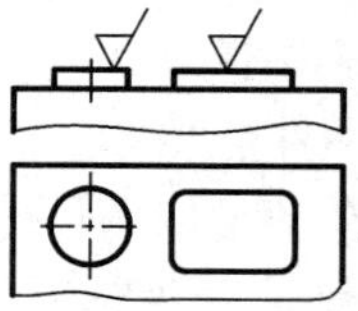 加工面在同一高度，一次调整刀具。可同时加工两个平面

18

序号	零件结构		
	工艺性不好		工艺性好
10	同一端面上的螺纹孔，尺寸相近，由于需更换刀具，因此加工不方便，而且装配也不方便		尺寸相近的螺纹孔，应该为同一尺寸螺纹孔，方便加工和装配
11	加工面大加工时间长，并且零件尺寸越大，平面度误差越大		加工面减小，节省工时，减少刀具损耗，并且容易保证平面度要求
12	外圆和内孔有同轴度要求，由于外圆需在两次装夹下加工，同轴度不易保证		可在一次装夹下加工外圆和内孔，同轴度要求容易得到保证
13	孔离箱壁太近：①钻头在圆角处易引偏；②箱壁高度尺寸大需加长钻头方能钻孔		①加长箱耳，不需加长钻头可钻孔；②只要使用上允许，将箱耳设计在某一端，则不需中长箱耳，即可方便加工
14	斜面钻孔，钻头易引偏		只要结构允许，留出平台可直接钻孔
15	内壁孔出口处有阶梯面，钻孔时易钻偏或钻头折断		内壁孔出口处平整，钻孔方便，容易保证孔中心位置度
16	钻孔过深，加工时间长，钻头耗损大，并且钻头易偏斜		钻孔的一端留空，钻孔时间短，钻头寿命长不易引偏
17	加工面设计在箱体内，加工时调整刀具不方便，观察也困难		加工面设计在箱体外部加工方便

序号	零件结构			
	工艺性不好		工艺性好	
18	进、排气（油）通道设计在孔壁上，加工相对困难			进、排气（油）通道设计在轴的外圆上，加工相对容易
19	加工 B 面时，以 A 面为定位基准，由于 A 面较小定位不可靠			附加定位基准，加工时保证 A、B 面平行，加工后将附加定位基准去掉

第四节　毛坯的选择

　　选择毛坯的基本任务就是选定毛坯的种类、制造方法及毛坯的制造精度。毛坯的选择不仅影响毛坯的制造工艺和费用，而且影响到零件机械加工工艺及其生产率与经济性，毛坯的形状、尺寸越接近成品，切削加工余量就越少，从而可以提高材料的利用率和生产效率，然而这样往往会使毛坯制造困难，需要采用昂贵的毛坯制造设备，从而增加毛坯的制造成本。所以选择毛坯时应综合考虑机械加工成本和毛坯制造成本，以达到降低生产成本，提高产品质量的目的。

一、毛坯的种类

1. 铸件

　　铸件适用于形状复杂的零件毛坯，如箱体、机架、底座、床身等宜采用铸件。铸造方法主要有砂型铸造、金属型铸造、离心铸造、压力铸造，较常用的是砂型铸造。

2. 锻件

　　锻件毛坯由于能获得纤维组织结构的连续性和均匀分布，从而可提高零件的强度，所以适用于强度较高，形状比较简单的零件毛坯，其锻造方法有自由锻和模锻两种。自由锻毛坯精度低，加工余量大，生产率低，适用于单件小批生产以及大型零件毛坯。模锻毛坯精度高、加工余量小、生产率高，但成本也高，适用于中小型零件毛坯的大批大量生产。

3. 型材

　　型材分为冷拉和热轧两种。型材的品种规格很多。常用的型材的断面有圆形、方形、长方形、六角形，以及管材，板材、带料等。

4. 焊接

　　焊接件是根据需要将型材或钢板焊接而成的毛坯件，其优点是结构重量轻，制造周期短，但焊接结构抗震性差，焊接的零件热变形大，且须经过时效处理后才能进行机械加工。

5. 冲压件

冷冲压件毛坯可以非常接近成品要求，冲压的生产率也高，适用于加工形状复杂、批量较大的中小尺寸板料零件。

二、毛坯的选择原则

毛坯的种类与质量对零件的加工质量、材料消耗、生产率、成本密切相关。在选择毛坯时应考虑下列一些因素：

1. 零件的生产纲领

当零件的生产批量较大时，应选择精度和生产率都比较高的毛坯制造方法。

2. 毛坯材料及其工艺特性

由于材料的工艺特性，决定了其毛坯的制造方法，当零件的材料选定后，毛坯的类型就大致确定了，例如材料为灰铸铁的零件，自然应选择铸造毛坯，而对于重要的钢质零件，多用锻件毛坯。

3. 零件形状和尺寸

零件的形状和尺寸也是决定毛坯制造方法的重要因素，形状复杂的毛坯常采用铸件，板状钢质零件多用锻件毛坯，轴类零件的毛坯，如直径和台阶相差不大，可用棒料，如各台阶尺寸相差较大，则宜选择锻件。

4. 现有的生产条件

选择毛坯时，应根据本企业的具体生产设备和工艺水平，同时也要结合产品发展的空间，采取先进的毛坯制造方法。

5. 充分利用新工艺、新材料

为节约材料和能源，提高机械加工生产率，应充分考虑应用新工艺、新技术和新材料。如精铸、精锻、冷轧、冷挤压和粉末冶金等在机械中的应用日益广泛，这些方法可以大大减少机械加工量，节约材料，提高了经济效益。

三、毛坯的形状及尺寸的确定

实现少切屑、无切屑加工，是现代机械制造技术的发展趋势之一。但是，由于受到毛坯制造技术的限制，加之对零件精度和表面质量的要求越来越高，所以毛坯上的某些表面仍需要有加工余量，以便通过机械加工来达到质量要求，这样毛坯尺寸与零件尺寸就不同，其差值称为毛坯加工余量，毛坯制造尺寸的公差称为毛坯公差，它们的值可参照有关工艺手册来确定。下面仅从机械加工工艺角度分析在确定毛坯形状和尺寸时应注意的问题。

（1）为了加工时安装工件的方便，有些铸件毛坯需铸出工艺搭子，如图 2-7 所示。在零件加工完毕后一般应切除，如对使用和外观没有影响也可保留在零件上。

（2）装配后需要形成同一工作表面的两个相关零件，为保证加工质量并使加工方便，常将这些分离零件先做成一个整体毛坯，加工到一定阶段再切割分离。例如图 2-8 所示车床走刀系统开合螺母外壳，其毛坯是两件合制的。

（3）对于形状比较规则的小型零件，为了提高机械加工的生产率和便于装夹，应将多件合成一个毛坯，当加工到一定阶段后，再分离成单件，例如图 2-9 所示的滑键。对毛坯的各平面加工好后切离为单件，再对单件进行加工。

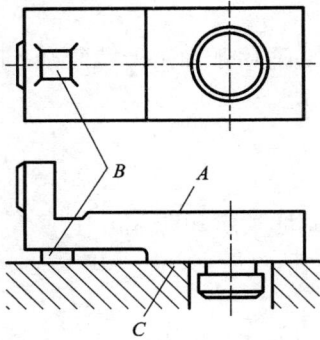

图 2-7　工艺搭子

A—加工面；B—工艺搭子；C—定位面

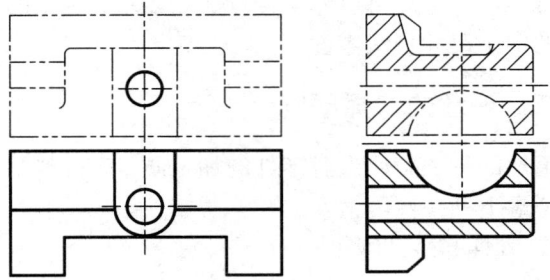

图 2-8　车床开合螺母外壳简图

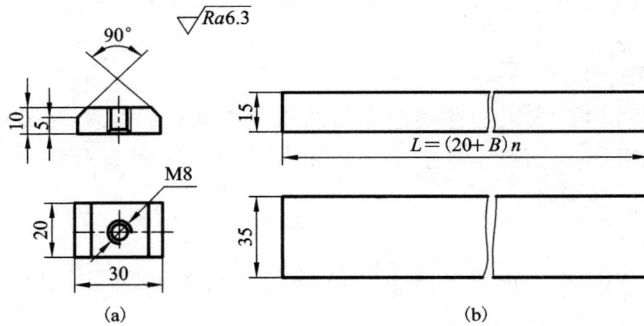

图 2-9　滑键的零件图与毛坯图

（a）滑键零件图；（b）毛坯图

第五节　工艺路线的拟定

一、表面加工方法的选择

表面加工方法的选择，就是为零件上每一个有质量要求的表面选择一组合理的加工方法，选择加工方法时，必须考虑该种方法能达到的加工经济精度和表面粗糙度。所谓加工经济精度就是在正常的加工条件下所能保证的加工精度，若装备条件要求过高或多费工时细心操作，也能提高一些加工精度，但这样会增加成本，降低生产率，因而是不经济的。

1. 选择表面加工方法时应考虑的因素

（1）据每个加工表面的技术要求，确定加工方法和分几次加工。

（2）应选择相应的能获得经济精度和经济粗糙度的加工方法。表2-7，表2-8，表2-9，分别列出了外圆加工、孔加工和平面加工等各种加工方法的加工经济精度和表面粗糙度，加工时，不能盲目采用高的加工精度和小的表面粗糙度的加工方法，以免增加生产成本，浪费设备资源。

（3）考虑与零件材料的加工性能、热处理状况相适应。淬火钢、耐热钢等材料宜采用磨削加工，对于硬度低、韧性高的有色金属等精加工不宜采用磨削加工。

表 2 - 7　外圆加工中各种加工方法的加工经济精度和表面粗糙度

加工方法	加工情况	加工经济精度 IT	表面粗糙度 Ra/μm	加工方法	加工情况	加工经济精度 IT	表面粗糙度 Ra/μm
车	粗车	12 ~ 13	10 ~ 80	外磨	精磨	6 ~ 7	0.16 ~ 1.25
	半粗车	10 ~ 11	2.5 ~ 10		精密磨	5 ~ 6	0.08 ~ 0.32
	精车	7 ~ 8	1.25 ~ 55		镜面磨	5	0.008 ~ 0.08
	金刚石车	5 ~ 6	0.02 ~ 1.25	抛光			0.008 ~ 1.25
铣	粗铣	12 ~ 13	10 ~ 80	研磨	粗研	5 ~ 6	0.16 ~ 0.63
	半精铣	11 ~ 12	2.5 ~ 10		精研	5	0.04 ~ 0.32
	精铣	8 ~ 9	1.25 ~ 2.5		精密研	5	0.008 ~ 0.08
车槽	一次行程	11 ~ 12	10 ~ 20	超精加工	精	5	0.08 ~ 0.32
	二次行程	10 ~ 11	2.5 ~ 10		精密	5	0.01 ~ 0.16
外磨	粗磨	8 ~ 9	1.25 ~ 10	砂带磨	精磨	5 ~ 6	0.02 ~ 0.16
	半精磨	7 ~ 8	0.63 ~ 2.5		精密磨	5	0.01 ~ 0.04

表 2 - 8　孔加工中各种加工方法的加工经济精度和表面粗糙度

加工方法	加工情况	加工经济精度 IT	表面粗糙度 Ra/μm	加工方法	加工情况	加工经济精度 IT	表面粗糙度 Ra/μm
钻	φ15 mm 以下	11 ~ 13	5 ~ 80	镗	粗镗	12 ~ 13	5 ~ 20
					半精镗	10 ~ 11	2.5 ~ 10
	φ15 mm 以上	10 ~ 12	20 ~ 80		精镗（浮动镗）	7 ~ 9	0.63 ~ 5
扩	粗扩	12 ~ 13	5 ~ 20		金刚镗	5 ~ 7	0.16 ~ 1.25
	一次扩孔（铸孔或冲孔）	11 ~ 13	10 ~ 40	内磨	粗磨	9 ~ 11	1.25 ~ 10
	精扩	9 ~ 11	1.25 ~ 10		半精磨	9 ~ 10	0.32 ~ 1.25
铰	半精铰	8 ~ 9	1.25 ~ 10		精磨	7 ~ 8	0.08 ~ 0.63
	精铰	6 ~ 7	0.32 ~ 2.5		精密磨（精修整砂轮）	6 ~ 7	0.04 ~ 0.16
	手铰	5	0.08 ~ 1.25	珩	粗珩	5 ~ 6	0.16 ~ 1.25
拉	粗拉	9 ~ 10	1.25 ~ 5		精珩	5	0.04 ~ 0.32
	一次拉孔（铸孔或冲孔）	10 ~ 11	0.32 ~ 2.5	研磨	粗研	5 ~ 6	0.16 ~ 0.63
	精拉	7 ~ 9	0.16 ~ 0.63		精研	5	0.04 ~ 0.32
推	半精推	6 ~ 8	0.32 ~ 1.25		精密研	5	0.008 ~ 0.08
	精推	6	0.08 ~ 0.32	挤	滚珠、滚柱扩孔器，挤压头	6 ~ 8	0.01 ~ 1.25

表 2 - 9　平面加工中各种加工方法的加工经济精度和表面粗糙度

加工方法	加工情况	加工经济精度IT	表面粗糙度Ra/μm	加工方法	加工情况	加工经济精度IT	表面粗糙度Ra/μm
周铣	粗铣 半精铣 精铣	11～13 8～11 6～8	5～20 2.5～10 0.63～5	平磨	粗磨 半精磨 精磨 精密磨	8～10 8～9 6～8 6	1.25～10 0.63～2.5 0.16～1.25 0.04～0.32
端铣	粗铣 半精铣 精铣	11～13 8～11 6～8	5～20 2.5～10 0.63～5	刮	25×25 mm² 内点数	8～10 10～13 13～16 16～20 20～25	0.63～12.5 0.32～0.63 0.16～0.32 0.08～0.16 0.04～0.08
车	半精车 精车 细车(金刚石车)	8～11 6～8 6	2.5～10 1.25～5 0.02～1.25				
刨	粗刨 半精刨 精刨 宽刀精刨	11～13 8～11 6～8 6	5～20 2.5～10 0.63～5 0.16～1.25	研磨	粗研 精研 精密研	6 5 5	0.16～0.63 0.04～0.32 0.008～0.08
插			2.5～20	砂带磨	精磨 精密	5～6 5	0.04～0.32 0.01～0.04
拉	粗拉(铸造或冲压表面) 精拉	10～11 6～9	5～20 0.32～2.5	滚压		7～10	0.16～2.5

（4）选择加工方法要考虑生产类型。大批量生产时，应采用高效率和先进的加工方法，例如，大批量加工孔和平面时可采用拉削加工或采用专用设备，单件小批生产时则采用通用机床和一般的加工方法。

（5）应考虑工件的结构和尺寸。例如：对于 IT7 的孔，采用镗削，铰削、拉削和磨削等均可达到要求，但是箱体上的孔一般不宜采用拉削或磨削，大孔时采用镗削，小孔时宜采用铰削。

（6）要考虑现有的设备和技术条件。所选择的加工方法，不能脱离本企业的现有设备，应充分利用现有的设备和工艺手段，充分发挥本企业群众的潜力，发挥工人的创造性，提高企业的活力。

2. 表面加工方法的选择

（1）外圆加工。一般说来，车、磨削和光整加工是外圆的主要加工方法，但对韧性大的有色金属零件，磨屑极易堵塞砂轮，常用精细车代替磨削以获得较小的粗糙度。

（2）孔加工。对于相同精度的孔和外圆，孔加工比较困难些，而且孔系零件的结构也比较复杂，所以孔加工方案较外圆复杂，孔加工可在车、钻、扩、铰、镗、拉、磨床上进行，在实体材料上加工，多由钻孔开始，已经铸出或锻出的孔，多由扩或粗镗开始，至于孔的精加工：铰孔、拉孔适用于直径较小的孔，直径较大的孔可用精镗或精磨；淬硬的孔只能用磨削进行精加工；珩磨多用于直径较大的孔，研磨则是对大孔、小孔均适用。

（3）平面加工。平面一般采用铣削或刨削加工，旋转体零件端面则采用车削加工，动配合表面和要求较高的固定装配面，还必须在铣削或刨削之后进行精加工，精加工的方法有刮

24

研、磨削和精刨（或精铣）。平面拉削主要用于大量生产。小型零件的精密平面可采用研磨作为最后工序。

（4）成形面的加工。一般的成形面可以用车削、铣削、刨削及拉削等方法加工，但无论用什么方法，基本上可归纳为两种形式：用成形刀具加工及用工件和刀具作特定的相对运动的方法进行加工，用成形刀具加工成形面，方法简单，生产率高，但刀具制造复杂；在普通车床或铣床上用附加的靠模装置加工，则没有上述缺点，但机床的结构要复杂些，才能使刀具或工件作出符合成形面轮廓的相对运动，在大批量生产中常采用专用机床（如凸轮轴加工车床、磨床等）来满足精度和生产率两方面的要求。

零件的加工表面都有一定的加工要求，一般都不可能通过一次加工就能达到要求，而是要通过多次加工（即多道工序）才能逐步达到要求，图 2－10，图 2－11，图 2－12 分别列出了外圆表面、孔表面、平面的加工方案和各种加工方案所能达到的加工经济精度，供确定表面加工方案时参考。

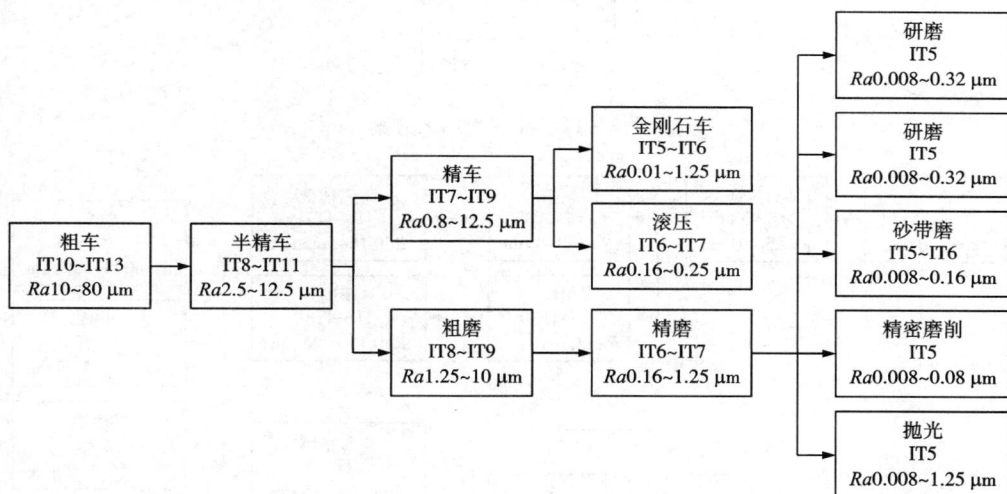

图 2－10　外圆表面加工方案

二、加工阶段的划分

当零件精度要求较高或较为复杂，为保证零件的加工质量和合理地使用设备、人力，零件往往不可能在一个工序内完成全部工作，而必须将工件的机械加工划分阶段，一般将表面的加工划分为最多五个加工阶段：去毛皮加工阶段、粗加工阶段、半精加工阶段、精加工阶段、光整加工阶段。一般零件的加工常分三个加工阶段：粗加工阶段、半精加工阶段、精加工阶段，毛坯误差大的可安排去毛皮加工阶段，精度要求较高的可安排光整加工阶段。

粗加工阶段的任务是高效地切除各加工表面的大部分余量、提高生产率，使毛坯在形状和尺寸上接近成品，留有均匀而恰当的余量，为半精加工和精加工作准备。

半精加工阶段的任务就是消除粗加工留下的误差，使工件达到一定精度，为主要表面的精加工作准备，并完成一些次要表面的加工（如钻孔、攻丝和铣键槽等）。

精加工阶段的任务是完成各主要表面的最终加工，使零件位置精度，尺寸精度及表面粗糙度达到图纸规定的质量要求。

25

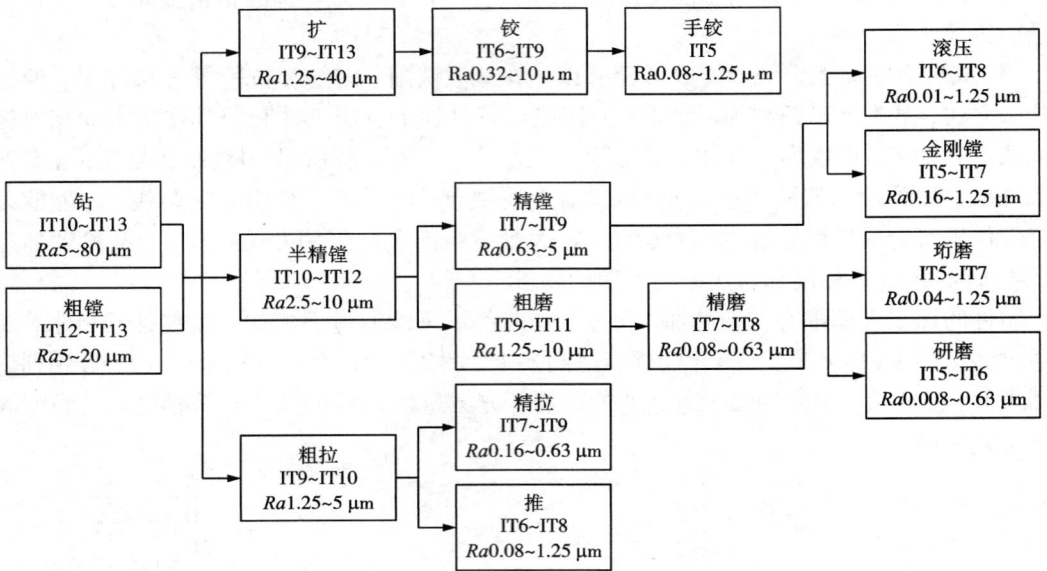

图 2-11 孔表面加工方案

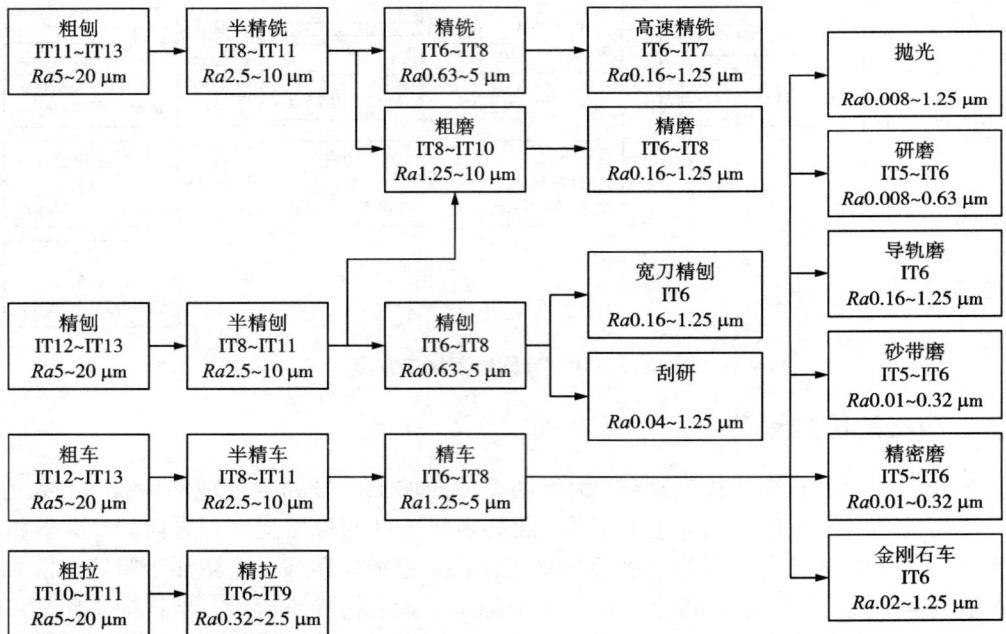

流程框内容：

- 钻 IT10~IT13 Ra5~80μm
- 粗镗 IT12~IT13 Ra5~20μm
- 扩 IT9~IT13 Ra1.25~40μm
- 铰 IT6~IT9 Ra0.32~10μm
- 手铰 IT5 Ra0.08~1.25μm
- 半精镗 IT10~IT12 Ra2.5~10μm
- 精镗 IT7~IT9 Ra0.63~5μm
- 滚压 IT6~IT8 Ra0.01~1.25μm
- 金刚镗 IT5~IT7 Ra0.16~1.25μm
- 粗磨 IT9~IT11 Ra1.25~10μm
- 精磨 IT7~IT8 Ra0.08~0.63μm
- 珩磨 IT5~IT7 Ra0.04~1.25μm
- 研磨 IT5~IT6 Ra0.008~0.63μm
- 粗拉 IT9~IT10 Ra1.25~5μm
- 精拉 IT7~IT9 Ra0.16~0.63μm
- 推 IT6~IT8 Ra0.08~1.25μm

图 2-11　孔表面加工方案

图 2-12 平面加工方案

流程框内容：

- 粗刨 IT11~IT13 Ra5~20μm
- 半精铣 IT8~IT11 Ra2.5~10μm
- 精铣 IT6~IT8 Ra0.63~5μm
- 高速精铣 IT6~IT7 Ra0.16~1.25μm
- 粗磨 IT8~IT10 Ra1.25~10μm
- 精磨 IT6~IT8 Ra0.16~1.25μm
- 抛光 Ra0.008~1.25μm
- 研磨 IT5~IT6 Ra0.008~0.63μm
- 导轨磨 IT6 Ra0.16~1.25μm
- 精刨 IT12~IT13 Ra5~20μm
- 半精刨 IT8~IT11 Ra2.5~10μm
- 精刨 IT6~IT8 Ra0.63~5μm
- 宽刀精刨 IT6 Ra0.16~1.25μm
- 刮研 Ra0.04~1.25μm
- 砂带磨 IT5~IT6 Ra0.01~0.32μm
- 粗车 IT12~IT13 Ra5~20μm
- 半精车 IT8~IT11 Ra2.5~10μm
- 精车 IT6~IT8 Ra1.25~5μm
- 精密磨 IT5~IT6 Ra0.01~0.32μm
- 金刚石车 IT6 Ra.02~1.25μm
- 粗拉 IT10~IT11 Ra5~20μm
- 精拉 IT6~IT9 Ra0.32~2.5μm

图 2-12　平面加工方案

　　光整加工阶段：对于尺寸精度及表面粗糙度要求很高的零件(6 级以上，表面要求在 0.2 以上)需要安排此阶段，其主要任务是提高表面粗糙度和进一步提高尺寸精度和形状精度，但一般不用以纠正位置精度。

　　工艺过程划分加工阶段的主要原因：

26

（1）易于保证加工质量。粗加工的任务是尽快切除多余的金属层，工件粗加工时产生较大的切削力和切削热，此时所需的夹紧力也较大，工件会产生较大的受力变形和热变形，从而造成较大的加工误差和较大的表面粗糙度，半精加工阶段是为精加工作准备，而精加工阶段的目的是最终保证加工质量，精加工余量小，受力小，受力变形小，振动小，切削热小，受热变形小，这样就能保证加工质量。

（2）粗加工切除较多余量，可及时发现毛坯缺陷，并采取措施，减少或降低精加工工序的制造费用，避免浪费工时，精加工安排在最后，有利于保护精加工过的表面不受损伤。

（3）可以合理使用机床、设备，不同的设备具有不同的精度能力和精度寿命，加工过程分阶段，可以在粗加工阶段使用低精度或旧设备，精加工阶段使用高精度设备

（4）便于安排热处理工序。热处理工序将机械加工工艺过程自然地划分分几个加工阶段。

将工艺过程加工阶段的划分不是绝对的，对于那些刚性好、余量小、加工要求不高或内应力影响不大的工件，如有些重型零件的加工，可以不划分加工阶段。

三、工序的集中与分散

零件上所需加工的表面加工方案确定及划分加工阶段以后，需将各加工表面按不同加工阶段组合成若干个工序，拟定出整个加工路线，组合工序时有工序集中或工序分散两种方式

1. 工序集中

工序集中就是将工件的加工集中在少数工序内完成，而每道工序的内容较多，其主要特点是：

（1）可减少装夹的次数。

（2）便于采用高生产率的机床。

（3）有利于生产组织和计划工作。

（4）占用生产面积小。

（5）机床结构复杂、刀具多、降低了机床的可靠性、可能影响生产率。

（6）设备过于复杂、调整维护都不方便。

（7）生产准备工作量大。

2. 工序分散

工序分散就是将零件的加工内容分散到很多工序内完成。其特点是：

（1）采用比较简单的机床和工艺装备、调整容易。

（2）生产准备工作量小。

（3）容易转产。

（4）设备多、工人多，生产面积大。

工序集中与工序分散各有优缺点，在制定工艺路线时应根据生产类型、零件的结构特点及工厂现有条件等灵活处理。一般情况下，单件小批生产能简化生产作业计划组织工作，易于工序集中；成批生产和大批量生产中，多采用工序分散，也可采用工序集中，机械加工的发展方向是工序集中，加工中心机床的加工是典型的工序集中的例子。

四、定位基准及选择

1. 基准

基准是确定机械零件或部件上几何要素之间的几何关系所依据的那些点、线或面。机械产品从设计、制造到出厂经常要遇到基准问题，如设计时零件尺寸的标注、制造时工件的定位、检查时尺寸的测量以及装配时零、部件的装配位置等都要用到基准的概念。

从设计和工艺两个方面看基准，可把基准分为设计基准和工艺基准两大类。

1）设计基准

所谓设计基准是指设计图样上采用的基准。图 2-13 所示的钻套轴线 $O-O$ 是各外圆表面及内孔的设计基准；端面 A 是端面 B、C 的设计基准；内孔表面 D 的轴心线是 $\phi40h6$ 外圆表面的径向跳动和端面 B 的端面跳动的设计基准。同样，图 2-13(b) 中的 F 面是 C 面和 E 面的设计基准，也是两孔垂直度和 C 面平行度的设计基准；A 面为 B 面的距离尺寸及平行度设计基准。

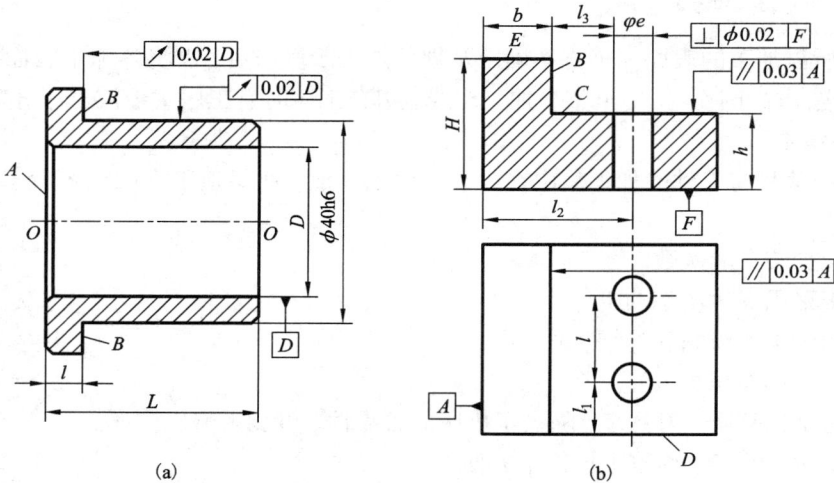

图 2-13 基准分析示例

作为设计基准的点、线、面在工件上有时不一定具体存在，例如表面的几何中心、对称线、对称面等，而常常由某些具体表面来体现，这些具体表面称为基面。

2）工艺基准

所谓工艺基准是在机械加工工艺过程中用来确定本工序的加工表面加工后尺寸、形状、位置的基准。工艺基准按不同的用途可分为工序基准、定位基准、测量基准和装配基准。

（1）工序基准

在工序图上用来确定本工序的加工表面加工后的尺寸、形状、位置的基准，称为工序基准。如图 2-14(a) 所示，A 为加工面，母线至 A 面的距离 h 为工序尺寸，位置要求 A 面对 B 面的平行度（没有标出则包括在 h 的尺寸公差内）。所以母线为本工序的工序基准。

有时确定一个表面就需要数个工序基准。如图 2-14(b) 所示，φe 孔为加工表面，要求其中心线与 A 面垂直，并与 B 面及 C 面保持距离 L_1、L_2，因此表面 A、B 和 C 均为本工序的工序基准。

（2）定位基准

在加工中用作定位的基准称为定位基准。例如，将图 2-13(a)所示的零件的内孔套在心轴上加工 ϕ40h6 外圆时，内孔中心线即为定位基准。加工一个表面时，往往需要数个定位基准同时使用。如图 2-13(b)所示的零件，加工 φe 孔时，为保证对 A 面的垂直度，要用 A 面作为定位基准；为保证 L_1、L_2 的距离尺寸，用 B、C 面作为定位基准。

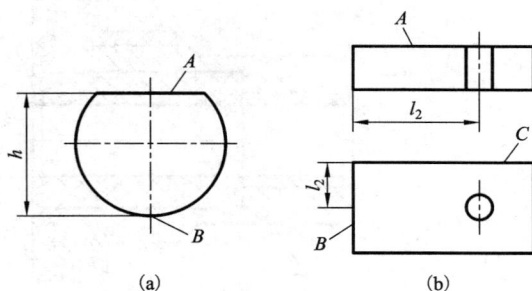

图 2-14　工序基准及工序尺寸

作为定位基准的点、线、面在工件上也不一定存在，但必须由相应的实际表面来体现。这些实际存在的表面称为定位基面。

（3）测量基准

测量时采用的基准称为测量基准。例如图 2-13(a)中，以内孔套在心轴上去检验 ϕ40h6 外圆的径向跳动和端面 B 的端面跳动，内孔中心线为测量基准。

（4）装配基准

装配时用来确定零件或部件在产品中相对位置时所用的基准称为装配基准。图 2-13(b)所示的支承块，底面 F 为装配基准。

2. 定位基准的选择

1）粗基准的选择

选择粗基准时。主要考虑两个问题：一是保证加工面与不加工面之间的相互位置精度要求；二是合理分配各加工面的加工余量。具体选择时参考下列原则：

（1）对于同时具有加工表面和不加工表面的零件，为了保证不加工表面与加工表面之间的位置精度，应选择不加工表面作为粗基准。如图 2-15(a)所示。如果零件上有多个不加工表面，则以其中与加工表面相互位置精度要求较高的表面作为粗基准。如图 2-15(b)，该零件有三个不加工表面，若要求表面 4 与表面 2 所组成的壁厚均匀，则应选择不加工表面 2 作为粗基准来加工台阶孔。

（2）对于具有较多加工表面的工件，选择粗基准时，应考虑合理分配各加工表面的加工余量。合理分配加工余量是指以下两点：

①应保证各主要表面都有足够的加工余量。为满足这个要求，应选择毛坯余量最小的表面作为粗基准，如图 2-15(c)所示的阶梯轴，应选择 ϕ55 mm 外圆表面作为粗基准。

②对于工件上的某些重要表面（如导轨和重要孔等），为了尽可能使其表面加工余量均匀，则应选择重要表面作为粗基准。如图 2-16 所示的床身导轨表面是重要表面，要求耐磨性好，且在整个导轨面内具有大体一致的力学性能。因此，在加工导轨时，应选择导轨表面作为粗基准加工床身底面[图 2-16(a)]，然后以底面为基准加工导轨平面[图 2-16(b)]。

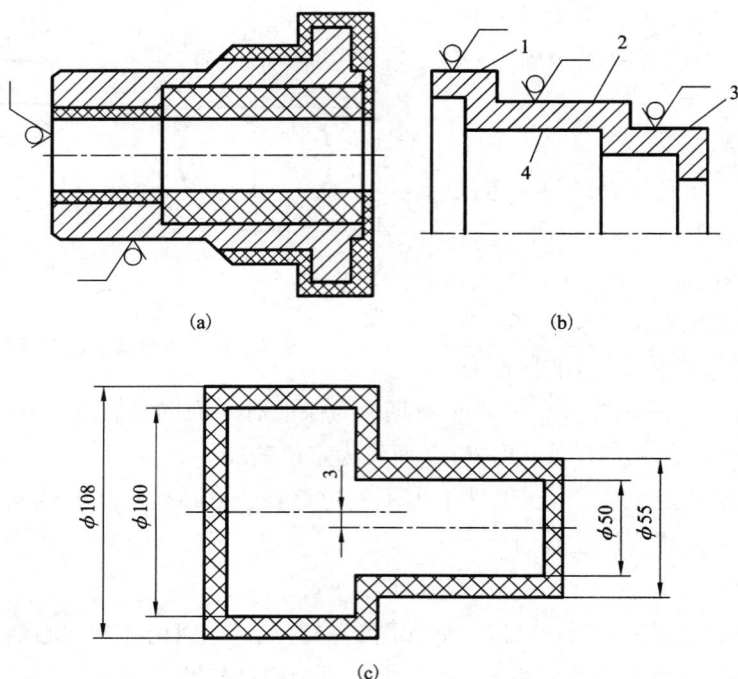

(a)　　　　　　　　　　　(b)

(c)

图 2 - 15　粗基准的选择

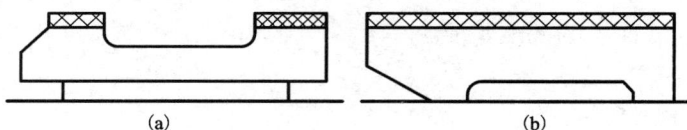

(a)　　　　　　　　　　(b)

图 2 - 16　床身加工粗基准选择

③粗基准应避免重复使用。在同一尺寸方向上，粗基准通常只能使用一次，以免产生较大的定位误差。如图 2-17 所示的小轴加工，如重复使用 B 面加工 A 面、C 面、则 A 面和 C 面的轴线将产生较大的同轴度误差。

④选作粗基准的平面应平整，没有浇冒口或飞边等缺陷，以便定位可靠。

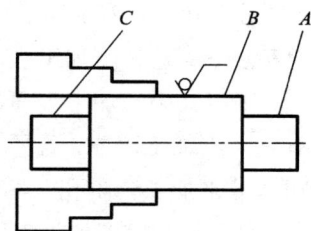

图 2 - 17　重复使用粗基准示例

2）精基准的选择

精基准的选择应从保证零件加工精度出发，同时考虑装夹方便、夹具结构简单。选择精基准一般应考虑如下原则：

（1）"基准重合"原则

选设计基准为定位基准，这样就没有基准不重合误差。图 2-18 所示为主轴箱零件，现在要加工主轴孔，考虑到主轴是三个支承，内墙上也有孔，为了保证三个孔同心，在夹具上设计了三个镗模板，其中一个置于箱体内，因此需要以箱盖面为定位基准。但是主轴位置孔尺寸 B_2 的设计基准为箱底面，这就造成了基准不重合。

30

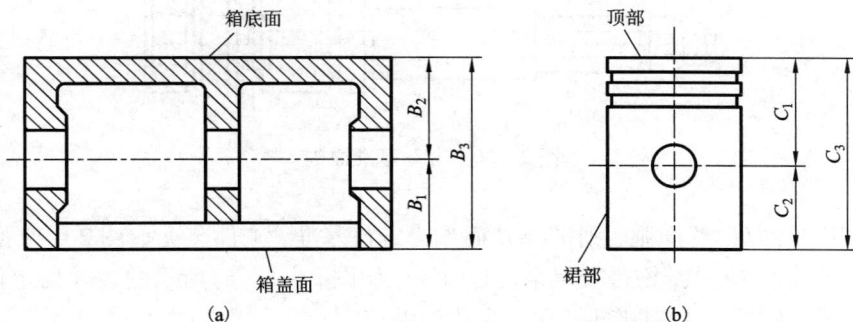

图 2-18 基准重合原则示例

（2）"基准统一"原则

当工件以某一组精基准定位可以比较方便地加工其他表面时，应尽可能在多数工序中采用此组精基准定位，这就是"基准统一"原则。例如轴类零件大多数工序都以中心孔为定位基准；齿轮的齿坯和齿形加工多采用齿轮内孔及端面为定位基准。

采用"基准统一"原则可减少工装设计制造的费用，提高生产率，并可避免因基准转换所造成的误差。

（3）"自为基准"原则

当工件精加工或光整加工工序要求余量尽可能小而均匀时，应选择加工表面本身作为定位基准，这就是"自为基准"原则。例如磨削床身导轨面时，就以床身导轨面作为定位基准。如图 2-19 所示。此时床脚平面只是起一个支承平面的作用，它并非是定位基准面。此外，用浮动铰刀铰孔、用拉刀拉孔、用无心磨床磨外圆等，均为自为基准的实例。

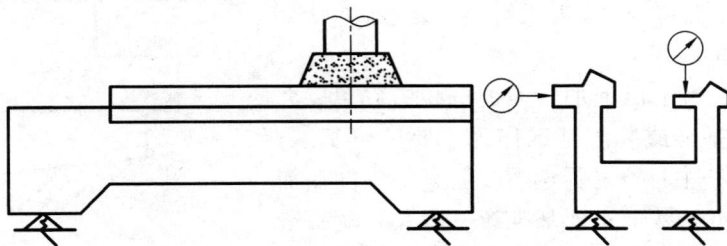

图 2-19 机床导轨面自为基准示例

（4）"互为基准"原则

对某些空间位置精度要求很高的零件，通常采用互为基准、反复加工的原则。例如，车床主轴要求前后轴颈与前锥孔同心，如图 2-20 所示，工艺上采用以前后轴颈定位，加工通孔、后锥孔和前锥孔，再以前锥孔及后锥孔定位加工前后轴颈。经过几次反复，由粗加工、半精加工至精加工，最后以前后轴颈定位，加工前锥孔，保证了较高的同轴度。

精基准选择应保证工件定位准确、夹紧可靠、操作方便。如图 2-21（b），当加工 C 面

31

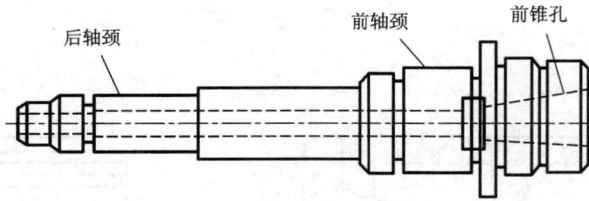

图 2 − 20　互为基准原则

时，如果采用"基准重合"原则，则选择 B 面作为定位基准，工件装夹如图 2 − 22 所示。这样不但工件装夹不便，夹具结构也较复杂；但如果采用图 2 − 21(a)所示的以 A 面定位，虽然夹具结构简单、装夹方便，但基准不重合，定位误差较大。

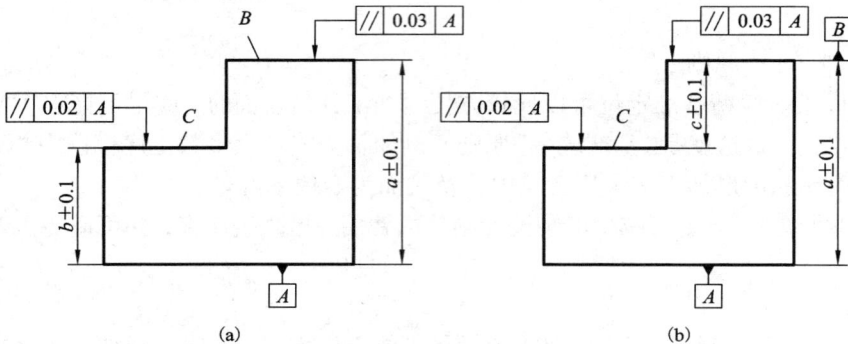

(a)　　　　　　　　　　　　　　　(b)

图 2 − 21　两个尺寸标注对定位基准选择的影响

应该指出，上述粗精基准选择原则，常常不能全部满足，实际应用时往往会出现相互矛盾的情况，这就要求综合考虑，分清主次，着重解决主要矛盾。

3）辅助基准的应用

工件定位时，为了保证加工表面的位置精度，大多优先选择设计基准或装配基准作为主要定位基准，这些基准一般为零件上的主要表面。但有些零件在加工中，为装夹方便或易于实现基准统一，人为地制造一种定位基准。如毛坯上的工艺凸台和轴类零件加工时的中心孔。这些表面不是零件上的工作表面，只是

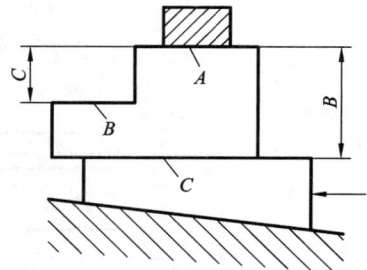

图 2 − 22　基准重合时装夹示例

为满足工艺需要而在工件上专门设计的定位基准称为辅助基准。

此外某些零件上的次要表面（非配合表面），因工艺上宜作定位基准而提高其加工精度和表面质量以便定位时使用。这种表面也称为辅助基准。例如，丝杠的外圆表面，从螺纹副的传动来看，它是非配合的次要表面，但在丝杠螺纹的加工中，外圆表面往往作为定位基准，它的圆度和圆柱度直接影响到螺纹的加工精度，所以要提高外圆的加工精度，并降低其表面粗糙度值。

32

五、工序顺序的安排

1. 机械加工顺序的安排

机械加工工序是工艺主要内容，应遵循以下原则：

（1）先基面后其他。零件加工一开始，总是先加工精基准，然后再用精基准定位加工其他表面。

（2）先粗后精　一个零件由多个表面组成，各表面的加工一般都需要分阶段进行。在安排加工顺序时，应先集中安排各表面的粗加工，中间根据需要依次安排半精加工，最后安排精加工和光整加工。对于精度要求较高的工件，为了减小因粗加工引起的变形对精加工的影响，通常粗、精加工不应连续进行，而应分阶段、间隔适当时间进行。

（3）先主后次，零件的主要表面一般都是加工精度或表面质量要求比较高的表面，它们的加工质量好坏对整个零件的质量影响很大，其加工工序往往也比较多，因此应先安排主要表面的加工，再将其他表面加工适当安排在它们中间穿插进行。通常将装配基面、工作表面等视为主要表面，而将键槽、紧固用的光孔和螺孔等视为次要表面。

（4）先面后孔，对于箱体、支架和连杆等工件，应先加工平面后加工孔。因为平面的轮廓平整，面积大，先加工平面再以平面定位加工孔，既能保证加工时孔有稳定可靠的定位基准，又有利于保证孔与平面间的位置精度要求。

例：箱体加工中，先以毛坯轴承孔定位，加工出平面（精基准），一般来说该平面以及其上的工艺孔是箱体加工的统一基准，再以该平面定位，加工出轴承孔。

2. 热处理工序的安排

（1）预备热处理。预备热处理的目的是消除毛坯制造过程中所产生的内应力，改善金属材料的切削加工性能，为最终热处理做准备。属于预备热处理的有调质、退火、正火等，一般安排在粗加工前后。安排在粗加工前，可改善材料的切削加工性能；安排在粗加工后，有利于消除残余内应力。

（2）最终热处理。最终热处理的目的是提高金属材料的力学性能，如提高零件的硬度和耐磨性等。属于最终热处理的有淬火—回火工序，渗碳淬火—回火，渗氮等，对于仅仅要求改善力学性能的工件，有时正火、调质等也作为最终热处理。最终热处理一般应安排在粗加工、半精加工之后，精加工的前后。变形较大的热处理，如渗碳淬火、调质等，应安排在精加工前进行，以便有精加工时纠正热处理的变形；变形较小的热处理，如渗氮等，则可安排在精加工之后进行。

（3）时效处理。时效处理的目的是消除内应力，减少工件变形，时效处理分自然时效、人工时效和冰冷处理三大类。自然时效是指将铸件在露天放置几个月或几年，人工时效是指将工件以 $50\sim100$ ℃/h 的速度加热到 $500\sim550$ ℃。保温数小时或更久，然后以 $20\sim50$ ℃/h 的速度随炉冷却；冰冷处理是指将零件置于 $0\sim80$ ℃之间的某种气体中停留 $1\sim2$ h。时效处理一般安排在粗加工之后、精加工之前；对于精度要求较高的零件可在半精加工之后再安排一次时效处理；冰冷处理一般安排在回火处理之后或精加工之后或工艺过程的最后。

（4）表面处理。为了表面防腐或表面装饰，有时需要对表面进行涂镀或发蓝等处理。这种表面处理通常安排在工艺过程的最后。

3. 辅助工序安排

辅助工序包括包括工件的检验、去毛刺、清洗、去磁和防锈等。辅助工序也是机械加工的必要工序，安排不当或遗漏，会给后续工序和装配带来困难，影响产品质量甚至机器的使用性能。

（1）检验工序的安排。

①中间工序。安排在粗加工阶段之后、转出车间之前；或关键工序之前和之后进行，因为关键工序工时费用高，且易出废品。

②特种检验。检查工件材料内部质量：如超声波探伤（检验毛坯），安排在工艺过程的开始，粗加工前；检验工件表面质量：如磁粉探伤、荧光检验。检验加工后的金属表面，要放在所要求表面的精加工后；荧光检验用于检查毛坯的裂纹，则安排在加工前进行；动、静平衡试验、密封性试验：视加工过程的需要进行安排；重量检验：应安排在工艺过程最后进行。

③总检验（最终检验）。零件加工完成之后。

（2）其他工序。去毛刺工序：一般安排在钻、铣加工工序之后或在钻、铣中安排去毛刺；油封工序：入库前或两道工序之间间隔时间较长时安排；洗涤工序：检验前、抛光、磁粉探伤、荧光检验、研磨等工序之后均要安排洗涤工序。

五、工序内容设计

1. 加工余量的确定

加工余量是指加工中被切去的金属层厚度。加工余量的确定是机械加工中很重要的问题。余量过大，必然会增加机械加工工作量，浪费材料，增加电力、工具的消耗，从而导致成本提高，有时，从某种毛坯切去抗疲劳的金属层，会降低零件的力学性能。余量过小，又往往会造成某种毛坯表面缺陷层尚未切掉就已达到规定的尺寸，因而使工件成为废品。所以，在拟定工艺过程中，必须确定适当的余量。加工余量有工序余量、总余量之分。

（1）加工余量的概念。总余量 Z_0：指零件从毛坯变为成品的整个加工过程中，从某一表面所切除的金属的总厚度，即某一表面的毛坯尺寸与零件设计尺寸之差。

工序余量 Z_i：指某一表面在一道工序中被切除的金属层厚度，即相邻两道工序的工序尺寸之差，

总余量 Z_0 和工序余量 Z_i 的关系可用下式表示：

$$Z_0 = \sum_{i=1}^{n} Z_i \tag{2-2}$$

工序余量有单边余量和双边余量之分，单边余量：对于平面上非对称的表面，其加工余量用单边余量 Z_b 来表示，图 2-23（a）、图 2-23（b）所示：

$$Z_b = b - a \tag{2-3}$$

式中：Z_b 为本工序的工序余量；b 为本工序的基本尺寸；a 为上工序的基本尺寸。

对于外圆与内孔这样的对称表面，其加工余量用双边余量 $2Z_b$ 表示。对于外圆表面如图 2-23（c）所示，有：

$$2Z_b = d_a - d_b \tag{2-4}$$

对于内孔表面如图 2-23（d）有

$$2Z_b = D_b - D_a \tag{2-5}$$

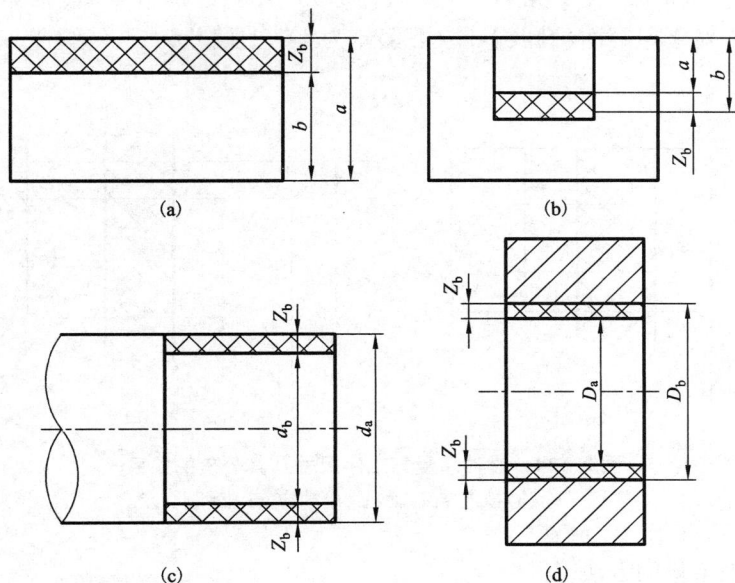

图 2 – 23　单边余量与双边余量

由于工序尺寸有误差，故各工序实际切除的余量值是变化的，因此工序余量有公称余量（简称余量）、最大余量 Z_{max}、最小余量 Z_{min} 之分，余量的变动范围称为余量公差。如图 2 – 24 所示。

公称余量 Z：前工序基本尺寸与本工序基本尺寸之差。

对于被包容面（轴）

$$Z = a - b \tag{2 – 6}$$

对于包容面（孔）

$$Z = b - a \tag{2 – 7}$$

最大余量 Z_{max}：前工序最大极限尺寸与本工序最小极限尺寸之差。

对于被包容面（轴）

$$Z_{max} = a_{max} - b_{min} \tag{2 – 8}$$

对于包容面（孔）

$$Z_{max} = b_{max} - a_{min} \tag{2 – 9}$$

最小余量 Z_{min}：前工序最小极限尺寸与本工序最大极限尺寸之差。

对于被包容面（轴）

$$Z_{min} = a_{min} - b_{max} \tag{2 – 10}$$

对于包容面（孔）

$$Z_{min} = b_{min} - a_{max} \tag{2 – 11}$$

余量公差 T_Z 最大余量与最小余量的差值，等于前工序与本工序两工序尺寸公差之和，即

$$T_Z = Z_{max} - Z_{min} = T_a + T_b \tag{2 – 12}$$

式中：T_Z 为余量公差；T_a 为前工序尺寸公差；T_b 为本工序尺寸公差。

工序尺寸的公差带布置，一般都采用"入体原则"即对于被包容面(轴类)，取上偏差为零，下偏差为负；对于包容面(孔类)，取下偏差为零，上偏差为正。毛坯尺寸的偏差，一般采用双向标注。

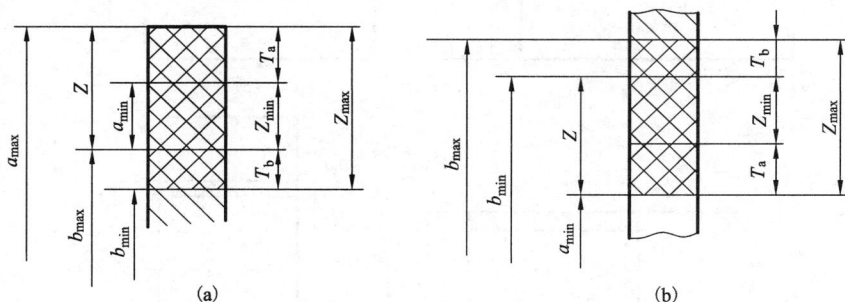

图 2 - 24 零件余量与工序尺寸及其公差的关系
(a)被包容面(轴)；(b)包容面(孔)

(2)确定加工余量的方法。

①估计法。根据工艺人员本身积累的经验确定加工余量。一般为了防止余量过小而产生废品，所估计的余量一般都偏大，适用于单件小批量生产。

②查表法。根据有关手册和资料提供的加工余量数据，再结合本厂实际生产情况加以修正后确定加工余量，这是工厂广泛采用的方法。适用于批量生产，应用广泛。

③计算法。根据理论公式和企业的经验数据表格，通过分析影响余量的各个因素来计算确定加工余量的大小，这种方法较合理，但需要全面可靠的试验资料，计算也较复杂，一般只在材料十分贵重或少数大批、大量生产工厂中采用。

(3)影响加工余量的因素分析。确定加工余量的基本原则是：在保证加工质量的前提下越小越好。

影响加工余量的因素：

①上道工序形成的表面粗糙度和表面缺陷层。本道工序必须把前道工序所形成的表面粗糙度和表面缺陷层全部切去，本工序的加工余量必须大于等于上工序尺寸公差。

②上道工序的工序尺寸公差：由于前道工序加工后，表面存在有尺寸误差和形位误差，这些误差一般包括在工序尺寸公差中，所以为了使加工后工件表面不残留前工序这些误差，本工序加工余量值应比前工序的尺寸公差值大。

③上道工序产生的形状和位置误差 当工件上有些形状和位置偏差不包括在尺寸公差的范围内时，这些误差又必须在本工序加工纠正，则在本工序的加工余量中应包括这些误差。

④本道工序的装夹误差。装夹误差包括工件的定位误差和夹紧误差，若用夹具装夹时，还应考虑夹具本身的误差。这些误差会使工件在加工时的位置发生偏斜，所以加工余量还必须考虑这些误差的影响。本道工序的余量必须大于本道工序的装夹误差。

2. 工序尺寸及其公差的确定

(1)第一类工序尺寸及公差的确定。第一类工序尺寸及确定，即基准重合时，零件上的内孔、外圆和平面加工多属于这种情况，当表面需要经过多次加工时，各次加工的尺寸及其公差取决于各工序的加工余量及所采用的加工方法所能达到的经济精度。因此，确定各工序的加工余量和各工序所能达到的经济加工精度后，就可计算出各工序的尺寸及公差。工序尺寸及公差的确定方法：由最后一道工序叠加（外表面），或由最后一道工序叠减（内表面）。

例　现需加工某法兰上的一尺寸为 $\phi100\ ^{+0.035}_{\ \ 0}$（H7）的圆孔。毛坯为锻件，其工序顺序为：粗镗—半精镗—精镗—浮动铰孔，加工过程中，使用同一基准完成该孔的加工，试确定其工序尺寸及上下偏差。

解：（ⅰ）加工余量的确定，查手册：加工总余量 8，铰余量：0.1，精镗：0.5，分配：半精镗：2.4 粗镗：5。

（ⅱ）工序基本尺寸的确定，工序基本尺寸的计算顺序是从最后一道工序往前推算。浮动铰孔后尺寸为 $\phi100^{+0.035}_{0}$（H7），即浮动铰孔工序基本尺寸即为图样的基本尺寸。其余各基本尺寸如表 2-10 所示。

（ⅲ）各工序尺寸公差的确定。最后铰孔工序的尺寸公差即图样规定的尺寸公差，各中间工序的加工精度及公差是根据其对应工序的加工性质，查有关经济加工精度的表格得到的。查得结果列于表 2-10。

（ⅳ）各工序尺寸偏差的确定查得各工序公差之后，按"入体原则"确定各工序尺寸的上、下偏。对于孔，下偏差取零，上偏差取正值；对于轴，上偏差取零，下偏差取负值；对于毛坯尺寸的偏差应查表取双向值。得出的结果见表 2-10。

表 2-10　工序尺寸及公差的计算

工序名称	工序余量	工序精度	工序尺寸	工序尺寸及偏差		
铰孔	0.1	H7(0.035)	100	$\phi100$	+0.035	0(H7)
精镗孔	0.5	H8(0.054)	100-0.1=99.9	$\phi99.9$	+0.054	0
半精镗孔	2.4	H10(0.14)	99.9-0.5=99.4	$\phi99.4$	+0.140	0
粗镗孔	5	H13(0.54)	99.4-2.4=97	$\phi97$	+0.540	0
毛坯孔	±2		94-5=92	$\phi92\pm2$		

（2）第二类工序尺寸及公差的确定。工序基准与设计基准不重合及多尺寸保证时，就必须用尺寸链来解。

3. 机床及工艺装备的选择

（1）机床的选择。机床选择时应遵循以下原则：①机床精度与零件加工精度相适应；②机床规格与零件大小相适应；③生产量大，采用高生产率机床（如各种专用机床）；生产量小，采用万能机床；④尽量节约设备投资；⑤考虑将来的发展。

（2）刀具的选择。选择刀具时，要考虑加工方法、表面尺寸大小、工件材料、加工精度、生产率，经济性等方面的问题，一般先采用标准刀具，若采用机械集中，则可采用各种高效的专用刀具复合刀具和多刃刀具等，刀具的类型、规格和精度等级应符合加工要求。

（3）量具的选择。选择量具时，要考虑生产类型和检验的精度。单件小批生产时广泛采用通用量具：游标卡尺、百分尺和千分表等；大批大量生产时应采用极限量规和高效的检查仪，检验夹具等。

4. 切削用量的确定

按金属切削原理所讲授知识进行切削用量的确定工作。

应当从保证工件加工表面的质量、生产率、刀具耐用度以及机床功率等因素来考虑选择切削用量：

（1）粗加工切削用量的选择。粗加工毛坯余量大，加工的精度与表面的粗糙度要求不高。因此，粗加工切削用量的选择应在保证必要的刀具耐用度的前提下尽可能提高生产率和降低成本。

通常生产率以单位时间内的金属切除率 Z_w 来表示：$Z_w = 1000vfa_p \ mm^3/s$。可见，提高切削速度、增大进给量和背吃刀量都能提高切削加工生产率。其中 v 对刀具耐用度 T 影响最大，a_p 最小。在选择粗加工切削用量时，应首先选用尽可能大的背吃刀量 a_p，其次选用较大的进给量 f，最后根据合理的刀具耐用度，用计算法或查表法确定合适切削速度 v。

①背吃刀量的选择。粗加工时，其由工件加工余量和工艺系统的刚度决定。在保留后续工序余量的前提下，尽可能将粗加工余量一次切除掉；若总余量太大，可分几次走刀。

②进给量的选择。限制进给量的主要因素是切削力，在工艺系统的刚性和强度良好的情况下，可用较大的 f 值，可用查表法，根据工件材料和尺寸大小，刀杆尺寸和初选的背吃刀量 a_p 选取。

③切削速度的选择。切削速度主要受刀具耐用度的限制，在 a_p 及 f 选定后，v 可按公式计算得到。切削用量 a_p 及 f 和 v 三者决定切削率，确定 v 时应考虑机床的许用功率。

（2）精加工切削用量的选择。在精加工时，加工精度和表面粗糙度的要求都较高，加工余量小而均匀。因此，在选择精加工的切削用量时，着重是考虑保证加工质量，并在此基础上尽量提高生产率。

①背吃刀量的选择。由粗加工后留下的余量决定，一般 a_p 不能太大，否则会影响加工质量。

②进给量的选择。限制进给量的主要因素是表面粗糙度。应根据加工表面的粗糙度要求、刀尖圆弧半径 γ_w、工件材料、主偏角 k_r 及副偏角 k/r 等选取 f。

③切削速度的选择。主要考虑表面粗糙度要求和工件的材料种类，当表面粗糙度要求较高时，切削速度也较大。

5. 时间定额的确定

时间定额是指在一定生产条件下，规定生产一件产品或完成一道工序所消耗的时间。时间定额是安排生产计划、进行成本核算的重要依据，也是设计或扩建工厂（或车间）时计算设备和工人数量的依据。

时间定额一般是由技术人员通过计算或类比的方法或者通过对实际操作时间的测定和分析的方法来确定。合理制定时间定额能促进工人的积极性和创造性，对保证产品质量、提高劳动生产率、降低生产成本具有重要意义。

完成零件一道工序的时间定额称为单件时间定额，它包括下列组成部分：

（1）基本时间（$T_{基本}$）：指直接改变生产对象的尺寸、形状、相对位置与表面质量或材料性质等工艺过程所消耗的时间。对机械加工来说，则为切除金属层所耗费的时间（包括刀具的切入、切出的时间）。时间定额中的基本时间可以根据切削用量和行程长度来计算。

（2）辅助时间（$T_{辅助}$）：指为实现工艺过程所必须进行的各种辅助动作消耗的时间，它包括装卸工件，开、停机床，改变切削用量，试切和测量工件，进刀和退刀等所需的时间。

（3）布置工件场地时间（$T_{服务}$）：指为使加工正常进行，工人管理工作场地和调整机床等（如更换、调整刀具、润滑机床，清理切屑，收拾工具等）所需时间。一般按操作时间的2% ~ 7%表示

（4）生理和自然需要时间（$T_{休息}$）指工人在工作时间内为恢复体力和满足生理需要等消耗的时间。一般按操作时间 2% ~4%计算。

以上四部分时间的总和称为单件时间定额。即：

$$T_{单件} = T_{基本} + T_{辅助} + T_{职务} + T_{休息} \tag{2-13}$$

（5）准备与终结时间（$T_{终准}$）指工人在加工一批产品、零件进行准备和结束工作所消耗的时间。加工开始前，通常都要熟悉工艺文件，领取毛坯、材料、工艺装备，调整机床，安装刀具和夹具，选定切削用量等，加工结束后，需送交产品，拆下、归还工艺装备等。准终时间对一批工件（N件）来说只消耗一次，故分摊到每个零件上的时间为 $T_{准终}/N$。

所以批量生产时单件时间定额为上述时间之和，即

$$T_{定额} = T_{基本} + T_{辅助} + T_{职务} + T_{休息} + T_{准终}/N \tag{2-14}$$

大批大量生产中，由于 N 的数值很大，$T_{准终}/N$ 很小，即可忽略不计，所以大批大量生产的单件时间定额为：

$$T_{定额} = T_{单件} = T_{基本} + T_{辅助} + T_{服务} + T_{休息} \tag{2-15}$$

六、工艺尺寸链原理

1. 工艺尺寸链的基本概念

（1）工艺尺寸链的定义。零件的加工过程中，一系列相互联系的尺寸，按一定的顺序排列形成的封闭尺寸组合，称为工艺尺寸链。如图2-25例所示零件，零件上标注的是尺寸 A_1 和 A_0，工件如以 1 面定位加工 3 面得尺寸 A_1，然后仍以 1 面定位用调整法，按尺寸 A_2 对刀加工 2 面，间接保证尺寸 A_0，的要求，则 A_1，A_2，A_0

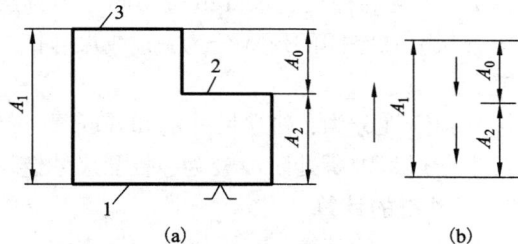

图 2-25　尺寸链示例

这些相互联系的尺寸就形成了一个封闭的图形，即为工艺尺寸链。

由此可知，工艺尺寸链的主要特点是：

①封闭性。尺寸链中各个有关联的尺寸首尾相接呈封闭形式，其中应包含一个间接获得的尺寸和若干个对其有影响的直接获得的尺寸。

②关联性。任何一个直接保证的尺寸及其精度的变化，必将影响间接保证的尺寸及其精度。

（2）尺寸链的组成。组成尺寸链的每一尺寸，称作一个环，如图2-25所示，A_0，A_1，A_2 都是尺寸链的环，按各环的性质不同，环可分为封闭环和组成环。

①封闭环。加工过程中间获得的尺寸，即最后保证的尺寸称为封闭环，一个尺寸链中，封闭环只有一个，如图2-25 的 A_0 是间接获得的，A_0 即为封闭环。

②组成环。在加工或测量过程中，直接获得的尺寸称为组成环。在尺寸链中，除了封环

外，其他都是组成环，如图 2-25 A_1，A_2 即为组成环，按其对封闭环的影响不同，分为增环和减环：

增环：当其余组成环不变，该环的增大(减小)引起封闭环的增大(减小)的环。称为增环，如图 2-25 中的尺寸 A_1。

减环：当其余环不变，而该环的增大(减小)引起封闭环的减小(增大)的环，称为减环。如图 2-25 的尺寸 A_2。

③增、减环的判断。对于环数较多的尺寸链，用定义判断增、减环较困难，且易出错。在这种情况下，可采用画箭头的方法快速判断增、减环，称为回路法，其方法是：在绘制的尺寸链图上，先给封闭环任定一方向，在尺寸的上或下方画箭头，然后沿箭头所指的方向依次绕尺寸链一圈，并给各组成环标上与绕行方向相同的箭头，凡与封闭环箭头同向的为减环，反向的是增环，例如图 2-25(b)。

(3)工艺尺寸链的建立。

①封闭环的确定　确定封闭环要根据零件的加工方案，找出"间接、最后"获得尺寸定为封闭环。在大多数情况下，封闭环可能是零件设计 尺寸中的一个尺寸或者是加工余量值。

②组成环的查找。从封闭环两端开始，同步按照工艺过程的顺序，分别向前查找该表面最近一次加工的加工尺寸，之后再找出该尺寸另一端表面的最后一次加工尺寸，直至两边汇合为止，所经过的尺寸都为该尺寸的组成环。

需要注意的是，所建立的尺寸链，应使组成环数最少，这样有利于保证封闭环的精度或各组成环加工容易，更经济。

(4)尺寸链的种类。尺寸链按不同分类方法有不同的类型：

按各尺寸在空间的形式分为：直线尺寸链，角度尺寸链、角度尺寸链、平面尺寸链，空间尺寸链。

按其独立性分为：独立尺寸链和并联尺寸链。

按生产过程中所处阶段分为：装配尺寸链、零件设计尺寸链和工艺尺寸链。

2. 尺寸链的计算

工艺尺寸链的计算，有极值法和概率法，一般多采用极值法。

(1)封闭环基本尺寸的确定：封闭环的基本尺寸等于所有增环的基本尺寸之和减去所有减环的基本尺寸之和：

$$A_0 = \sum_{i=1}^{K} A_i - \sum_{j=k+1}^{n-1} A_j \qquad (2-16)$$

式中：K 为增环的环数；n 为包括封闭环在内的总环数。

(2)封闭环极限尺寸计算：封闭环的最大极限尺寸等于所有增环的最大极限尺寸之和减去所有减环的最小极限尺寸之各，封闭环的最小极限尺寸等于所有增环的最小极限尺寸之和减去所有减环的最大极限尺寸之和，即：

$$A_{0max} = \sum_{i=1}^{k} A_{imax} - \sum_{j=k+1}^{n-1} A_{jmin} \qquad (2-17)$$

$$A_{0min} = \sum_{i=1}^{k} A_{imin} - \sum_{j=k+1}^{n-1} A_{jman} \qquad (2-18)$$

(3)封闭环上、下偏差。封闭环的上偏差等于所有增环的上偏差之和减去所有减环的下

40

偏差之和，封闭环的下偏差等于所有增环的下偏差之和减去所有减环的下偏差之和，即：

$$ES_{A0} = \sum_{i=1}^{k} ES_{Ai} - \sum_{j=k+1}^{n-1} EI_{Aj} \qquad (2-19)$$

$$EI_{A0} = \sum_{i=1}^{k} EI_{Ai} - \sum_{j=k+1}^{n-1} ES_{Aj} \qquad (2-20)$$

（4）封闭环公差。封闭环公差等于各组成环公差之和

$$T_{A0} = \sum_{i=1}^{n} T_{Ai} \qquad (2-21)$$

由此可见：为了能经济合理地保证封闭环的精度，组成环环数越少越有利。

（5）工艺尺寸链的计算形式。

①正计算。已知各组成环基本尺寸公差，及上下偏差，求封闭环基本尺寸，公差及上下偏差结果唯一，用于产品设计的校对工作。

②反计算。已知封闭环基本尺寸，公差及上下偏差，求各组成环基本尺寸，由于组成环通常有若干个，所以反计算形式需将封闭环的公差按照尺寸大小和精度要求合理地分配给各组成环，封闭环的尺寸分配有以下方法：

a. 等公差法：不考虑各组成环尺寸大小，及加工的难易程度，将封闭环公差平均分配给每一组成环

$$T_{Ai} = T_{A0} / (N-1) \qquad (2-22)$$

b. 等精度级法：各组成环取用同一公差等级，将封闭环公差按组成环尺寸大小，按比例分配给各组成环。

c. 凭经验分配公差。

③中间计算形式。已知封闭环尺寸和部分组成环尺寸，求某一组成环尺寸。该方法常用于加过程中基准不重合时计算工序尺寸。尺寸链多属这种计算形式。

3. 工艺尺寸链的分析与应用

（1）测量基准与设计基准不重合时的工序尺寸的计算。在工件加工过程中，有时会遇到一些表面加工之后，不便直接测量的情况，因此需要在零件上另选一容易测量的表面作为测量基准进行测量，以间接保证设计尺寸的要求。

例 2 - 1 如图 2 - 26(a)所示套筒零件，两端面已加工完毕，在加工孔底台肩面 C 时，要保证尺寸 $16_{-0.35}^{0}$ mm，但该尺寸不便测量，试标出工序尺寸 x 及其偏差。

解：（ⅰ）画尺寸链，并判断增、减环

由于孔的深度可以用游标深度尺进行测量，而设计尺寸 $16_{-0.35}^{0}$ mm，可以通过 A_1 和孔深 x 间接计算出来，所以尺

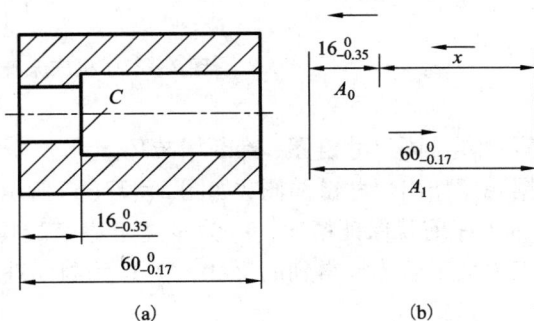

图 2 - 26 套筒零件工艺尺寸链

寸 $16_{-0.35}^{0}$ mm 是封闭环，画出尺寸链如图 2 - 26(b)所示，A_1 为增环，x 为减环。

（ⅱ）计算基本尺寸

$$A_0 = A_1 - x$$
$$16 = 60 - x$$
$$x = 44 \text{ mm}$$

（ⅲ）计算下偏差

$$ES_{A0} = ES_{A1} - EI_x$$
$$0 = 0 - EI_x$$
$$EI_x = 0 \text{ mm}$$

（ⅳ）计算上偏差

$$EI_{A0} = EI_{A1} - ES_x$$
$$-0.35 = -0.17 - ES_x$$
$$ES_x = +0.18 \text{ mm}$$

则测量尺寸 $x = 44_0^{+0.18} \text{ mm}$

（2）定位基准与设计基准不重合时工艺尺寸及其公差的确定。采用调整法加工零件时，若所选的定位基准与设计基准不重合，那么该加工表面的设计尺寸就不能由加工直接得到，这时就需要进行工艺尺寸的换算，以保证设计尺寸的精度要求。并将计算的工序尺寸标注在工序图上。

例 2-2 加工图 2-27 所示零件，A、B、C 面在镗孔前已经加工，为方便工件装夹，选择 A 面为定位基准来进行加工，加工时镗刀需按定位面 A 调整，故应计算镗刀的调整尺寸 A_3。

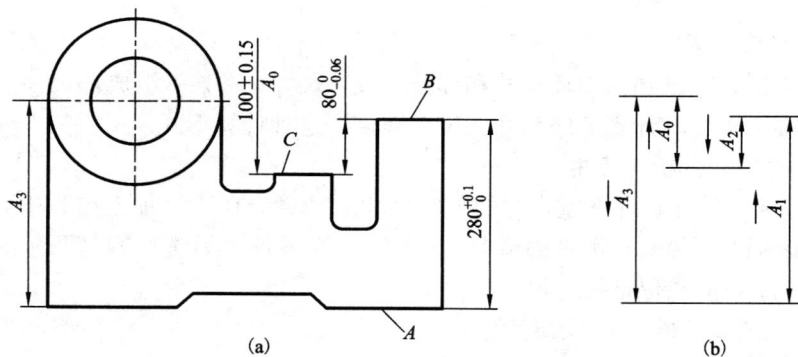

图 2-27 机床床身的工艺尺寸链

解：（ⅰ）画尺寸链图，判断增减环

据题意作出尺寸链简图，如图 2-27(b)所示，由于 A、B、C 面在镗孔前已加工，故 A_1、A_2 在本工序前就保证精度，A_3 为本道工序直接保证精度的尺寸，故三者均为组成环，而 A_0 为本工序加工后才能得到的尺寸，故 A_0 为封闭环，由工艺尺寸链简图可知，组成环 A_2、A_3 是增环，A_1 是减环。

（ⅱ）计算尺寸

$$A_0 = A_2 + A_3 - A_1$$
$$100 = 80 + A_3 - 280$$
$$A_3 = 300 \text{ mm}$$

42

（ⅲ）计算上、下偏差

上偏差：
$$ES_{A0} = ES_{A2} + ES_{A3} - EI_{A1}$$
$$0.15 = 0 + ES_{A3} - 0$$
$$ES_{A3} = +0.15 \text{ mm}$$

下偏差：
$$EI_{A0} = EI_{A2} + EI_{A3} - ES_{A1}$$
$$-0.15 = -0.06 + EI_{A3} - 0.10$$
$$EI_{A3} = +0.01 \text{ mm}$$

所以：
$$A_3 = 300^{+0.15}_{+0.10}$$

（3）工序基准是尚需加工的设计基准时的工序尺寸及其公差的计算。从待加工的设计基准（一般为基面）标注工序尺寸，因为待加工的设计基准与设计基准两者差一个加工余量，所以仍然可以作为设计基准与定位基准不重合的问题进行解算。

例 2-3 图 2-28 所示为一带键槽的齿轮孔，孔需淬火后磨削，故键槽深度的最终尺寸不能直接获得，因其设计基准内孔要继续加工，所以插键槽时的深度只能作为加工中间的工序尺寸拟订工艺规程时应将它计算出来。有关内孔及键槽的加工顺序是：

（ⅰ）镗内孔至 $\phi 39.6^{+0.10}_{0}$ mm，

（ⅱ）插键槽至尺寸 A，

（ⅲ）热处理，

（ⅳ）磨内孔至 $\phi 40^{+0.05}_{0}$ mm，同时间接获得键槽深度尺寸 $43.6^{+0.34}_{0}$ mm，

试确定工序尺寸 A 及其公差。

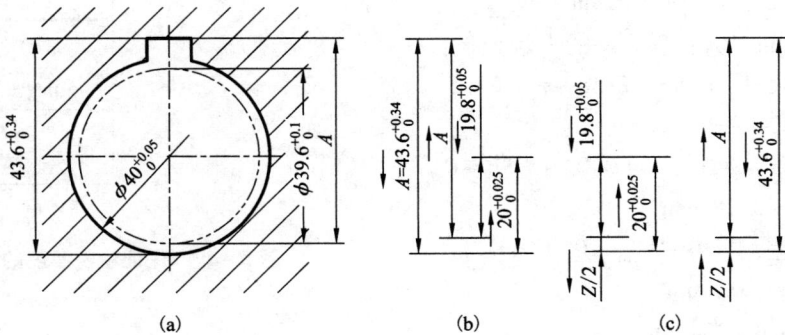

图 2-28 内孔及键槽的工艺尺寸链

解：根据工艺过程列出尺寸链如图 2-28（b），因最后工序是直接保证 $\phi 40^{+0.05}_{0}$ mm，间接保证 $43.6^{+0.34}_{0}$ mm，故 $43.6^{+0.34}_{0}$ mm 为封闭环，尺寸 A 和 $20^{+0.025}_{0}$ mm 为增环，$19.8^{+0.05}_{0}$ mm 为减环，利用尺寸链的基本公式进行计算。

A 的基本尺寸：
$$43.6 = A + 20 - 19.8$$
$$A = 43.4 \text{ mm}$$

A 的上偏差：
$$+0.34 = ES_A + 0.025 - 0$$
$$ES_A = +0.315 \text{ mm}$$

A 的下偏差：
$$0 = EI_A + 0 - 0.05$$

$$EI_A = +0.05 \text{ mm}$$

所以

$$A = 43.4_{+0.05}^{+0.315} \text{ mm}$$

按入体原则标注为：

$$A = 43.45_0^{+0.265} \text{ mm}$$

另外，尺寸链还可以列成图 2-28(c) 的形式，引进了半径余量 $Z/2$，图 2-28(c) 左图中 $Z/2$ 是封闭环，右图中的 $Z/2$ 则认为是已经获得，而 $43.6_0^{+0.34}$ mm 是封闭环，其解算结果与尺寸链图 2-28(b) 相同。

(4) 保证渗氮、渗碳层深度的工艺措施。有些零件的表面需进行渗氮或渗碳处理，并且要求精加工后要保持一定的渗层深度。为此，必须确定渗前加工的工序尺寸和热处理时的渗层深度。

例 2-4 如图 2-29 所示某零件内孔，材料为 38CrMoAlA，孔径为 $\phi_0^{+0.04}$ 内孔需要渗氮，渗氮层深度为 0.3~0.5 mm。其加工过程为：

(1) 磨内孔至 $\phi 144.76_0^{+0.04}$ mm；

(2) 渗氮，深度 t_1；

(3) 磨内孔至 $\phi 145_0^{+0.04}$ mm，并保留渗层深度 $t_0 = 0.3~0.5$ mm。

试求渗氮时的浓度 t_1。

解： 按孔的半径方向画出尺寸链如图 2-29 所示，显然 $t_0 = 0.3~0.5 = 0.3_0^{+0.2}$ mm 是间接获得，为封闭环，则尺寸 $72.38_0^{+0.02}$ mm、尺寸 t_1 为增环，尺寸 $72.50_0^{+0.02}$ mm 为减环。t_1 的求解如下：

t_1 的基本尺寸：$0.3 = 72.38 + t_1 - 72.5$

则 $t_1 = 0.42$ mm

t_1 的上偏差：$+0.2 = +0.02 + ES_{t4} - 0$

则 $ES_{t1} = +0.18$ mm

t_1 的下偏差：$0 = 0 + EI_{t4} - 0.02$

则 $EI_{t1} = +0.02$ mm

所以 $t_1 = 0.42_{+0.02}^{+0.18}$ mm

即渗氮层深度为 0.44~0.6 mm

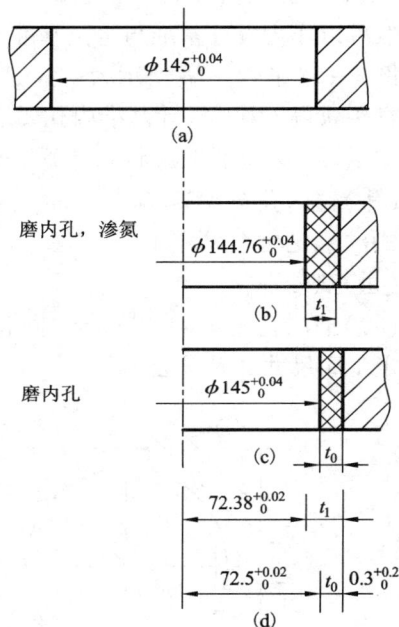

图 2-29 保证渗氮深度的尺寸换算

第六节 机械加工生产率和技术经济分析

一、机械加工的生产率和经济性

劳动生产率是指一个工人在单位时间内生产的合格产品的数量，也可以用完成单件产品或单个工序所消耗的劳动时间来衡量。劳动生产率是衡量生产效率的一个综合性技术经济指标。

经济性一般是指生产成本的高低，所谓经济性好是指生产成本低。生产成本是制造一个

44

零件或产品所必需的一切费用的总和，它不仅包括活劳动(即劳动者在生产中付出的体力和脑力劳动)消耗，而且包括物化劳动(如厂房、设备、工具、材料和动力等)消耗。

提高机械加工的生产率和经济性对于机械制造企业来说是至关重要的。以最小的劳动消耗换取最大的经济效益是一切企业的根本任务和终极目标，而提高劳动生产率和经济性是实现这一目标的两条根本途径。

从一定意义上讲，高产与低耗是一致的。因为生产率的提高意味着产品制造时间的缩短，也即意味着劳动力的节约。然而，高产与低耗又是有一定矛盾的。例如，对具体工序来说，使成本最低的切削用量一般与使生产率最高的切削用量不同；而生产率最高的加工方法又往往不是最经济的方法，如用数控机床或加工中心加工一般零件。因此，在机械工制造过程中，必须权衡得失，处理好两者之间的关系。

产品的质量(Quality)、成本(Cost)和交货期(Delivery)是衡量企业生产管理成败的三要素。质量(含品种)、成本、交货期(含数量)三者是相互联系、相互制约的。提高质量可能引起成本增加；增加数量可能降低成本；为了保证交货期而过分赶工，可能引起成本的增加和质量的降低。

提高生产率和经济性要以保证产品质量合格为前提。换言之，要在保证质量的前提下提高生产率，在提高生产率的同时又必须注意经济效益。

二、提高机械加工生产率的措施

影响机械加工生产率的因素很多，其中比较重要的因素有：产品设计质量、毛坯成形方法、机械加工工艺及生产管理方式与水平等。因此，提高劳动生产率可从上述几个方面着手。

1. 提高机械加工生产率的设计措施

设计时，在保证产品零件使用性能的前提下，应使零件结构具有良好的加工工艺性，并选用加工工艺性良好的材料，以减少加工困难，提高劳动生产率，从而获得良好的经济效益。这是设计人员在设计产品时应当首先考虑的问题之一。

(1)改善零件的结构工艺性。零件结构工艺性是指具有某种结构的零件的加工难易程度。它是评价零件结构优劣的技术经济指标之一。所谓零件的结构工艺性好是指在保证产品使用性能的前提下，该零件能用生产率高、劳动量少、材料消耗少和生产成本低的加工方法制造出来。

对于机械产品来说，其结构工艺性的好坏主要取决于组成它的零件数量、零件的加工质量要求和制造方法等。一般说来，组成产品的零件种类和数量越少，产品结构工艺性越好；零件的表面几何形状越简单，其结构工艺性也越好；所有零件的平均制造精度要求越低，产品的结构工艺性也越好。

为了使机械产品具有良好的结构工艺性，在设计时常采用如下一些措施：

①提高零、部件的"三化"程度(零件标准化、部件通用化、产品系列化)，尽量利用已掌握的工艺和已标准化、系列化的零件及组件，尽量借用本厂已有生产的同类型零件，使设计出的结构具有良好的继承性。

②采用表面几何形状简单的零件，并尽可能地将它们布置在同一平面或同一轴线上，以便于加工和测量。

③合理确定零件的制造精度和产品的装配精度。在保证产品使用性能的前提下,应尽量降低制造精度和装配精度。

④提高由非切削加工方法制造的零件和由费用较低的切削加工方法制造的零件的比例。显然,这两种零件在产品中所占的比例越大,产品的工艺性也就越好。

表2-11给出了零件结构便于加工一些的实例。

表2-11 零件结构便于加工的实例

	改进前	改进后	说 明
1	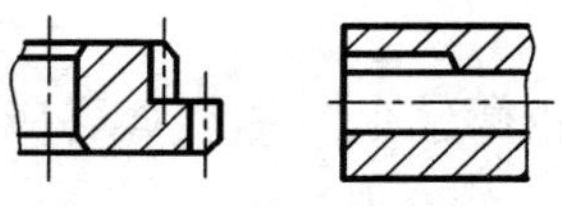	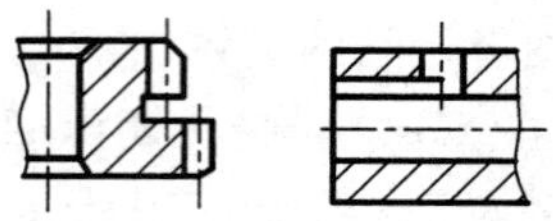	齿轮、螺纹、键槽加工都必须有退刀槽,否则引起刀具损坏。
2	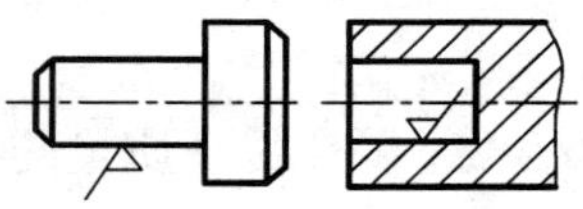	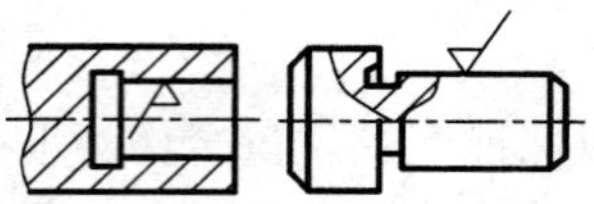	盲孔和阶梯轴磨削时,若无退刀槽,不能磨出清角,影响配合及磨损砂轮。
3	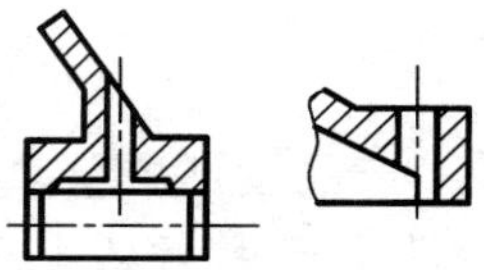	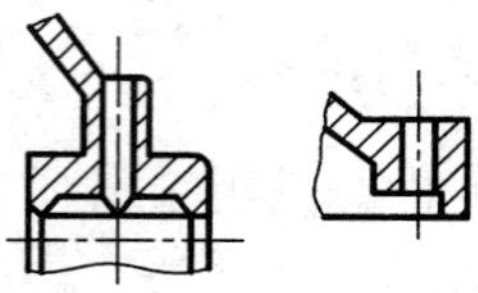	钻孔时钻头的切入和切出口应为平面,否则钻头将因径向受力不均而易折断。
4	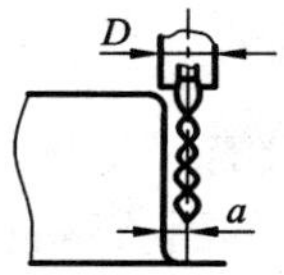	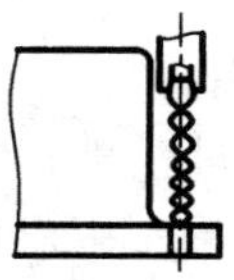	钻头无法达到加工位置,应使刀具轴心线到箱体侧面的距离为 $a > \dfrac{D}{2}$
5	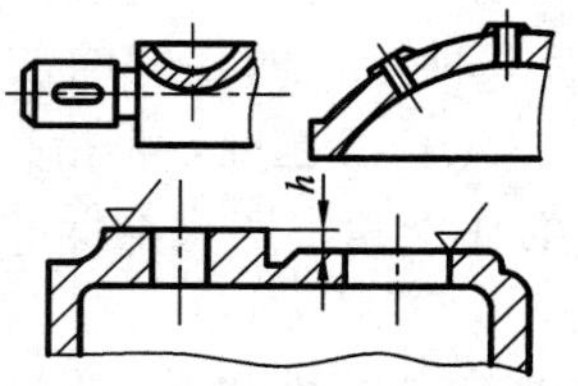	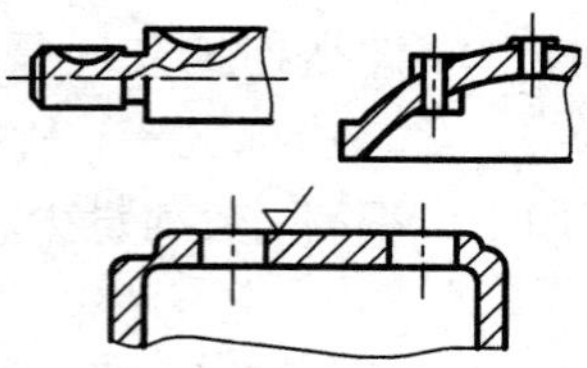	键槽、销孔尽量布置在同一方向上,孔口凸台高度应为同一平面,加工时只需一次安装和一次对刀。

2. 选择切削加工性能良好的工件材料

工件材料的切削加工性直接影响切削效率、功率消耗和零件的表面质量等。在设计产品时,应在保证产品使用性能的前提下,尽可能选择切削加工性能良好的工件材料和采取能改善材料切削加工性能的热处理措施,以提高生产率和降低削加工费用。

材料的切削性主要取决于材料的物理、机械性能。一般说来,强度与硬度高、塑性与韧性好、导热性差的材料,其切削加工性能就较差,反之则较好。

在实际生产中,常常采用热处理方法来改变材料的金相组织和机械性能,以改善工件材料的切削加工性。例如,对2Cr13不锈钢进行调质处理后,硬度可提高到28~30 HRC,并降低塑性，使切削加工后零件表面粗糙度降低，表面质量提高。对高硬度的铸铁，一般采用高温球化退火，使片状石墨球化，以降低硬度，提高材料的可切削加工性能。

三、机械加工工艺方案的经济分析

在制定工艺规程时，常常拟定几种不同的工艺方案，这些工艺方案所产生的经济效益一般是不同的。工艺方案的经济效益分析的目的在于选择最优工艺方案。比较工艺方案优劣，大致可分为两个阶段进行。第一阶段是对各工艺方案进行技术经济指标分析，它是从各个侧面考察工艺方案的优劣；第二阶段是对各工艺方案的工艺成本进行分析，它是从综合、整体的角度判断工艺方案的优劣。

1. 工艺方案的技术经济指标

在第一阶段中，需要分析的主要技术经济指标包括：

（1）劳动消耗量。可以用劳动小时数或单位时间产量计算。它是工艺效率高低的指标。

（2）原材料消耗量。它反映工艺方案对原材料选用的经济合理性。该指标对工艺方案有很大影响。

（3）设备构成比。指采用主要设备型号的比例关系。其中高效率自动化设备和专用设备占比重大，而加工劳动量小。此指标表示设备的特点，但要注意设备的负荷系数。

（4）设计的厂房占地面积。指工艺过程中所需设备的厂房占地面积，此指标对新建或改建车间影响较大。

（5）工艺装备系数。它标志工艺过程中所采用的专用工、夹、模、量具的程度。工艺装备系数大，可减少加工劳动量，但会增加投资和使用费用，并延长生产技术准备周期，所以，应考虑批量大小。

（6）工艺分散与集中程度。它表明一个零件加工工序的多少。分散与集中程度取决于批量大小和产量高低。

2. 工艺成本的组成及计算

在第二阶段中，通过工艺成本的分析，可以从几个初选方案中，选出技术上先进、经济上合理的工艺方案。

生产成本是制造一个零件或产品所必需的一切需用的总和。零件成本（即制造一个零件所需要的总费用）的组成如表2－12所示。

表2－12中第一类费用（工艺成本）与工过程直接相关，第二类费用则与工艺过程无关，所以，在对工艺方案进行经济分析时，只需考虑第一类费用（工艺成本）。

工艺成本由与年产量 N 有关的可变费用 V 及与年产量无关的不变费用 C 组成。其中各项费的计算公式可参考有关文献。限于篇幅，此处不再详述。

可变费用和不变费用的计算公式为：

可变费用 $$V = S_{材} + S_{资} + S_{护} + S_{旧} + S_{刀} + S_{夹}$$

不变费用 $$C = S_{调} + S_{专机} + S_{专夹}$$

若零件年产量为 N，则该零件的全年工艺成本 E：

$$E = VN + C \qquad\qquad (2-23)$$

单件工艺成本 E_d：

$$E_d = V + \frac{C}{V} \quad (\text{元/件}) \qquad (2-24)$$

根据以上两式可以画出 $E-N$ 和 E_d-N 的关系图(图 2-30 和图 2-31)。

运用上述两式及其函数图可以方便地对不同工艺方案的经济效果做出评价和比较,从而优选出经济性较好的工艺方案。

四、工艺方案的经济评价与比选

在对不同工艺方案进行经济评价和比选时,通常有以下两种情况:

表 2-12　零件成本的组成

零件生产成本		
第一类费用(工艺成本)		第二类费用
与年产量有关的可变费用 V	与年产量无关的不变费用 C	
$S_材$—材料费 $S_资$—机床工人工资 $S_护$—机床维护费 $S_旧$—通用机床折旧费 $S_刀$—刀具维护及折旧费 $S_夹$—通用夹具维护折旧费	$S_调$—调整工人工资 $S_专机$—专用机床折旧费 $S_专夹$—专用夹具维护折旧费	行政总务人员工资及办公费 厂房折旧及维护费 照明、取暖、通风费及运输费

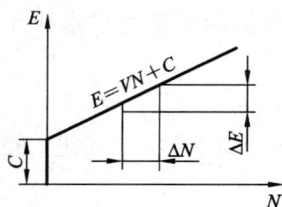

图 2-30　全年工艺成本
与年产量的关系

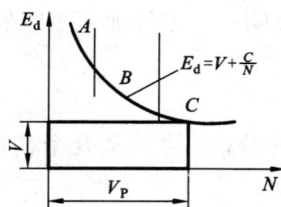

图 2-31　单件工艺成本
与年产量的关系

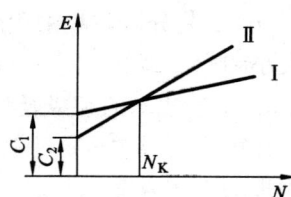

图 2-32　两种方案的
全年工艺成本比较

(1)基本投资相近或都使用现有设备的情况。此时,可将各备选工艺方案的工艺成本进行比较,并选择工艺成本最低的工艺方案作为最终的工艺方案。一般按零件的全年工艺成本进行比较。因为它是直线,使用方便。

假如有两种不同的工艺方案,其全年工艺成本分别为:

$$E_1 = NV_1 + C_1$$
$$E_2 = NV_2 + C_2$$

当产量 N 一定时,可直接由上式算出 E_1 和 E_2。若 $E_1 > E_2$,则第二方案的经济性好;反之,则第一方案的经济性好。

当 N 为一变量时,可根据上述公式作图比较(图 2-32)。

48

由图可知：当 $N < N_K$ 时，宜采用方案 Ⅱ；当 $N > N_K$ 时，宜采用方案 Ⅰ。

图中 N_K 为两方案全年工艺成本相等时的年产量，称为临界年产量，它可由下式求得：

$$N_K = \frac{C_2 - C_1}{V_1 - V_2} \qquad\qquad (2-25)$$

（2）两方案基本投资相差较大的情况。假如方案 Ⅰ 采用价格较昂贵的高效机床及工艺装备，基本投资 K_1 较大，但其工艺成本 E_1 较低；方案 Ⅱ 则采用了生产率较低但价格较便宜的机床和工艺装备，所以基本投资 K_2 较小，工艺成本 E_2 较高。

显然，在这种情况下，用单纯比较工艺成本大小的方法评价工艺方案的经济性是不全面的，因而也是不合适的。此时，还必须考虑两方案基本投资差额的回收期。

所谓回收期是指方案 1 比方案 Ⅱ 多用的投资需要多长时间才能由于工艺成本的降低获利而收回来。它可由下式求得：

$$\gamma = \frac{K_1 - K_2}{E_2 - E_1} = \frac{\Delta K}{\Delta E}$$

式中：γ 为回收期（年）；ΔK 为基本投资差额（元）；ΔE 为全年生产费用节约额（元/年）。

显然，回收期愈短，经济效果就愈好。

习　题

2-1　何谓生产过程、工艺过程、工艺规程？工艺规程在生产是有何作用？

2-2　何谓工序、安装、工位、工步？

2-3　如何划分生产类型？各种生产类型的工艺特征是什么？

2-4　在加工中可通过哪些方法保证工件的尺寸精度、形状精度及位置精度？

2-5　何谓零件的结构工艺性？

2-6　何谓设计基准、定位基准、工序基准、测量基准、装配基准，并举例说明。

2-7　精基准、粗基准的选择原则有哪些？如何处理在选择时出现的矛盾？

2-8　如何选择下列加工过程中的定位基准：

（1）浮动铰刀铰孔；（2）拉齿坯内孔；（3）无心磨削销轴外圆；（4）磨削床身导轨面；（5）箱体零件攻螺纹；（6）珩磨连杆大头孔。

2-9　试述在零件加工过程中，划分加工阶段的目的和原则。

2-10　试叙述零件在机械加工工艺过程中，安排热处理工序的目的、常用的热处理方法及其在工艺过程中安排的位置。

2-11　何谓时间定额？批量生产和大量生产时的时间定额分别怎样计算？

2-12　何谓工艺成本？它由哪两类费用组成？单件工艺成本与年产量的关系如何？

第3章
典型零件加工工艺

生产实际中，零件的结构千差万别，但其基本几何构成不外是外圆、内孔、平面、螺纹、齿面、曲面等。很少有零件是由单一典型表面所构成，往往是由一些典型表面复合而成，其加工方法较单一典型表面加工复杂，是典型表面加工方法的综合应用。下面介绍轴类零件、箱体类和齿轮零件的典型加工工艺。

第一节　轴类零件的加工

一、轴类零件的分类及技术要求

轴是机械加工中常见的典型零件之一。它在机械中主要用于支承齿轮、带轮、凸轮以及连杆等传动件，主要用来传递转矩。按照结构形式的不同，轴可以分为阶梯轴、锥度心轴、光轴、空心轴、曲轴、凸轮轴、偏心轴、各种螺杆等，如图 3－1 所示。其中阶梯传动轴应用较广，其加工工艺能较全面地反映轴类零件的加工规律和共性。根据轴类零件的功用和工作条件，其技术要求主要在以下方面几个方面：

（1）尺寸精度。轴类零件的主要表面分为两类：一类是与轴承的内圈配合的外圆轴颈，即支承轴颈，用于确定轴的位置并支承轴，尺寸精度要求较高，通常为 IT5～IT7；另一类是与各类传动件配合的轴颈，即配合轴颈，其精度稍低，常为 IT6～IT9。

（2）几何形状精度。主要指轴颈表面、外圆锥面、锥孔等重要表面的圆度、圆柱度。其误差一般应限制在尺寸公差范围内，对于精密轴，需在零件图上另行规定其几何形状精度。

（3）相互位置精度。包括内、外表面、重要轴面的同轴度、圆的径向跳动、重要端面对轴心线的垂直度、端面间的平行度等。

（4）表面粗糙度。轴的加工表面都有粗糙度的要求，一般根据加工的可能性和经济性来确定。支承轴颈常为 $Ra0.2～1.6\ \mu m$，传动件配合轴颈为 $Ra0.4～3.2\ \mu m$。

（5）其他。热处理、倒角、倒棱及外观修饰等要求。

二、轴类零件的材料、毛坯及热处理

轴类零件材料：常用 45 钢，精度较高的轴可选用 40Cr、轴承钢 GCr15、弹簧钢 65Mn，也可选用球墨铸铁；对高速、重载的轴，选用 20CrMnTi、20Mn2B、20Cr 等低碳合金钢或 38CrMoAl 渗氮钢。

轴类零件毛坯：常用圆棒料和锻件；大型轴或结构复杂的轴采用铸件。毛坯经过加热锻造后，可使金属内部纤维组织沿表面均匀分布，获得较高的抗拉、抗弯及抗扭强度，从而延长轴的使用寿命。

轴类零件的热处理：锻造毛坯在加工前，均需安排正火或退火处理，使钢材内部晶粒细

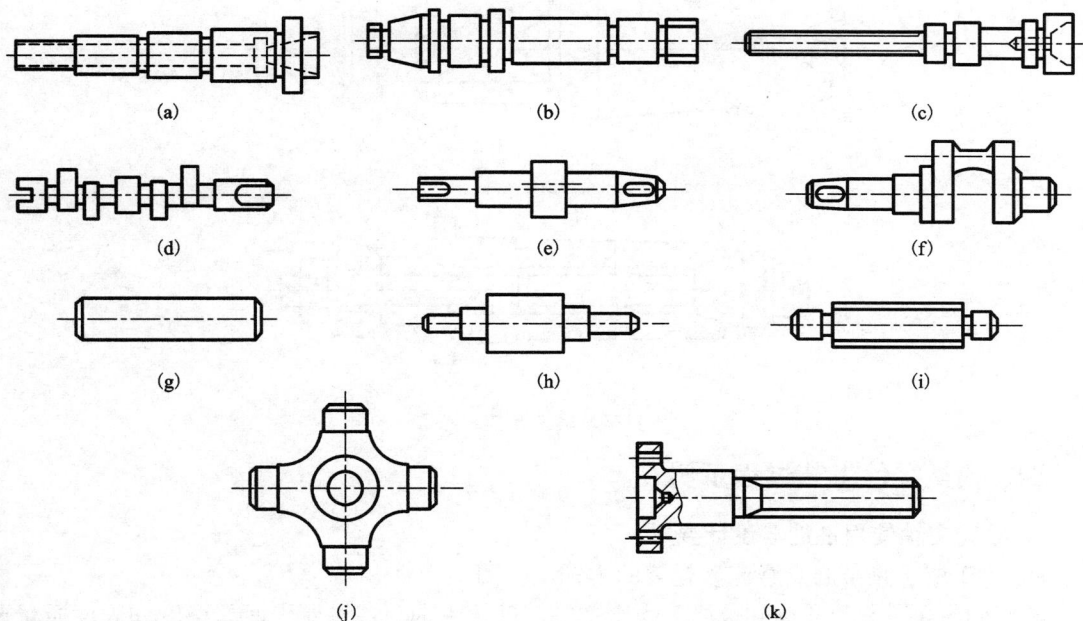

图 3 - 1　常见轴类的类型

化，消除锻造应力，降低材料硬度，改善切削加工性能；调质一般安排在粗车之后、半精车之前，以获得良好的物理力学性能；表面淬火一般安排在精加工之前，这样可以利用精加工纠正因淬火引起的局部变形；精度要求高的轴，在局部淬火或粗磨之后，还需进行低温实效处理，以便消除残余应力，避免因应力的回复而产生的变形。

三、轴类零件的安装方式

加工轴类零件的安装方式有如下几类：

（1）采用两中心孔定位。一般以外圆作为粗基准定位，加工出中心孔，再以轴两端的中心孔为定位精基准。中心孔是工件加工统一的定位基准和检验基准，它自身质量非常重要，对于一些精度要求高的零件，常常在加工出中心孔之后，还要以中心孔定位精车外圆，再以外圆定位粗磨锥孔，然后以中心孔定位精磨外圆，最后以支承轴颈外圆定位精磨（刮研或研磨）锥孔，使锥孔的各项精度达到要求。

（2）用外圆表面定位。对于空心轴或短小轴等不可能用中心孔定位的情况，可用轴的外圆面定位、夹紧并传递转矩。一般采用三爪卡盘、四爪卡盘等通用夹具，或各种高精度的自动定心专用夹具，如液性塑料薄壁定心夹具、膜片卡盘等。

（3）用各种堵头或拉杆心轴定位装夹。加工空心轴的外圆表面时，常用带中心孔的各种堵头或拉杆心轴来安装工件。小锥孔时常用堵头；大锥孔时常用带堵头的拉杆心轴，如图 3 - 2。

(a)

(b)

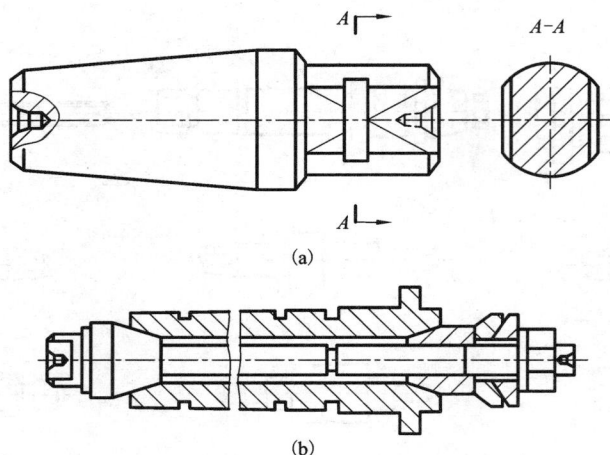

图 3 - 2　堵头与拉杆心轴

四、轴类零件工艺过程示例

1. 砂轮主轴使用性能与设计要求

图 3 - 3 所示是某磨具磨床砂轮架的主轴工作图。

磨床砂轮轴从精度上来讲，属于精密主轴。砂轮主轴一些主要表面的精度和表面质量要求很高，而且要求其精度比较稳定。因此其使用性能应满足高刚度、高精度、受力变形小、精度稳定性好等要求。这就要求砂轮主轴在选材、工艺安排、热处理等方面具有一些特点。

（1）选材。应选性能稳定、热变形小的材料，如 20Cr、38CrMnAlA 等优质合金钢。

（2）主要表面加工工序分得很细。如支承轴颈要经过粗车、精车、粗磨、精磨和终磨等多道工序，其中还穿插一些热处理工序，以减少内应力所引起的变形。

（3）要十分重视顶尖孔的修研。精密轴加工往往需要安排数次研磨顶尖孔的工序。最后一次以磨削外圆的磨床顶尖，检查顶尖孔的接触精度，这样有利于提高加工精度。

（4）安排合理、足够的热处理工序。砂轮主轴的热处理工序，除必须安排与一般轴类零件相同的热处理工序以外，特别要注意消除应力处理以及保持工件精度稳定的热处理工序。如精车后的低温时效处理，氮化处理前的高温回火处理、低温退火处理。

（5）砂轮轴的螺纹精度往往要求较高，故为了避免碰伤螺纹，往往需要淬火处理，但淬火又会使螺纹变形，所以，砂轮主轴上的螺纹在淬火完后直接由螺纹磨床磨出。无需淬火的螺纹，也应采取措施保护好螺纹不受淬火变形的影响。

（6）精密轴的最终工序往往在精磨以后还要安排光整加工。

2. 砂轮主轴的结构分析

从图 3 - 3 中可以看出，该主轴的结构具有以下特点：

（1）主轴结构简单，尺寸均匀，主轴的加工表面绝大部分为回转表面，非回转表面为对称表面，因此易于实现主轴的动、静平衡，最大限度的保证了主轴回转精度，从而保证磨床的加工精度。

（2）主轴负载与动力均采用圆锥表面（两端圆锥面）传递。圆锥面具有径向定位精度高、接触均匀、连接可靠、传递转矩大、加工工艺性好，但其轴向定位精度较低，对于本例不影响其使用性能。

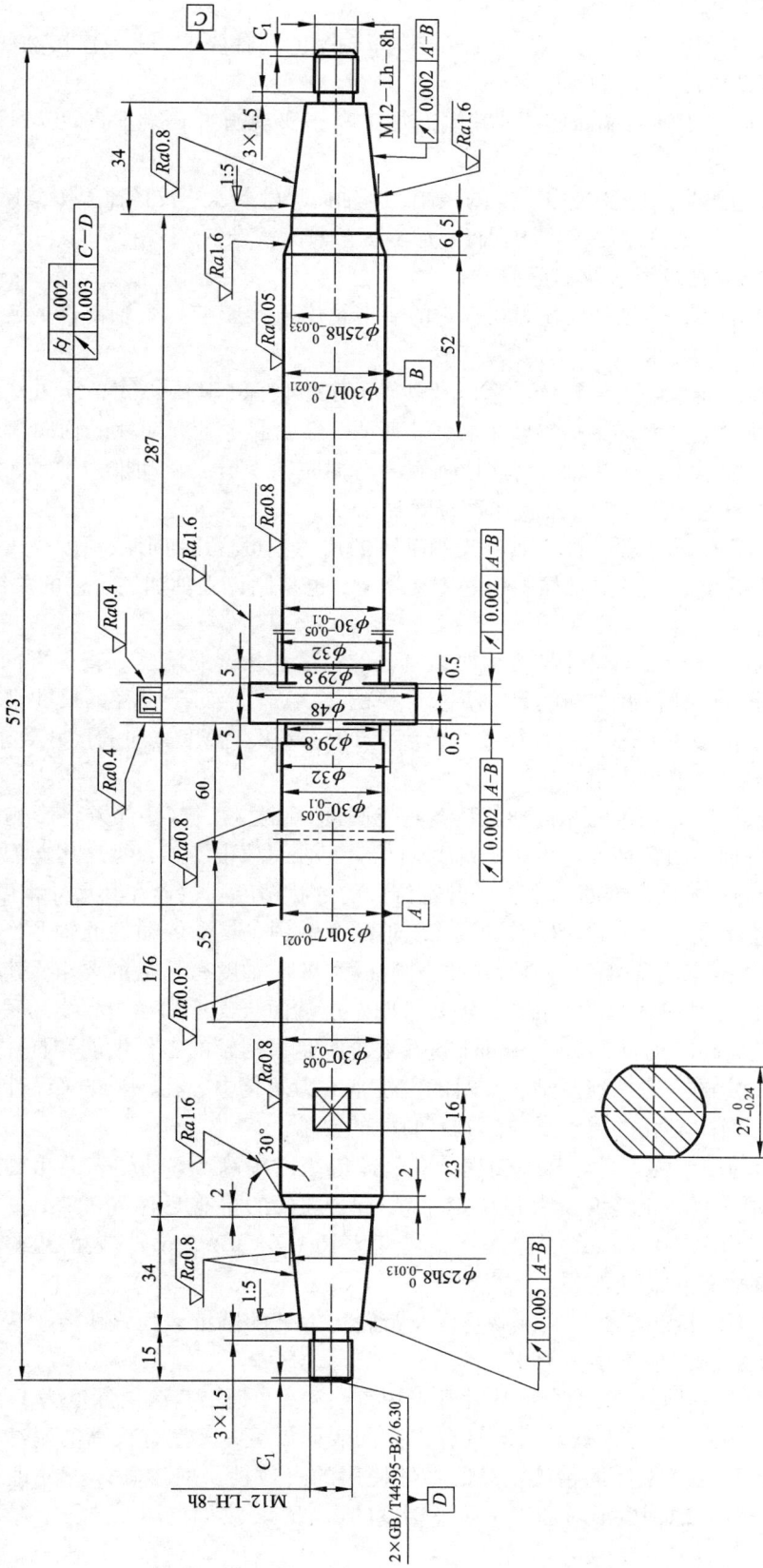

图 3-3　工模具磨床砂轮主轴工作图

(3)主轴紧固采用螺纹连接，易于实现与支承轴颈的同轴要求，避免连接的回转不平衡，消除了偏心对主轴回转精度的影响。

(4)主轴轴向采用轴肩端面定位，其端面加工易于实现与中心线垂直，以保证主轴轴向窜动精度要求。

(5)由于砂轮架装配以及操作空间的限制，其轴向尺寸较大，长径比 $L/D \geqslant 15 \sim 20$，属于细长轴结构，因此加工精度比较难于保证，加工工艺较为复杂。

3. 砂轮主轴的技术要求及其分析

主轴的支承轴颈是主轴的装配基准，它的制造精度直接影响到主轴部件的旋转精度，故对它提出很高的技术要求。

主轴两端圆锥面是安装带轮传动套以及砂轮的定位表面，其中心线必须与支承轴颈中心线同轴。主轴轴向定位面与主轴旋转中心线不垂直，会引起主轴周期性的轴向窜动。尤其是三片瓦动压滑动轴承支承的主轴，其定位轴肩面与端面轴承形成滑动推力轴承，承受加工中的轴向磨削力，因此，必须严格控制其垂直度要求。

以上各面为主轴的主要表面。其中支承轴颈的尺寸精度、几何形状精度、其他表面与其相互位置精度要求高，这是主轴加工中的主要矛盾，也是制订主轴加工工艺的关键。

(1)加工精度

①尺寸精度。砂轮轴的尺寸精度主要指直径的精度和长度的精度。直径方向的尺寸，若有一定配合要求，比其长度方向的尺寸要求严格的多。因此，对于直径的尺寸常常规定有严格的公差。该砂轮轴主要轴颈的直径尺寸精度为 IT7 ~ 1T8。长度方向的尺寸要求则不严格，通常规定其基本尺寸就可以了。

②几何形状精度。轴颈的几何形状精度是指圆度、圆柱度，这些误差将影响与其配合件的接触质量与主轴的回转精度。由于三片瓦轴承对配合间隙很敏感，因此其支承轴颈圆柱度规定为 0.002 mm；配合圆锥面和主轴径向定位面的形状精度则包含在其尺寸精度范围内。

③相互位置精度。由于砂轮轴转速高，主轴配合轴颈（装配传动件的轴颈，在此为圆锥面）对于支承轴颈（装配轴承的轴颈，在此为圆柱面）的同轴度有严格的要求，其径向跳动量达 0.003 mm；较之径向圆跳动而言，主轴的轴向定位端面与支承轴径中心线的垂直度要求就更为严格，其端面圆跳动量为 0.002 mm，这些要求都是根据轴的工作性能和具体的装配结构以及装配关系制定的。考虑到主轴加工时的定位基准为两端中心孔，因此从设计中已经要求主轴的支承表面对中心孔的跳动量应达到 0.003 的要求。

(2)表面粗糙度。随着砂轮架运转速度和公差等级的提高，主轴的表面粗糙度要求也很高。其支承轴颈的表面粗糙度值为 $Ra0.05\ \mu m$，配合表面的粗糙度值 $Ra0.8\ \mu m$，定位表面的表面粗糙度值 $Ra0.8 \sim 0.4\ \mu m$，其余表面粗糙度值 $Ra1.6 \sim 12.5\ \mu m$。表面粗糙度的高要求有利于保证主轴性能的稳定与持久。

(3)配合表面的接触精度。装配砂轮以及带轮传力件的圆锥表面，其接触精度也有较高的要求，全长上接触点应不小于 75%。

(4)主轴最终热处理。主轴最终热处理采用渗碳淬火处理，其渗层深度为 1.5 mm，硬度为 57 HRC。零件经渗碳淬火处理后既具有很高的表面硬度，又具有很高的耐冲击韧性和心部强度，这有利于保持零件的精度，保证零件使用的有效性。但渗碳淬火处理使工件变形大，零件加工时应考虑到变形对加工工艺及精度的影响。

(5)主轴材料和毛坯。砂轮主轴材料选用 20Cr，主轴毛坯经锻造后正火处理，既使零件毛坯组织结构得到改善，同时又保证了主轴具有较好的机械加工工艺性。

4. 砂轮主轴加工工艺过程及其分析

从上述技术要求中得知，主轴主要加工表面为支承轴颈的圆柱表面、配合轴颈的圆锥表面以及轴向定位的轴肩端面。其中，圆柱支承表面的尺寸精度、形状精度、位置精度和表面粗糙度要求最高，这是主轴加工中的关键。

(1)砂轮轴加工工艺过程。根据上述分析，并考虑到主轴材料为 20Cr，锻件毛坯，小批量的生产纲领，确定砂轮主轴的加工工艺路线为：备料→锻造→正火→打顶尖孔→粗车→半精车、精车→渗碳→淬火、低温回火→粗磨→次要表面加工→精磨→超精磨。加工工艺过程见表 3 – 1。

表 3 – 1　磨床砂轮主轴加工工艺过程

工序	工序内容	设备	定位基准
1	正火 毛坯检验		
2	车：按图 3 – 3 车全部 1)两端打中心孔 B_2，其深度不超过 5 mm 2)两处 1:5 锥面留磨量 0.5 ~ 0.6 mm 3)两端 $\phi25$ mm，$\phi30$ mm，1:5 锥面对中心孔同轴度 0.05 mm 4)按零件图车 $\phi48$ mm 两端面槽，深至尺寸 5)检验	C6140 车床	外圆
3	热处理 1)渗碳 S1.5，校直跳动量 0.1 ~ 0.15 mm 2)检验		
4	车：软爪中心架装夹工作 1)均匀车去两端面，取总长 573 mm 2)两端打中心孔 B_2 3)车两端外径至 12.5 mm 4)检验	C6140 车床	外圆
5	铣：铣至图样尺寸	X52K 铣床	外圆
6	钳：在铣扁处打编号(年、月、序号) 检验		
7	热处理：淬火 + 低温回火：58HRC 检验		
8	研磨：研磨两端中心孔 检验	中心孔研磨机	
9	粗磨 1)磨两端 $\phi37h7$ 外圆留余量 0.15 ~ 0.2 mm 2)磨三段 $\phi30_{-0.10}^{-0.03}$ 外圆留余量 0.15 ~ 0.2 mm 3)磨两段 $\phi25h8$ 外圆留余量 0.15 ~ 0.2 mm 4)磨两段 1:5 锥体留余量 0.15 ~ 0.2 mm 5)磨两个倒棱 6)检验	M131W 磨床	顶尖孔

工序	工序内容	设备	定位基准
10	热处理：时效 检验		
11	车；软爪、顶尖装夹工件 1）沉割两端 3 mm×1.5 mm 槽，车螺纹外径至尺寸，倒角 2）车两端 M12 左 - 8h 螺纹 3）检验	C6140 车床	顶尖孔
12	研磨：研磨两端中心孔，粗糙度 $Ra0.4$ mm 检验		
13	精磨： 1）磨 ϕ48 mm 外圆至尺寸 2）磨三段 $\phi30_{-0.10}^{-0.03}$ mm 外圆至尺寸（注意各段分布位置） 3）磨两处倒棱 4）磨两段 ϕ25h8 外圆至尺寸 5）磨两段 ϕ30h7 外圆至 $\phi30_{-0.10}^{-0.03}$ mm，表面粗糙度 $Ra0.4$ mm 以上 6）磨两端 1：5 锥体至尺寸 7）靠磨 ϕ48 两端面至 $12\left(_{+0.02}^{+0.04}\right)$ mm 工艺要求：1：5 锥体对基准 $A-B$ 跳动允许偏差 0.004 mm ϕ30 mmh7 外圆对基准 $C-D$ 跳动允许偏差 0.003 mm 8）检验	M131W 磨床	顶尖孔
14	超精磨： 1）磨两段 ϕ30h7 外圆至尺寸，表面粗糙度 $Ra0.05$ mm，圆柱度 0.002 mm 工艺要求：1：5 锥体对基准 $A-B$ 跳动允许偏差 0.004 mm 2）检验	MGB1432 磨床	顶尖孔
15	入库		
16	精磨 ϕ48 mm 两端面至图样要求，与相配件配研成套装配 检验		

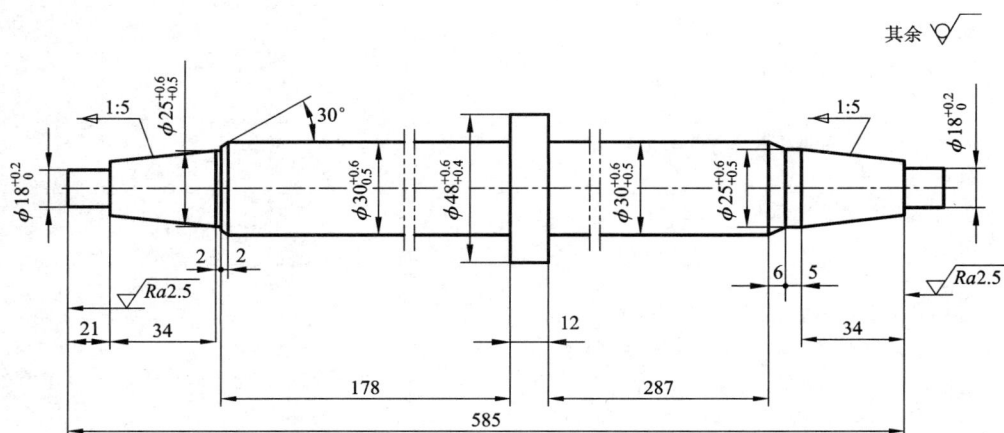

图 3 - 4　主轴车削工序图

（2）砂轮轴加工工艺过程分析。从以上工艺过程可以看出，砂轮轴加工工艺过程需要考虑以下问题。

①合理选择定位基准。轴类零件最常用的定位基准是顶尖孔，砂轮轴也不例外。因为外圆的设计基准是轴的中心线，这样既符合基准重合原则，又符合基准统一原则，能在一次安装中最大限度地加工外圆及端面，容易保证各轴颈的同轴度以及它们与端面的垂直度。如本例中大部分工序均采用顶尖孔作为定位基准。

在一些粗加工、半精加工以及不太重要的加工工序中，为了保护精基准以及承受较大的切削力，也可选用轴颈外圆作为定位基准，它与顶尖孔交替使用并互为基准。如本例中的第 4、第 6 工序。

②应安排合理的热处理工序。在主轴加工的整个过程中，应合理地安排足够的热处理工序，以保证主轴的机械性能及加工精度要求，并改善工件的切削加工性能。

a. 正火。主要是为了消除毛坯的锻造应力，降低硬度，改善切削加工性能，同时也均匀组织、细化晶粒，为以后的热处理作组织准备。

b. 渗碳淬火。零件经渗碳淬火处理后既具有很高的表面硬度，又具有很高的耐冲击韧性和心部强度，这有利于保持零件的精度，保证零件使用的有效性。但渗碳淬火处理会使工件变形大，零件加工时应考虑到变形对加工工艺及精度的影响。为了减少变形，淬火处理及回火处理后，需用粗磨纠正淬火处理变形，然后再进行螺纹加工。最后用精磨以消除总的变形，从而保证主轴的装配质量。

c. 时效处理。消除或减少内应力，保证主轴精度的高度稳定性和使用性能的有效性。

③加工阶段的划分由于砂轮轴的加工精度高，并且在加工过程中要切除大量的金属，因此，必须将砂轮轴的加工过程按粗加工、精加工分开的原则划分阶段，这是因为加工过程中热处理、切削力、切削热、夹紧力等对工件产生较大的加工误差和应力。在粗加工中产生的变形和误差会在下阶段中予以消除和纠正，并且常常在阶段之间安排有热处理工序。最好粗加工、精加工间隔一些时间，让上道工序产生的内应力可以逐步消失。

从上述砂轮轴加工工艺过程可以看出，淬火处理以前的工序，为各主要表面的粗加工阶段。淬火处理以后的工序，基本上是半精加工和精加工阶段；要求高的支承轴颈的精加工，则放在最后进行。这样，主要表面的精加工就不会受到其他表面的加工或内应力重新分布的影响。同时，还可以看出，整个砂轮轴的加工过程，就是以主要表面（特别是支承轴颈表面）的粗加工、半精加工，精加工为主干，适当穿插其他表面的加工工序而组成的。

④工序顺序安排。在安排工序顺序时，要与定位基准的选择相适应。也就是说，轴类零件各表面的加工顺序，在很大程度上与定位基准的转换有关。当零件用的粗基准和精基准选定后，加工顺序就大致可以确定了。因为各阶段加工开始时总是先加工基准面，后加工其他面。如本例中顶尖孔、支承轴颈定位面的加工，均安排在各加工阶段开始之前完成，这样，有利于工序加工时有比较好的定位基面，以减小定位误差，保证加工质量，其次，安排加工顺序时，应粗加工、精加工分开进行，先粗后精，主要表面的精加工安排在最后，如上述工艺过程中的第 16 道精磨支承轴颈工序。第三，热处理工序安排要适当。改善金属组织和加工性能而安排的热处理，如退火处理、正火处理等，一般应安排在机械加工之前；提高零件的力学性能和消除内应力而安排的热处理，如调质处理、时效处理等，一般应安排在粗加工之后，精加工之前。对于精度要求较高的轴类零件，在粗磨和精磨之间安排了时效处理；提高

硬度的淬火处理安排在粗磨之前，渗氮处理安排在粗磨之后，精磨之前。第四，淬硬表面上的孔、槽加工等应在淬火处理之前完成，淬火处理后要安排修正工序；对非淬硬表面上的孔、槽加工尽可能往后安排，一般在粗磨之后，精磨之前，如第13道车削螺纹工序；在轴件刚性大时，先加工小直径外圆表面并按顺序向大直径处加工，然后掉头车大端外圆，这样比较方便，生产效率较高；对于刚性较差的轴类零件，则应先加工大直径，后加工小直径，以避免轴件刚性降低太多。

⑤辅助工序的安排。本例中的辅助工序主要是指检验工序。由于该磨床为小批量生产，所以加工过程中没有专门安排检验工序，但每道工序后都有由操作工人检验的工步（为工艺规定必须进行的工步），以使主轴加工精度得到严格的保证。这是因为多品种小批量生产时，不可能只依靠工装的调整保证加工精度，还需要由工序的随时检查控制加工精度。如果零件为大批量生产，则可只在比较重要的工序后设计检验工序由专人进行检验，其他工序的加工精度就可通过调整找正工艺装备由调整法加工保证。所以检验工序的安排要根据零件的具体情况采取不同的方案来确定。

⑥精靠磨的安排。本例中的最后一个加工工序精靠磨削轴向定位端面，是在入库后进行的。这是因为该端面的精加工必须与相配件配作，因此该道工序是在与相配件装配时进行，然后打好标记成对安装。在机械加工过程中并不进行此工序。

5. 砂轮轴加工中的主要工艺问题

（1）顶尖孔的研磨。两端顶尖孔的质量好坏，对加工精度影响很大，应尽量做到两端顶尖孔轴线相互重合，孔的锥角要准确，它与顶尖的接触面积要大，表面粗糙度要好，否则装卡于两顶尖间的轴在加工过程中将因接触刚度的变化而出现圆度误差。因此，经常注意两端顶尖孔的质量，是轴件加工中的关键问题。

顶尖孔在使用过程中的磨损及热处理后产生的变形都会影响加工精度。因此，在热处理之后，磨削加工之前，应安排修研顶尖孔工序，以消除误差。常用的修研方法有：铸铁顶尖修研、油石或橡胶顶尖修研、硬质合金顶尖修研以及用中心孔磨床顶尖修研。前两种的修研精度高，表面粗糙度好。铸铁顶尖修研适于修正尺寸较大或精度要求特别高的顶尖孔，但效率低，一般不太采用；硬质合金顶尖修研精度较高，表面粗糙度较好，工具寿命较长，刮研效率比油石高，一般主轴的顶尖孔可采用此法研磨。

此外，对于精度和表面粗糙度要求严的顶尖孔，可先用硬质合金顶尖修研，然后再用油石或橡胶砂轮顶尖研磨。对于高精度的顶尖孔，可选用铸铁顶尖与磨床顶尖在机床一次调整中加工出来。然后，用该铸铁顶尖来修研工件上的顶尖孔。这样可以保证工件顶尖孔与磨床顶尖很好配合，以提高定位精度。实践证明，顶尖孔经这样修磨后，加工出的外圆表面圆度误差、同轴度误差可减少到 $0.001 \sim 0.002$ mm。

（2）从砂轮轴结构分析中知，砂轮轴结构属于细长轴的。因此细长轴加工就成为砂轮轴加工中应考虑的一个主要问题。细长轴车削采用反向走刀法加工，如图 3-5 所示。这种方法的特点是：

①细长轴左端缠有一圈钢丝，利用三爪自定心卡盘夹紧，以减少接触面积，使工件在卡盘内能自由调节其位置，避免夹紧时形成弯曲力矩，且切削过程中发生的变形也不会因卡盘夹死而产生内应力。

②尾架顶尖改为弹性顶尖，当工件因切削热发生线膨胀伸长时，顶尖能自动后退，可避

58

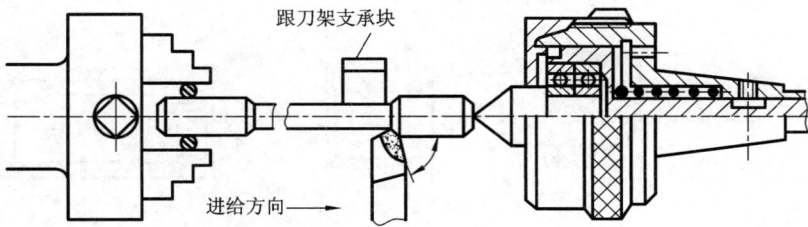

图 3 - 5　细长轴反向进给车削法

免热膨胀引起的弯曲变形。

③采用三个支承块跟刀架，以提高工件刚性。

④改变进给方向，使大拖板由车头向尾座方向移动。由于细长轴固定在卡盘内，可以自由伸缩，所以反向进给后，工件受拉，不易产生弹性弯曲变形。反向进给的平稳性也比正向进给好，其原因是反向进给时车床小齿轮与床身上齿条的啮合比较好。反向走刀车削法能达到较高的加工精度和较好的表面粗糙度。

五、轴类零件的检验

1. 加工中的检验

自动测量装置，作为辅助装置安装在机床上。这种检验方式能在不影响加工的情况下，根据测量结果，主动地控制机床的工作过程，如改变进给量，自动补偿刀具磨损，自动退刀、停车等，使之适应加工条件的变化，防止产生废品，故又称为主动检验。主动检验属在线检测，即在设备运行，生产不停顿的情况下，根据信号处理的基本原理，掌握设备运行状况，对生产过程进行预测预报及必要调整。在线检测在机械制造中的应用越来越广。

2. 加工后的检验

单件小批生产中，尺寸精度一般用外径千分尺检验；大批大量生产时，常采用光滑极限量规检验，长度大而精度高的工件可用比较仪检验。表面粗糙度可用粗糙度样板进行检验；要求较高时则用光学显微镜或轮廓仪检验。圆度误差可用千分尺测出的工件同一截面内直径的最大差值之半来确定，也可用千分表借助 V 形铁来测量，若条件许可，可用圆度仪检验。圆柱度误差通常用千分尺测出同一轴向剖面内最大与最小值之差的方法来确定。主轴相互位置精度检验一般以轴两端顶尖孔或工艺锥堵上的顶尖孔为定位基准，在两支承轴颈上方分别用千分表测量。

第二节　套筒类零件加工

一、概述

1. 套筒类零件的结构特点

机器中套筒类零件的应用非常广泛，主要起着支承和导向作用，例如：支承回转轴的各种形式的滑动轴承、夹具中的钻套、内燃机上的气缸套、液压系统的液压缸及一般用途的套筒等都属于套筒类零件，如图 3 - 6 所示。

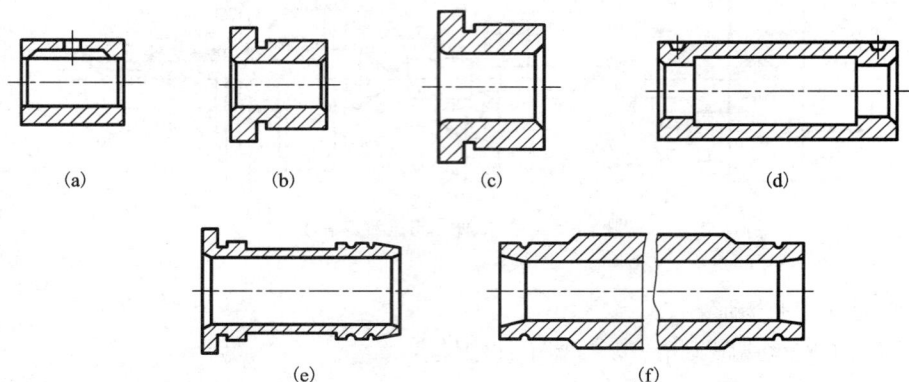

图 3 - 6　套类零件的结构形式
（a）、（b）滑动轴承；（c）钻套；（d）轴承衬套；（e）气缸套；（f）液压缸

套筒类零件的结构因用途不同而异，但一般都具有以下特点：
（1）零件壁薄，易变形；
（2）零件结构简单，主要表面为同轴度要求较高的内外圆表面；
（3）外圆直径一般小于零件的长度，长径比大于 5 时为长套筒。

2. 套筒类零件的主要技术要求

套筒类零件的主要表面是内孔和外圆，它们在机器中所起的作用不同，技术要求差别也较大。根据使用情况可提出如下技术要求：

（1）内孔的技术要求。套筒内孔主要起支承或导向作用，通常与运动着的轴、刀具或活塞配合。

①尺寸精度。内孔的直径尺寸公差一般为 IT7，精密轴套为 IT6，气缸和液压缸由于与其相配的活塞上有密封圈，要求较低，通常为 IT9。

②形状精度。内孔的形状精度公差应控制在孔径公差以内，一些精密套筒控制在孔径公差的 1/2 ~ 1/3，甚至更严。对于较长的套筒除了有圆度要求外，还应有孔的圆柱度要求。

③表面质量。为了保证零件的功用和提高其耐磨性，孔的表面粗糙度值要求为 $Ra2.5$ ~ 0.16 μm，某些精密套筒要求更高，Ra 值可达 0.04 μm。

（2）外圆的技术要求。套筒类零件的外圆表面多以过盈或过渡配合与机架或箱体孔相配合起支承作用。

①外径尺寸公差等级通常为 IT7 ~ IT6。

②形状精度控制在外径公差以内。

③表面粗糙度值为 $Ra3.2$ ~ 0.63 μm。

（3）各主要表面间的位置精度要求。

①内外圆之间的同轴度。内外圆的同轴度大小一般要根据加工与装配要求而定。若套筒内孔是装入机座之后再进行最终加工时，对套筒内外圆间的同轴度要求较低；若内孔是在装配前进行最终加工时则同轴度要求较高，一般为 0.01 ~ 0.05 mm。

②孔轴线与端面的垂直度。套筒端面（或凸缘端面）如果在工作中承受轴向载荷，或是作

为定位基准和装配基准时，端面与孔轴线有较高的垂直度或端面圆跳动要求，一般为 0.02 ~ 0.05 mm。

图 3 - 7 为一液压缸缸体简图，其主要技术要求如下：

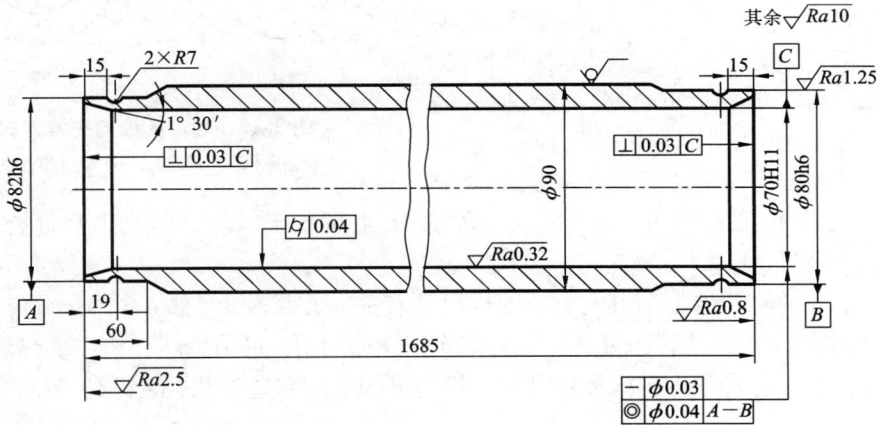

图 3 - 7　液压缸缸体

a. 若为铸件，组织应紧密，不得有砂眼、针孔及疏松，必要时用泵验漏。

b. 内孔光洁无纵向刻痕。

c. 两端面对内孔轴线的垂直度公差 0.03 mm。

d. 内孔圆柱度公差 0.04 mm。

e. 内孔轴线的直线度公差 0.03 mm。

f. 内孔对两端支承外圆(φ82h6)的同轴度公差 0.04 mm。

(4)防止套筒产生变形的工艺措施。套筒零件的工艺特点是壁薄，切削加工时常因夹紧力、切削力、内应力和切削热等因素的影响而产生变形，为此应注意以下几点：

①为减少切削力和切削热的影响，粗、精加工应分开进行。

②为减少夹紧力的影响，将径向夹紧[图 3 - 8(a)]改为轴向夹紧[图 3 - 8(b)]、(c)]；当需径向夹紧时，应尽量使径向夹紧力沿圆周均匀分布，或用弹性套来满足要求，如图 3 - 9 所示。

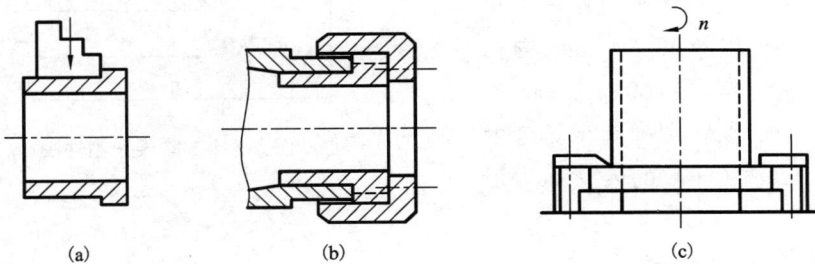

(a)　　　　(b)　　　　(c)

图 3 - 8　套筒的夹紧方式

③为减小热处理变形的影响，将热处理工序安排在粗加工后、精加工前进行，并适当放大精加工余量，以便使热处理引起的变形在精加工中得以纠正。

（5）套筒类零件的材料及毛坯。套筒类零件一般是用钢、铸铁、青铜或黄铜等材料制成。有些滑动轴承为了节省贵重金属，提高轴承的使用寿命，常采用双金属结构，以离心铸造法在钢或铸铁套内壁上浇注巴氏合金等轴承合金材料。有些强度和硬度要求较高的套，如镗床主轴套筒等，可选用优质合金钢，如18CrNiWA、38CrMoAlA 等。

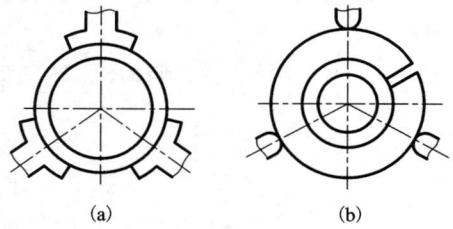

图 3 - 9　套筒的径向夹紧方式
（a）采用专用卡爪夹紧；（b）采用弹性套夹紧

套筒类零件的毛坯选择与其材料、结构尺寸有关。孔径较大（如 $d > 20$ mm），一般选用带孔的铸件、锻件或无缝钢管。孔径较小（如 $d \leqslant 20$ mm）时，可采用实心铸件或热轧、冷拉棒料。大批量生产时可采用冷挤压和粉末冶金等先进的毛坯制造工艺，既提高了生产率又节约了金属材料。

二、套筒零件的加工工艺

1. 连接套的技术要求与加工特点分析

图 3 - 10 所示为联接套的零件图。其主要加工表面外圆 $\phi 60^{0}_{-0.019}$ mm 与孔 $\phi 50^{+0.025}_{0}$ mm 有较高的尺寸精度和同轴度要求，内外台阶端面对 $\phi 50^{+0.025}_{0}$ mm 内孔的轴线有较高端面跳动要求，并且表面粗糙度值较小。一般地，上述四个面不能在一次装夹中加工完成；$\phi 50^{+0.025}_{0}$ mm 内孔的深度太短，又有台阶，不便采用可胀心轴装夹加工其他表面。因此，可将设计中的 $\phi 40$、$Ra2.5$ μm 的内孔改为 $\phi 40^{+0.025}_{0}$ mm、$Ra1.6$ μm，并与 $\phi 50^{+0.025}_{0}$ mm 内孔和台阶面在一次装夹中精车出来，再以 $\phi 40^{+0.025}_{0}$ mm 内孔定位安装在心轴上精车 $\phi 60^{0}_{-0.019}$ mm 外圆和台阶面，即可保证图样要求。这个 $\phi 40^{+0.025}_{0}$ mm、$Ra1.6$ μm 的内孔称为工艺孔。

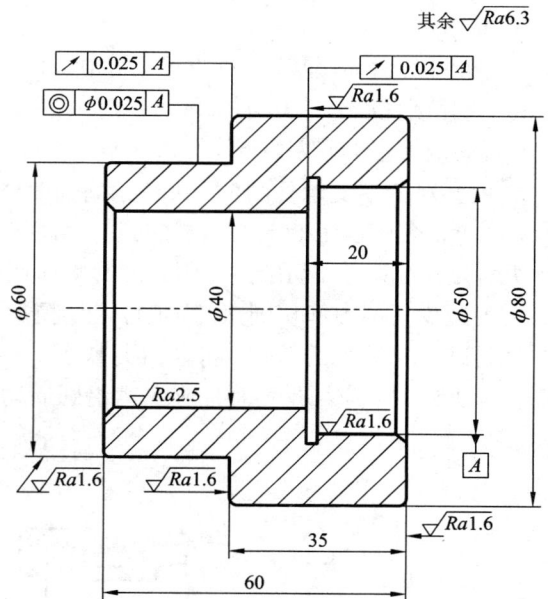

图 3 - 10　联接套零件图

2. 联接套加工工艺分析

表 3 - 2 列出了联接套零件的加工工艺过程。

62

表 3 - 2　联接套加工工艺过程

序号	工序名称	工 序 内 容	定位与夹紧
1	粗车	1. 车端面	三爪夹外圆
		2. 车外圆 $\phi80$ mm 长度为 40 mm	
		3. 调头车另一端面，取总长 60.5 mm	
		4. 车外圆 $\phi61$ mm	
2	镗孔	粗镗孔 $\phi38.5$ mm	$\phi80$ mm 外圆
3	半精车及精车内表面	1. 车端面，保证总长 60 mm	软爪夹 $\phi60$ mm 外圆
		2. 车内孔为 $\phi40_0^{+0.025}$ mm、$\phi50_0^{+0.025}$ mm 及内台阶面	
4	半精车及精车外表面	车外圆 $\phi60_{-0.019}^{0}$ mm，车外台阶面为 35 mm	$\phi40_0^{+0.025}$ mm 孔可涨心轴
5	检验		

生产类型：大批生产；材料牌号：铸铁 HT - 200；毛坯种类：铸件。

（1）加工方法的选择。大多数套筒类零件加工的关键主要是围绕如何保证内孔与外圆表面的同轴度、端面与其轴线的垂直度，相应的尺寸精度、形状精度和套筒零件的厚度易变形的工艺特点来进行的。在零件的加工顺序上，常采用以下两种方案：

方案一：粗加工外圆→粗、精加工内孔→最终精加工外圆。这种方案适用于外圆表面是最重要表面的套类零件的加工，联接套的工艺过程即采用了该方案。

方案二：粗加工内孔→精、精加工外圆→最终精加工内孔。这种方案适用于内孔表面是最重要表面的套类零件的加工。

（2）保证套筒类零件表面位置精度的方法。套筒类零件内外表面的同轴度以及端面与孔轴线的垂直度一般均有较高的要求，为保证这些要求通常采用下列方法：

①在一次装夹中，完成内外表面及其端面的全部加工。这种安装方式可消除由于多次安装而带来的安装误差，获得较高的位置精度。但由于工序较集中，对尺寸较大的长套筒装夹不方便，故多用于尺寸较小轴套的车削加工。例如工序 3，为提高工艺基准 $\phi40_0^{+0.025}$ mm 内孔与 $\phi50_0^{+0.025}$ mm 内孔的同轴度，两孔在一次装夹中同时进行半精车和精车，故可在工序 4 中用 $\phi40_0^{+0.025}$ mm 内孔代替 $\phi50_0^{+0.025}$ mm 内孔作基面加工外表面，保证了各主要表面间的相互位置精度。

②主要表面的加工在几次装夹中完成，内孔与外圆互为基准，反复加工，每一工序都为下一工序准备了精度更高的定位基面，因而可得到较高的位置精度。以精加工好的内孔作为定位基面时，往往选用心轴作定位元件，心轴结构简单，且制造安装误差较小，可保证内外表面较高的同轴度要求，是套筒加工中常见的装夹方法。若以外圆为精基准加工内孔，因卡盘定心精度不高，易使套筒产生夹紧变形，故常采用经过修磨的三爪卡盘或弹性膜片卡盘等以获得较高的同轴度要求。

第三节　箱体类零件加工

一、概　述

1. 箱体类零件的功用与结构特点

箱体类零件是各类机器及其部件的基础件，如汽车上的变速器壳体、发动机缸体，机床上的主轴箱、进给箱等都属于箱体类零件。图 3－11 所示为几种箱体类零件的结构简图。

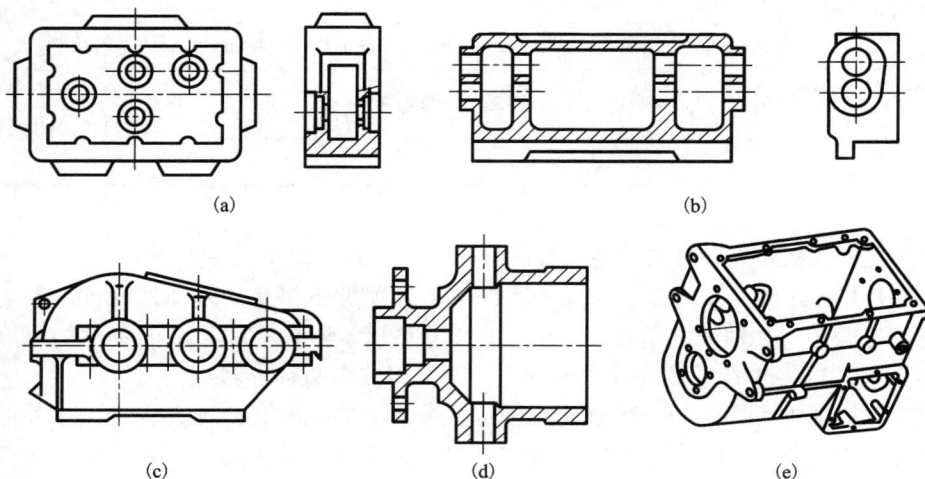

图 3－11　箱体类零件的结构简图

箱体的主要功用是将一些轴、套、轴承和齿轮等零件装配起来，保证各种零部件具有正确的相对位置，并能协调地运转和工作。因此，箱体零件的质量优劣，直接影响着机器的性能、精度和寿命。

箱体类零件的尺寸大小和结构形式随其用途不同有很大差别，但在结构上仍有共同的特点：结构复杂，箱壁薄且不均匀，内部呈腔型。在箱壁上既有许多精度要求较高的轴承支承孔和平面，也有许多精度较低的紧固孔。箱体不仅需要加工的表面较多，且精度要求高，加工难度大。

2. 箱体零件的主要技术要求

箱体类零件中以机床主轴箱精度要求最高，现以某车床主轴箱为例（图 3－16），归纳出箱体类零件的主要精度要求如下：

（1）孔径精度。孔径的尺寸误差和几何形状误差会使轴承和孔配合较差。孔径太大，则使配合过松，主轴回转轴线不稳定，易产生振动和噪声；孔径太小，使配合过紧，轴承将因外环变形而不能正常运转，缩短寿命。装轴承的孔不圆，也会使轴承外环变形而引起主轴的径向跳动。因此，一般对箱体的孔精度要求较高。主轴孔的尺寸精度为 IT6 级，表面粗糙度 Ra 值为 0.8 μm，其余孔为 IT7 级精度，表面粗糙度 Ra 值为 1.6 μm；孔的形状精度（如圆度、圆柱度）除作特殊规定外，一般不超过孔径的尺寸公差。

（2）孔与孔的相互位置精度。包括孔系的同轴度、平行度和垂直度要求。同轴度误差会使轴和轴承装配到箱体内出现歪斜，致使轴产生径向跳动和轴向窜动，加剧轴的磨损；孔系之间的平行度和垂直度误差会影响到齿轮的啮合质量。图 3－16 中Ⅱ、Ⅲ轴孔的轴线对主轴孔Ⅰ的轴线平行度公差 0.01/100，Ⅳ轴孔的轴线对主轴孔Ⅰ的轴线平行度公差 0.02/100。

（3）主要平面的精度。装配基面的平面度误差影响主轴箱与床身连接时的接触刚度。若加工过程中作为定位基面时则会影响箱体孔的加工精度。一般箱体主要平面的平面度公差为 0.04 mm，表面粗糙度 $Ra \leqslant 1.6 \ \mu m$，之间的垂直度公差为 0.1 mm/300 mm。图 3－16 中 A 面的平面度公差 0.05 mm。

（4）孔与平面的位置精度。主要指主轴孔和主轴箱安装基面的平行度要求，它决定了主轴与床身导轨的相互位置关系。这项精度是在总装时通过刮研来达到的，为减少刮研工作量，一般规定主轴孔对装配基面的平行度公差为 0.1 mm/600 mm。另外，孔的轴线对端面的垂直度也有一定的要求。

3. 箱体类零件的材料及毛坯

由于灰铸铁具有良好的铸造性和切削加工性，而且吸振性和耐磨性较好，价格也较低廉，因此箱体类零件的材料一般采用灰铸铁，常用的牌号为 HT200～HT400。某些负荷较大的箱体可采用铸钢件；而对于单件小批生产中的简单箱体，为缩短生产周期，也可采用钢板焊接结构；在某些特定情况下，为减轻重量，也有采用铝镁合金或其他合金，如飞机发动机箱体及摩托车发动机箱体、变速箱箱体等。

毛坯的加工余量与生产批量有关。单件小批量生产时，一般采用手工木模造型，毛坯精度低，加工余量大。大批大量生产时，通常采用金属模机器造型，毛坯的精度高，加工余量可适当减小。单件小批生产时直径大于 50 mm、成批生产时直径大于 30 mm 的孔，一般都在毛坯上铸出。

二、箱体类零件的结构工艺性

箱体类零件的结构复杂，加工表面多、要求高、工作量大。通常箱体要加工的主要表面是平面和孔系，因此，平面和孔系的结构及其配置形式是影响箱体类零件结构工艺性的主要因素。

1. 箱体的基本孔

可分为通孔、阶梯孔、盲孔、交叉孔等几类。其中，通孔的工艺性最好，特别是孔长 L 与孔径 D 之比 $L/D \leqslant 1 \sim 1.5$ 的短圆柱孔工艺性最好。$L/D \geqslant 5$ 的孔称为深孔，若深孔精度要求较高、表面粗糙度值较小时，加工就较困难。阶梯孔的工艺性较差，尤其当孔径相差很大且其中小孔又较小时，工艺性更差。交叉孔的工艺性也较差［如图 3－12（a）所示］当加工 $\phi 100H7$ 孔的刀具走到交叉口处时，由于不连续切削产生

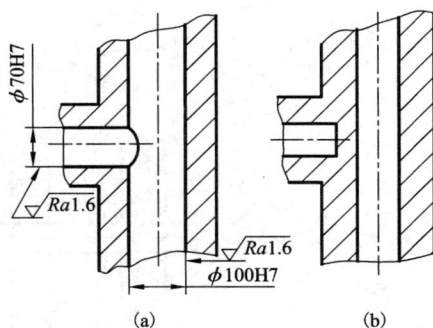

图 3－12　交叉孔的结构工艺性

径向受力不等，容易使孔的轴线偏斜和损坏刀具。为改善其工艺性，可将 $\phi 70$ mm 的毛坯孔

不铸通[如图 3 – 12(b)]，或先加工完 $\phi100$ mm 孔后再加工 $\phi70$ mm 孔。盲孔的工艺性最差，应尽量避免。如有可能，可将箱体的盲孔钻通而改成阶梯孔，以改善其结构工艺性。

2. 箱体的同轴孔

箱体上同一轴线上各孔的孔径排列方式有三种，如图 3 – 13 所示。图 3 – 13(a)为孔径大小向一个方向递减，且相邻两孔直径之差大于孔的毛坯加工余量，这种排列方式便于镗杆和刀具从一端伸入同时加工同轴线上的各孔，对单件小批生产，这种结构适用于在通用机床上加工。图 3 – 13(b)为孔径大小从两边向中间递减，对大批量生产，这种结构便于采用组合机床从两边同时加工，使镗杆的悬伸长度大大减短，提高了镗杆的刚度。图 3 – 13(c)为孔径外小内大，加工时要将刀杆伸入箱体后装刀、对刀，结构工艺性差，应尽量避免。

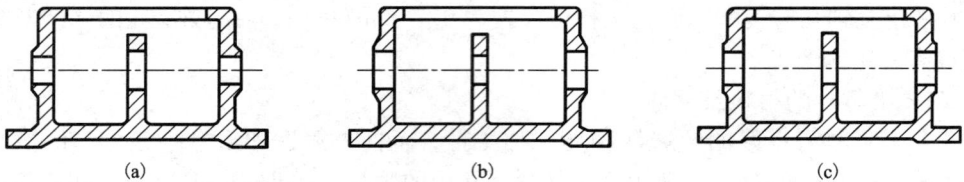

图 3 – 13　同轴孔的结构工艺性

3. 箱体的端面

箱体的外端面凸台，应尽可能在同一平面上[图 3 – 14(a)]，若采用图 3 – 14(b)所示形式，加工就较麻烦。箱体的内端面加工比较困难，为了加工方便，箱体内端面尺寸应尽可能小于刀具需穿过的孔加工前的直径，如图 3 – 15(a)所示。否则，必须先将刀杆引入孔后再装刀具，加工后卸下刀具后才能将刀杆退出[见图 3 – 15(b)]，加工很不方便。另外，箱体孔内部端面的加工，一般都是采用铣、锪加工方法，这就要求加工的端面不宜过大，否则因为加工时轴向切削力很大，易产生振动，影响加工质量。

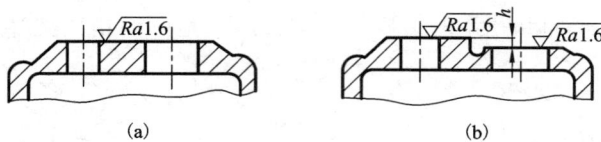

图 3 – 14　箱体端面的结构工艺性

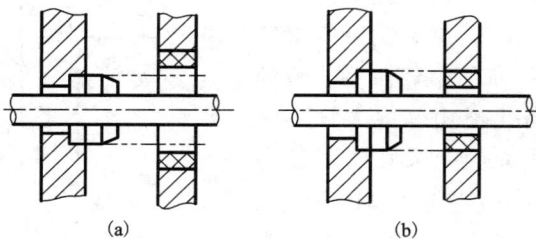

图 3 – 15　箱体内表面的结构工艺性

4. 箱体的装配基面

箱体装配基面的尺寸应尽可能大，形状力求简单，以利于加工、装配和检验；另外，箱体上的紧固孔的尺寸规格应尽量一致，以减少加工换刀的次数。

三、箱体类零件的加工工艺

1. 箱体类零件加工工艺过程

图 3 – 16 为某车床主轴箱简图。表 3 – 3 给出了该主轴箱零件大批生产的加工工艺过程，表 3 – 4 为该零件小批生产的加工工艺过程。

2. 箱体类零件加工工艺过程分析

从表 3 – 3、表 3 – 4 可以看出，主轴箱生产批量不同，其加工工艺过程亦不同，它们之间既有各自的特性，也有其共性。

（1）不同批量箱体生产的共性。

①加工顺序。加工顺序为先面后孔，因为箱体孔的精度一般都较高，加工难度大，若先以孔为粗基准加工好平面，再以平面为精基准加工孔，这样既能为孔的加工提供稳定可靠的精基准，同时可以使孔的加工余量均匀。由于箱体上的孔一般是分布在外壁和中间隔壁的平面上，先加工平面，可通过切除毛坯表面的凸凹不平和夹砂等缺陷，减少不必要的工时消耗。还可以减少钻孔时刀具引偏及崩刃，有利于保护刀具，为提高孔加工精度创造了有利条件。

上例某车床主轴箱大批生产时，先将顶面 A 磨好后才加工孔系。

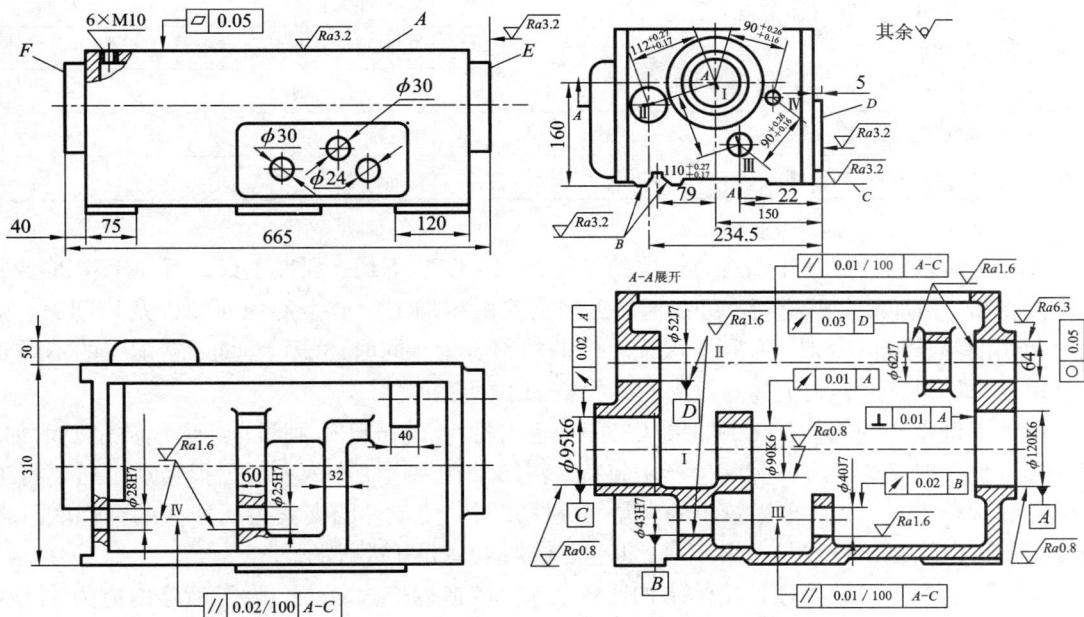

图 3 – 16　车床主轴箱简图

表 3-3 某主轴箱大批生产工艺过程

序号	工序内容	定位基准	序号	工序内容	定位基准
1	铸造	—	10	精镗各纵向孔	顶面 A 及两工艺孔
2	时效	—	11	精镗主轴孔 I	顶面 A 及两工艺孔
3	涂底漆	—	12	加工横向孔及各面上的次要孔	—
4	铣顶面 A	I 孔与 II 孔	13	磨 B、C 导轨面及前面 D	顶面 A 及两工艺孔
5	钻、扩、铰 2-φ8H7 工艺孔	顶面 A 及外形	14	将 2-φ8H7 及 4-φ7.8 mm 均扩钻至 φ8.5 mm，攻 6×M10	—
6	铣两端面 E、F 及前面 D	顶面 A 及两工艺孔	15	清洗、去毛刺、倒角	—
7	铣导轨面 B、C	顶面 A 及两工艺孔	16	检验	—
8	磨顶面 A	导轨面 B、C			
9	粗镗各纵向孔	顶面 A 及两工艺孔			

表 3-4 某主轴箱零件小批量生产工艺过程

序号	工序内容	定位基准	序号	工序内容	定位基准
1	铸造	—	7	粗、精加工两端面 E、F	B、C 面
2	时效	—	8	粗、半精加工各纵向孔	B、C 面
3	涂底漆	—	9	精加工各纵向孔	B、C 面
4	划线：考虑主轴孔有加工余量，并尽量均匀。划 C、A 至 E、D 面加工线	—	10	粗、精加工横向孔	B、C 面
			11	加工螺纹孔及各次要孔	—
			12	清洗、去毛刺	—
5	粗、精加工顶面 A	按线找正	13	检验	—
6	粗、精加工 B、C 面及侧面 D	顶面 A 并校正主轴线			

②加工阶段粗、精分开。因为箱体的结构复杂，壁厚不均，刚性不好，而加工精度要求又高。将粗、精加工分开进行，可在精加工中削除由粗加工所产生的内应力以及切削力、夹紧力和切削热造成的变形，有利于保证箱体的加工质量。同时还能根据粗、精加工的不同要求合理地选用设备，有利于提高效率和确保精加工的精度。

单件小批生产的箱体加工，如果从工序上也安排粗、精分开，则机床、夹具数量要增加，工件转运也费时费力，所以实际生产中将粗、精加工在一道工序内完成。但粗加工后要将工件由夹紧状态松开，然后再用较小的夹紧力夹紧工件，使工件因夹紧力而产生的弹性变形在精加工前得以恢复。虽然是一道工序，但粗、精加工是分开进行的。

③工序间安排时效处理。箱体结构比较复杂，铸造内应力较大。为了消除内应力，减少变形，铸造之后要安排人工时效处理。

普通精度的箱体，一般在铸造之后安排一次人工时效处理即可。对一些高精度的箱体或形状特别复杂的箱体，在粗加工之后还要再安排一次人工时效处理，以消除粗加工所造成的残余应力。有些精度要求不高的箱体毛坯，有时不安排时效处理，而是利用粗、精加工工序间的停放和运输时间，使之进行自然时效。

④粗基准的选择。一般用箱体上的重要孔作粗基准，这样可以使重要孔加工时余量均匀。主轴箱上主轴孔是最重要孔，所以常用主轴孔作粗基准。

（2）不同批量箱体生产的特殊性。

①粗基准的选择。虽然箱体类零件一般都选择重要孔为粗基准，随着生产类型不同，实现以主轴孔为粗基准的工件装夹方式是不同的。

②精基准的选择。箱体加工精基准的选择因生产批量的不同而有所区别。

单件小批生产用装配基准作定位基准。图 3－16 车床主轴箱单件小批加工孔系时，选择箱体底面导轨 B、C 面作为定位基准。B、C 面既是主轴孔的设计基准，也与箱体的主要纵向孔系、端面、侧面有直接的相互位置关系，故选择导轨 B、C 面做定位基准，不仅消除了基准不重合误差，而且在加工各孔时，箱口朝上，便于安装调整刀具、更换导向套、测量孔径尺寸、观察加工情况和加注切削液等。

大批量生产时采用一面两孔作定位基准。大批量生产的主轴箱常以顶面和两定位销孔为精基准，如图 3－17 所示。这种定位方式箱口朝下，中间导向支架可固定在夹具上。由于简化了夹具结构，提高了夹具的刚度，同时工件装卸也较方便，因而提高了孔系的加工质量和生产率。

这种定位方式也同样存在一定问

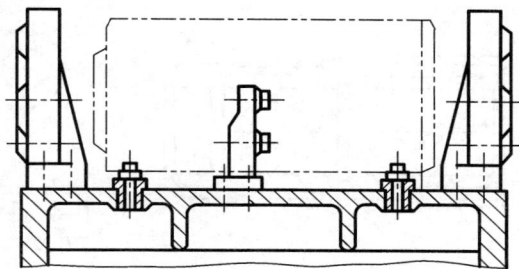

图 3－17　用箱体顶面和两销定位的镗床夹具

题。由于定位基准与设计基准不重合，产生了基准不重合误差。为保证箱体的加工精度，必须提高作为定位基准的箱体顶面和两定位孔的加工精度。因此，大批大量生产的主轴箱工艺过程中，安排了磨 A 面工序，严格控制 A 面的平面度和 A 面至底面、A 面至主轴孔轴心线的尺寸精度与平行度，并将两定位销孔通过钻、扩、铰等工序使其直径精度提高到 H7，增加了箱体加工的工作量。此外，这种定位方式，箱口朝下，不便于在加工中直接观察加工情况，也无法在加工测量尺寸和调整刀具。但在大批大量生产中，广泛采用自动循环的组合机床、定尺寸刀具，加工情况比较稳定，问题也就不十分突出了。

（3）所用设备依批量不同而异。单件小批生产一般都在通用机床上加工，各工序的加工质量靠工人技术水平和机床工作精度来保证。除个别必须用专用夹具才能保证质量的工序外，一般很少采用专用夹具。而大批量箱体的加工则广泛采用组合机床，如平面加工多采用多轴龙门铣床、组合磨床；各主要孔则采用多工位组合机床、专用镗床等。专用夹具用得也很多，从而大大地提高了生产率。

第四节　圆柱齿轮加工

一、概　述

齿轮是用来按规定的速比传递运动和动力的重要零件，在各种机器和仪器中广泛应用，其中以直齿圆柱齿轮应用最为普遍。

1. 直齿圆柱齿轮结构特点和分类

图 3-18 是常用直齿圆柱齿轮的结构形式，按照齿轮的使用场合和要求，圆柱齿轮的结构形式可分为盘形齿轮（又分为单联、双联和三联）、内齿轮、连轴齿轮、套筒齿轮、扇形齿轮、齿条、装配齿轮等。

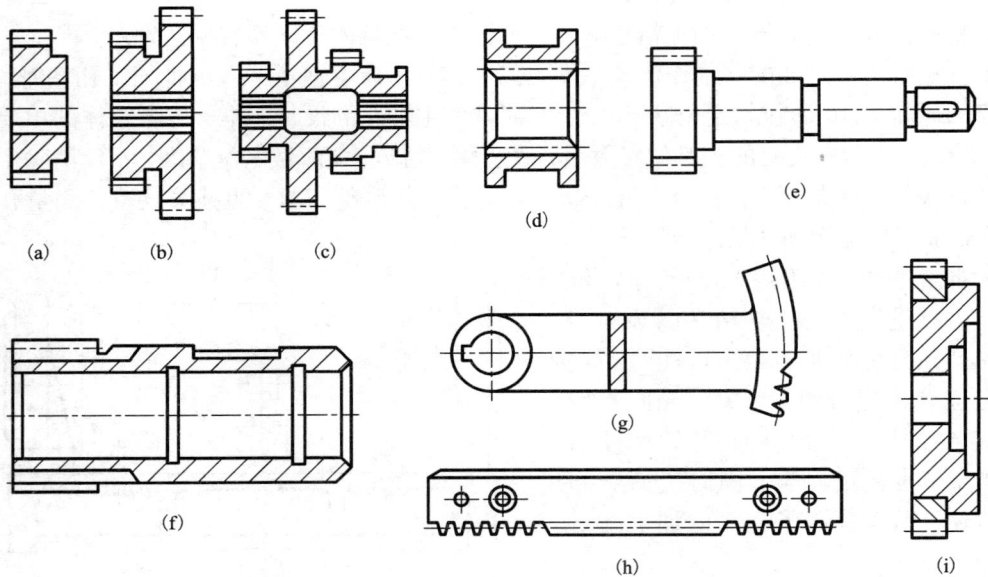

图 3-18　直齿圆柱齿轮的结构形式
（a）单联齿轮；（b）双联齿轮；（c）三联齿轮；（d）内齿轮；（e）连轴齿轮；
（f）套筒齿轮；（g）扇形齿轮；（h）齿条；（i）装配齿轮

2. 直齿圆柱齿轮的精度要求

齿轮自身的精度将影响其使用性能和寿命，通常对齿轮的制造提出以下精度要求：

（1）运动精度。确保齿轮传递运动的准确性和恒定的传动比，要求最大转角误差不能超过相应的规定值。

（2）工作平稳性。要求传动平稳，振动、冲击、噪声小。

（3）齿面接触精度。保证传动中载荷分布均匀、齿面接触均匀，避免局部载荷过大、应力集中等造成轮齿过早磨损或折断。

（4）齿侧间隙。要求传动中的非工作面留有间隙，以补偿温升、弹性变形和加工装配等引起的误差，并利于润滑油的储存和油膜的形成。

3. 齿轮的材料、毛坯及热处理

（1）齿轮材料的选择。齿轮应根据使用要求和工作条件选取合适的材料，普通齿轮选用中碳钢和中碳合金钢，如 40、45、50、40MnB、40Cr、45Cr、42SiMn、35SiMn2MoV 等；强度要求高的齿轮可选取 20Mn2B、18CrMnTi、30CrMnTi、20Cr 等低碳合金钢；对于低速轻载的开式传动的齿轮可选取 ZG40、ZG45 等铸钢材料或灰铸铁；非传力齿轮可选用尼龙、夹布胶木或塑料等。

（2）齿轮的毛坯。齿轮毛坯的选择取决于齿轮的材料、形状、尺寸、使用条件、生产批量等因素，常用的毛坯种类有：

①铸铁件。用于受力小、无冲击、低速的齿轮。

②棒料。用于尺寸小、结构简单、受力不大的齿轮。

③锻坯。用于高速、重载齿轮。

④铸钢坯。用于结构复杂、尺寸较大不宜锻造的齿轮。

（3）齿轮的热处理。在齿轮加工工艺中，热处理工序的位置安排十分重要，它直接影响齿轮的力学性能及切削加工的难易程度。一般在齿轮加工中有两类热处理工序：

①毛坯热处理。为了消除铸造、锻造和粗加工造成的残余应力，改善齿轮材料内部的金相组织和切削加工性能，通常在齿轮毛坯加工前后安排调质或正火等预热处理。

②齿面热处理。为了提高齿面硬度、增加齿轮的承载能力和耐磨性，通常在滚、插、剃齿之后，珩、磨齿之前安排齿面高频感应加热淬火、渗碳淬火、氮碳共渗和渗氮等热处理工序。

二、直齿圆柱齿轮齿面(形)的加工方法

1. 齿轮齿面加工方法的分类

按齿面形成的原理不同，齿面加工可以分为两类方法：

（1）成形法。用与被切齿轮齿槽形状相符的成形刀具切出齿面的方法，如铣齿、拉齿和成型磨齿等。

（2）展成法。齿轮刀具与工件按齿轮副的啮合关系作展成运动切出齿面的方法，工件的齿面由刀具的切削刃包络而成，如滚齿、插齿、剃齿、磨齿和珩齿等。

2. 圆柱齿轮齿面加工方法选择

齿轮齿面的精度要求大多较高，加工工艺复杂，选择加工方案时应综合考虑齿轮的结构、尺寸、材料、精度等级、热处理要求、生产批量及工厂加工条件等。常用的齿面加工方案见表 3 – 5。

表 3 – 5　齿面加工方案

齿面加工方案	齿轮精度等级	齿面粗糙度 $Ra/\mu m$	适用范围
铣齿	9 级以下	6.3 ~ 3.2	单件修配生产中，加工低精度的外直齿圆柱齿轮、齿条、锥齿轮、蜗轮
拉齿	7 级	1.6 ~ 0.4	大批量生产 7 级内齿轮，外齿轮拉刀制造复杂，故少用
滚齿	8 ~ 7 级	3.2 ~ 1.6	各种批量生产中，加工中等质量外直齿圆柱齿轮及蜗轮
插齿		1.6	各种批量生产中，加工中等质量的内、外直齿圆柱齿轮、多联齿轮及小型齿轮
滚(或插)齿 – 淬火 – 珩齿		0.8 ~ 0.4	用于齿面淬火的齿轮
滚齿 – 剃齿	7 ~ 6 级	0.8 ~ 0.4	主要用于大批量生产
滚齿 – 剃齿 – 淬火 – 珩齿		0.4 ~ 0.2	
滚(插)齿 – 淬火 – 磨齿	6 ~ 3 级	0.4 ~ 0.2	用于高精度齿轮的齿面加工，生产率低，成本高
滚(插)齿 – 磨齿	6 ~ 3 级		

三、直齿圆柱齿轮零件加工工艺过程示例

1. 工艺过程示例

直齿圆柱齿轮的加工工艺过程一般应包括以下内容：齿轮毛坯加工、齿面加工、热处理工艺及齿面的精加工。在编制齿轮加工工艺中，常因齿轮结构、精度等级、生产批量以及生产环境的不同，而采用各种不同的方案。图 3 – 19 为一直齿圆柱齿轮的简图，表 3 – 6 列出了该齿轮机械加工工艺过程。

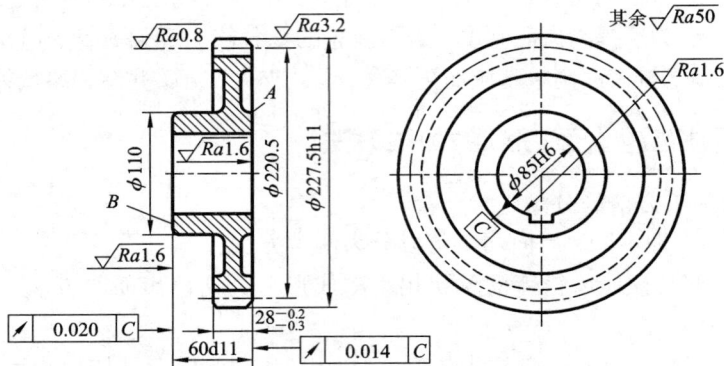

图 3 – 19　直齿圆柱齿轮零件图

表 3 – 6　直齿圆柱齿轮加工工艺过程

工序号	工序名称	工序内容	定位基准
1	锻造	毛坯锻造	
2	热处理	正火	
3	粗车	粗车外形、各处留加工余量 2 mm	外圆和端面
4	精车	精车各处，内孔至 ϕ84.8，留磨削余量 0.2 mm，其余至尺寸	外圆和端面
5	滚齿	滚切齿面，留磨齿余量 0.25 ~ 0.3 mm	内孔和端面 A
6	倒角	倒角至尺寸	内孔和端面 A
7	钳工	去毛刺	
8	热处理	齿面：HRC52	
9	插键槽	至尺寸	内孔和端面 A
10	磨平面	靠磨大端面 A	内孔
11	磨平面	平面磨削 B 面	端面 A
12	磨内孔	磨内孔至 ϕ85H5	内孔和端面 A
13	磨齿	齿面磨削	内孔和端面 A
14	检验	终结检测	

从中可以看出，编制齿轮加工工艺过程大致可划分如下几个阶段：

（1）齿轮毛坯的形成。锻造、铸造或选用棒料。

（2）半精加工。车削和滚、插齿面。

72

（3）半精加工。车削和滚、插齿面。

（4）热处理。调质、渗碳淬火、齿面高频感应加热淬火等。

（5）精加工。精修基准、精加工齿面（磨、剃、珩、研、抛光等）

2. 齿轮加工工艺过程分析

（1）定位基准的选择。齿轮定位基准的选择常因齿轮的结构不同有所差异。连轴齿轮主要采用顶尖定位，有孔且孔径较大时则采用锥堵。带孔齿轮加工齿面时常采用以下两种定位、夹紧方式：

①以内孔和端面定位。即以工件内孔和端面联合定位，确定齿轮中心和轴向位置，并采用面向定位端面的夹紧方式。这种方式可使定位基准、设计基准、装配基准和测量基准重合，定位精度高，适于批量生产。但对于夹具的制造精度要求较高。

②以外圆和端面定位。若工件和夹具心轴的配合间隙较大，则应用千分表校正外圆以决定中心的位置，同时辅以端面定位，从另一端面施以夹紧。这种方式因每个工件都要校正，故生产效率低；它对齿坯的内、外圆同轴度要求高，而对夹具精度要求不高，故适于单件、小批量生产。

（2）齿轮毛坯的加工。齿面加工前的齿轮毛坯加工，在整个齿轮加工工艺过程中占有很重要的地位，因为齿面加工和检测所用的基准必须在此阶段加工出来。

在齿轮的技术要求中，应适当注意齿顶圆的尺寸精度要求，因为齿厚的检测是以齿顶圆为测量基准的，齿顶圆精度太低，必然使所测量出的齿厚值无法正确反映齿侧间隙的大小。所以，在这一加工过程中应注意下列三个问题：

①当以齿顶圆直径作为测量基准时，应严格控制齿顶圆的尺寸精度。

②保证定位端面和定位孔或外圆的垂直度。

③提高齿轮内孔的制造精度，减少与夹具心轴的配合间隙。

（3）齿端的加工。齿轮的齿端加工有倒圆、顶尖、倒棱和去毛刺等方式，如图 3－20 所示。倒圆、倒尖后的齿轮在换档时容易进入啮合状态，减少撞击现象。倒棱可除去齿端尖边和毛刺。图 3－21 是用指状铣刀对齿端进行倒圆的加工示意图。倒圆时，铣刀高速旋转，并沿圆弧作摆动，加工完一个齿后，工件退离铣刀，经分度后再快速向铣刀靠近加工下一个齿的齿端。齿端加工必须在齿轮淬火之前进行，通常都在滚（插）齿之后、剃齿之前安排齿端加工。

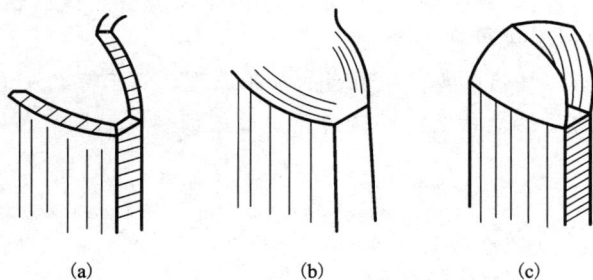

图 3－20　齿端加工形式
（a）倒棱；（b）倒圆；（c）导尖

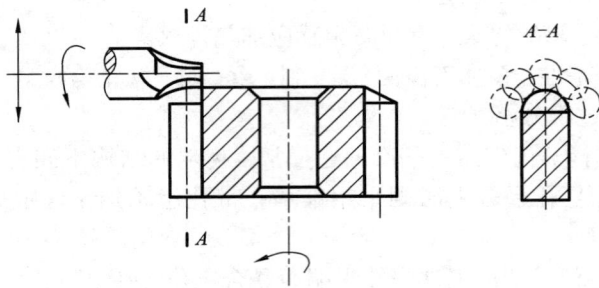

图 3-21 齿端倒圆工艺

习 题

3-1 主轴的结构特点和技术要求有哪些？为什么要对其进行分析？对制定工艺规程起什么作用？

3-2 主轴毛坯常用的材料有哪几种？对于不同的毛坯材料在各个加工阶段中所安排的热处理工序有什么不同？这些热处理工序在改善材料性能方面起什么作用？

3-3 轴类零件的安装方式和应用有哪些？顶尖孔起什么作用？试分析其特点。

3-4 试分析主轴加工工艺过程中如何体现"基准统一"、"基准重合"、"互为基准"、"自为基准"的原则？

3-5 箱体类零件常用什么材料？箱体类零件加工工艺要点如何？

3-6 箱体的结构特点和主要的技术要求有哪些？为什么要规定这些要求？

3-7 举例说明箱体零件选择粗、精基准时应考虑哪些问题？试举例比较采用"一面两销"或"几个面"组合两种定位方案的优缺点和适用的场合。

3-8 何谓孔系？孔系加工方法有哪几种？试举例说明各种加工方法的特点和适用范围。

3-9 圆柱齿轮规定了哪些技术要求和精度指标？它们对传动质量和加工工艺有些什么影响？

3-10 齿形加工的精基准选择有几种方案？各有什么特点？齿轮淬火前精基准的加工和淬火后精基准的修整通常采用什么方法？

3-11 试比较滚齿与插齿、磨齿和珩齿的加工原理、工艺特点及适用场合。

3-12 齿端倒圆的目的是什么？其概念与一般的回转体倒圆有何不同？

第 4 章
机械装配工艺基础

第一节　概述

一、装配的概念

任何机器都是由若干零件、组件和部件组成。按规定的技术要求，将零件、组件和部件进行配合和连接，使之成为半成品或成品的工艺过程称为装配。把零件、组件装配成部件的过程称为部件装配，零件、组件和部件装配成为最终产品的过程称为总装配。

装配是机械制造过程的最后阶段。为了使产品达到规定的技术要求，装配不仅包括零件、组件、部件的配合和连接等过程，还应包括调整、检验、试验、油漆和包装等工作。

机器的质量是以机器的工作性能、使用效果、可靠性和寿命等综合指标来评定的。这些指标除和产品结构设计及材料选择的正确性有关外，还取决于零件的制造质量（包括加工精度、表面质量和热处理性能等）和机器的装配质量。机器的质量最终是通过装配质量保证的，若装配不当，即使零件的制造质量都合格，也不一定能够装配出合格的产品。反之，零件的制造质量不很好，只要在装配中采取合适的工艺措施，也能使产品达到规定的技术要求。因此，装配工艺对保证机器的质量起到十分重要的作用。

另外，通过机器的装配，可以发现机器设计上的错误（如不合理的结构尺寸等）和零件加工工艺中存在的质量问题，并加以改进。因此，装配工艺过程又是机器制造的最终检验环节。

目前，在多数工厂中，装配工作大多靠手工劳动完成，自动化程度和劳动生产效率还较低。所以研究装配工艺，选择合适的装配方法，制定合理的装配工艺规程，不仅是保证机器装配质量的手段，也是提高产品生产效率，降低制造成本的有力措施。

组成机器的最小单元是零件，无论多么复杂的机器都是由许多零件所构成的。为了便于装配，通常将机器分成若干个独立的装配单元。图 4 – 1 所示为机器装配工艺系统示意图。在图上可以看出装配单元通常可划分为五个等级，即零件、套件、组件、部件和机器。

零件是组成机器的基本单元，通常不直接装入机器，而是预先装成套件、组件或部件后，再进入总装。

在一个基准零件上，装上一个或若干个零件就构成了一个套件，它是最小的装配单元。每个套件只有一个基准零件，它的作用是连接相关零件和确定各零件的相对位置。为形成套件而进行的装配工作称为套装。套件可以是若干个零件永久性的连接（焊接或铆接等），也可以是连接在一个基准零件上少数零件组合。套件组合后，有的可能还需要加工。图 4 – 2(a) 所示为由蜗轮和齿轮组成的套件，其中蜗轮为基准零件。

在一个基准零件上，装上一个或若干个套件和零件就构成一个组件。每个组件只有一个

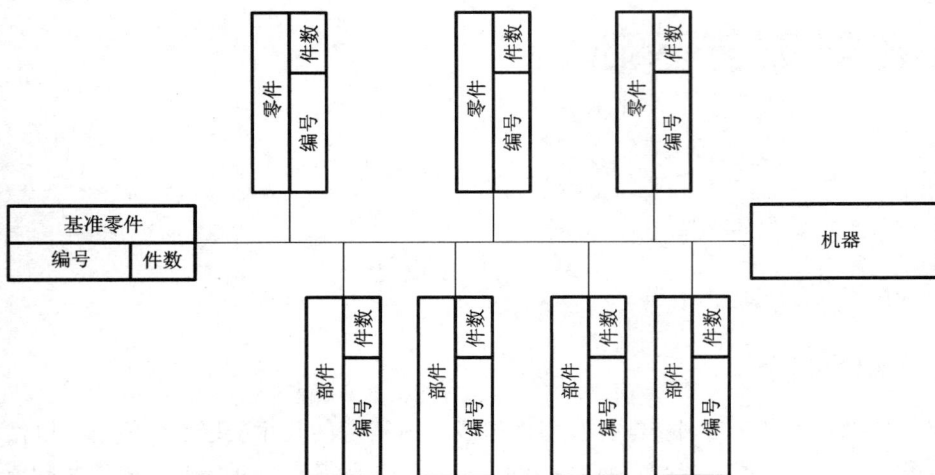

图4-1 装配系统图

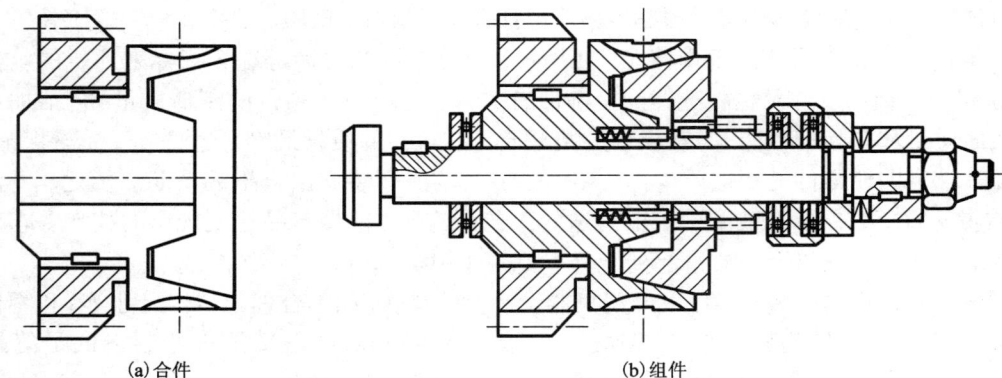

(a)合件　　　　　　　　　(b)组件

图4-2 合件和组件实例

基准零件，它连接相关零件和套件，并确定它们的相对位置。为形成组件而进行的装配称为组装。有时，组件中没有套件，由一个基准零件和若干零件所组成，它与套件的区别在于组件在以后的装配中可拆卸，而套件在以后的装配中一般不再拆开，通常作为一个整体参加装配。图4-2(b)所示即属于组件，其中蜗轮与齿轮为一个先装好的套件，而后以阶梯轴为基准零件，与套件和其他零件组合为组件。

在一个基准零件上，装上若干个组件、套件和零件就构成部件。同样，一个部件只能有一个基准零件，由它来连接各个组件、套件和零件，决定它们之间的相对位置。为形成部件而进行的装配工作称为部装。

在一个基准零件上，装上若干个部件、组件、套件和零件就成为机器，或称产品。同样，一台机器只能有一个基准零件，其作用与上述相同。为形成机器而进行的装配工作称为总装。

二、装配精度

装配精度是指产品装配后几何参数实际达到的精度，可根据机器的工作性能来确定。正确规定机器和部件的装配精度是产品设计的重要环节之一。它不仅关系到产品质量，也影响产品制造的经济性。装配精度是制定装配工艺规程度主要依据，也是选择合理的装配方法和确定零件加工精度的依据。所以，应正确规定机器的装配精度。

对于一些标准化、通用化和系列化的产品，如通用机床和减速器等，它们的装配精度可根据国家标准、部颁标准或行业标准制定。表 4 - 1 列出普通车床精度的国家标准（GB 4020—83）的摘录。

表 4 - 1　普通车床精度标准摘要（GB 4020—83）（mm）

序号	简　　图	检验项目	允差	
			$D_a^{①} \leqslant 800$	$800 < D_a \leqslant 1250$
G2[②]		B——滑板 滑板移动在水平面内的直线度 （尽可能在两顶尖间轴线和刀尖所确定的平面内检验）	$DC^{③} \leqslant 500$	
			0.015	0.02
			$500 < DC \leqslant 100$	
			0.02	0.025
			$DC > 1000$	
			最大工件长度每增加 1000 允差增加	
			0.005	
			最大允差	
			0.03	0.05
G3		尾　移动对滑板移动的平行度： a. 在垂直平面内 b. 在水平面内	$DC \leqslant 1500$	
			a 和 b0.03	a 和 b0.04
			局部公差 在任意 500 测量长度上为 0.02	
			$DC > 1500$	
			a 和 b	0.04
			局部公差 在任意 500 测量长度上为 0.03	

序号	简 图	检验项目	允差	
			D_a①≤800	800<D_a≤1250
G4		C——主轴 a. 主轴的轴向窜动 b. 主轴轴肩支承面的跳动	a. 0.01 b. 0.02 （包括轴向窜动）	a. 0.015 b. 0.02
G5		主轴定心轴颈的径向跳动	0.01	0.015
G6		主轴锥孔轴线的径向跳动： a. 靠近主轴端面 b. 距主轴端面 L 处（L 等于 D_r/2 或不超过 300 mm。对于 D_e >800 mm 的车床测量长度应增加至 500 mm）	a. 0.01 b. 在 300 测量长度上为 0.02	a. 0.015 b. 在 500 测量长度上为 0.05
G7		主轴轴线对溜板移动的平行度： a. 在垂直平面内； b. 在水平面内（测量长度为 D_r/2 或不超过 300 mm，对于 D_r >800 mm 的车床，测量长度应增加至 500 mm）	a. 在 300 测量长度上为 0.02 （只许向上偏） b. 在 300 测量长度上为 0.015 （只许向前偏）	a. 在 500 测量长度上为 0.04 b. 在 500 测量长度上为 0.03
G9		D——尾座 尾座套筒轴线对滑板移动的平行度： a. 在垂直平面内 b. 在水平面内	a. 在 100 测量长度上为 0.010 （只许向上偏） b. 在 100 测量长度上为 0.01 （只许向前偏）	a. 在 100 测量长度上为 0.02 b. 在 100 测量长度上为 0.015

序号	简　图	检验项目	允差	
			D_a① ≤800	800 < D_a ≤1250
G10		尾座套筒缝孔轴线对滑板移动的平行度： a. 在垂直平面内 b. 在水平面内 （测量长度为 $D_r/2$ 或不超过 300 mm；对于 D_r >800 mm 的车床测量长度应增加至 500 mm）	a. 在 300 测量长度上为 0.03	a. 在 500 测量长度上为 0.05
			（只许向上偏）	
			b. 在 300 测量长度上为 0.03	b. 在 500 测量长度上为 0.05
			（只许向前偏）	
G11		E——两顶尖 床头和尾座两顶尖的等高度	0.04	0.05
			（只许尾座高）	
G13		G——横刀架 横刀架横向移动对主轴轴线的垂直度	0.02/300 （偏差方向 a≥90°）	
P2④		精车端面的平面度	300 直径上为 0.02 （只许凹）	

①D_a 表示最大工件同转直径；②DC 表示最大工件长度；③G 表示几何精度；④P 表示工作精度。

　　对于没有标准可循的产品，其装配精度可根据用户的使用要求，参照经过实践考验过的类似部件或产品的已有数据，采用类比法确定。例如：从表4－1普通车床精度标准中归纳起来，装配精度一般包括：零部件间的尺寸精度、位置精度、相对运动精度和接触精度等。

　　(1)零部件间的尺寸精度。零部件的尺寸精度包括配合精度和距离精度。配合精度是指配合面间达到规定的间隙或过盈的要求。例如，轴和孔的配合间隙或配合过盈的变化范围，它影响配合性质和配合质量。距离精度是指零部件间的轴向间隙、轴向距离和轴线距离等。如表4－1中 G11 项的床头和床尾两顶尖的等高度即属此项精度。

　　(2)零部件间的位置精度。零部件间的位置精度包括平行度、垂直度、同轴度和各种跳动等。如表4－1中 G4、G5 和 G6 三项中规定的各种跳动。

79

(3)零部件间的相对运动精度。相对运动精度是指有相对运动的零部件在运动方向和运动位置上的精度。运动方向上的精度包括零部件间相对运动时的直线度、平行度和垂直度等。如表4-1中G2项规定的溜板移动在水平面内的直线度；G3项规定的尾座移动对溜板移动的平行度，以及G7项、G9项、G10项所规定的平行度和垂直度等。

运动位置精度即传动精度是指内联系传动链中，始末两端传动元件间相对运动(转角)精度。如滚齿机滚刀主轴与工作台的相对运动精度和车床车螺纹的主轴与刀架移动的相对运动精度等。

(4)接触精度。接触精度是指两配合表面、接触表面和连接面间达到规定的接触面积大小与接触点分布情况。它影响接触刚度和配合质量的稳定性。如锥体配合、齿轮啮合和导轨面之间均有接触精度要求。

从上不难看出，各种装配精度之间存在着一定的关系。接触精度和配合精度是距离精度和位置精度的基础，而位置精度又是相对运动精度的基础。

三、装配精度与零件精度的关系

机械及其部件都是由零件所组成的，装配精度与相关零、部件制造误差的累积有关，特别是关键零件的加工精度。例如卧式车床尾座移动对床鞍移动的平行度，就主要取决于床身导轨 A 与 B 的平行度，如图4-3所示。又如车床主轴锥孔轴心线和尾座套筒锥孔轴心线的等高度(A_0)，即主要取决于主轴箱，尾座及座板的 A_1、A_2 及 A_3 的尺寸精度，如图4-4所示。

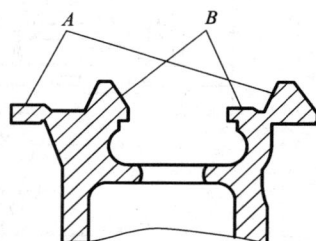

图4-3 床身导轨
(a)床鞍移动导轨；(b)尾座移动导轨

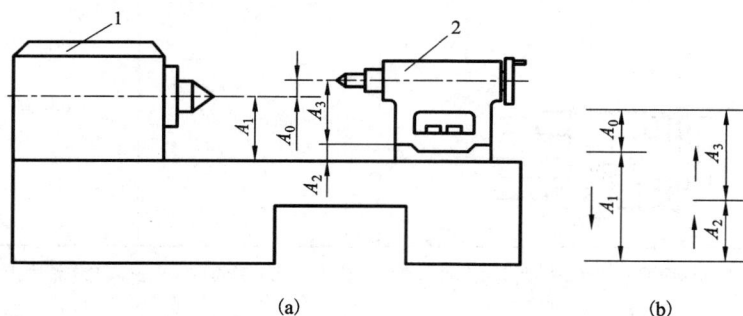

(a)   (b)

图4-4 主轴箱主轴中心尾座套筒中心等高示意图
1—主轴箱；2—尾座

另一方面，装配精度又取决于装配方法，在单件小批生产及装配精度要求较高时装配方法尤为重要，例如图4-4中所示的等高度要求是很高的。如果靠提高尺寸 A_1、A_2 及 A_3 的尺寸精度来保证是不经济的，甚至在技术上也是很困难的。比较合理的办法是在装配中通过检测，对某个零部件进行适当的修配来保证装配精度。

总之，机械的装配精度不但取决于零件的精度，而且取决于装配方法。

80

第二节　装配方法

机械的装配首先应当保证装配精度和提高经济效益。装配精度越高，则相关零件的精度要求也越高。这对机械加工很不经济的，有时甚至是不可能达到加工要求的。所以，对不同的生产条件，采取适当的装配方法，在不过高的提高相关零件制造精度的情况下来保证装配精度，是装配工艺的首要任务。

在长期的装配实践中，人们根据不同的机械、不同的生产类型条件，创造了许多巧妙的装配工艺方法，归纳起来有：互换装配法、选配装配法、修配装配法和调整装配法四种。

产品的装配方法必须根据产品的性能要求、生产类型、装配的生产条件来确定。在不同的装配方法中，零件加工精度与装配精度间具有不同的相互关系，为了定量地分析这种关系，常将尺寸链的基本理论应用于装配过程，建立装配尺寸链，通过解算装配尺寸链，最后确定零件精度与装配精度之间的定量关系。

一、装配尺寸链

装配尺寸链是产品或部件在装配过程中，由相关零件的有关尺寸（表面或轴线间距离）或相互位置关系（平行度、垂直度或同轴度等）所组成的尺寸链。

装配尺寸链的基本特征是具有封闭性。其封闭环不是零件或部件上的尺寸，而是不同零件或部件的表面或轴心线间的相对位置尺寸，它不能独立地变化，而是装配过程最后形成的，即为装配精度，如图 $4-4(a)$ 中的 A_0。从封闭环任意一端开始，沿着装配精度要求的位置方向，将与装配精度有关的各零件尺寸依次首尾相连，直到封闭环另一端相接为止，形成一个封闭形的尺寸图，如图 $4-4(b)$ 所示，图上的各个尺寸即是组成环。其各组成环不是在同一个零件上的尺寸，而是与装配精度有关的各零件上的有关尺寸，如图 $4-4$ 中的 A_1、A_2 及 A_3。显然，A_2 和 A_3 是增环，A_1 是减环。

在建立装配尺寸链时，除满足封闭性原则外，还应符合组成环最少原则。从工艺角度出发，在结构已定的情况下，标注零件尺寸时，应使一个零件仅有一个尺寸进入尺寸链，即组成环数目等于有关零件数目。如图 $4-5(a)$ 所示，轴只有 A_1 一个尺寸进入尺寸链，是正确的。图 $4-5(b)$ 的标注法中，轴有 a、b 两个尺寸进入尺寸链，是不正确的。

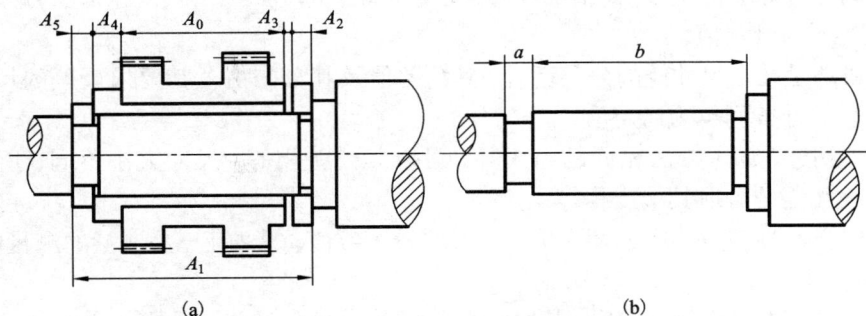

图 4-5　组成环尺寸的标注方法

(a) 尺寸链最短路线示意图；(b) 尺寸标注不正确

二、互换装配法

互换装配法是在装配过程中，零件互换后仍能达到装配精度要求的装配方法。产品采用互换装配法时，装配精度主要取决于零件的加工精度。互换法的实质就是控制零件的加工误差来保证产品的装配精度。

根据零件的互换程度的不同，互换法又分为完全互换法和大数互换法。

1. 完全互换法

在全部产品中，装配时各组成环不需挑选或改变其大小或位置，装配后即能达到装配精度的要求，这种装配方法称为完全互换法。

这各装配方法的特点是：装配质量稳定可靠，对装配工人的技术等级要求较低，装配工作简单、经济、生产率高，便于组织流水装配和自动化装配，又可保证零、部件的互换性，便于组织专业化生产和协作生产，容易解决备件供应，因此完全互换装配法是比较先进和理想的装配方法。

但是，当封闭环要求较严和组成环数目较多时，会提高零件的精度要求，加工比较难。因此，只要各组成环的加工在技术上有可能，且经济上合理时，应该尽量优先采用完全互换装配法。尤其在成批、大量生产时，更应如此。例如，大批、大量生产汽车、拖拉机、缝纫机和自行车等产品时，大多采用完全互换装配法。

采用完全互换装配法时，装配尺寸链采用极值公差公式计算。为保证装配精度要求，尺寸链各组成环公差之和应小于或等于封闭环公差（即装配精度要求）：

$$\sum_{i=1}^{n-1} T_i \leqslant T_0 \qquad\qquad (4-1)$$

式中：T_0 为封闭环公差，T_i 为第 i 个组成环公差，n 为尺寸链总环数。

在进行装配尺寸链反计算时，即已知封闭环（装配精度）的公差 T_0，分配有关零件（各组成环）公差 T_i 时，可按"等公差"原则（$T_1 = T_2 = \cdots = \overline{T}$）先确定它们的平均极值公差 $\overline{T}$

$$\overline{T} = \frac{T_0}{n-1} \qquad\qquad (4-2)$$

然后根据各组成环尺寸的大小和加工的难易，对各组成环的公差进行适当的调整。在调整中可参照下列原则：

（1）组成环是标准件尺寸（如轴承环或弹性挡圈的厚度等）时，其公差值及分布在相应标准中已有规定，为既定值；

（2）组成环是几个尺寸链的公共环时，其公差值及其分布由对其要求最严的尺寸链先行确定，对其余尺寸链则也为已定值；

（3）尺寸相近、加工方法相同的组成环，可取其公差相等；尺寸大小不同，所用加工方法、加工精度相当的可取其精度相等；

（4）难加工或难测量的组成环，其公差可取较大数值；易加工、易测量的测量的组成环，其公差取较小值；

（5）确定好各组成环的公差后，按"入体原则"确定极限偏差，属外尺寸（如轴）的组成环按基轴制（h）决定其极限偏差；属内尺寸（如孔）的组成环按基孔制（H）决定其极限偏差；孔中心距的尺寸极限偏差按对称分布选取。必须指出，如有可能，应使各组成环的公差大小和分布位置符合《公差与配合》国家标准的规定,这样给生产组织工作带来一定的好处。

显然,当各组成都按上述原则确定其公差时,按公式计算的公差累积值常不符合封闭环的要求。因此就需选取一个组成环,其公差及其分布需经计算确定,以便与组成环相协调,最后满足封闭环精度要求,这个事先选定的在尺寸链中起协调作用的组成环称为协调环,一般地,不能选取标准件或公共环为协调环,因为其公差和极限偏差是已定值。可选易于加工的零件作为协调环,而将难于加工的零件的尺寸公差从宽选取,也可选难于加工的零件做协调环,而将易于加工的零件的尺寸公差从严选取。

图 4-6 为齿轮箱部件,装配后要求轴向窜动量为 0.2～0.7 mm,即 $A_0 = 0^{+0.7}_{+0.2}$ mm。已知其他零件的有关基本尺寸 $A_1 = 122$ mm, $A_2 = 28$ mm, $A_3 = 5$ mm, $A_4 = 140$ mm, $A_5 = 5$ mm,试确定各组成环的上下偏差。

第一,画出装配尺寸链(图 4-6),校验各环基本尺寸。由于 A_3、A_4、A_5 为减环,A_1、A_2 为增环,则封闭环基本尺寸为

$$A_0 = (A_1 + A_2) - (A_3 + A_4 + A_5) = 0 \qquad (4-3)$$

可见各环基本尺寸的给定数值正确。

第二,确定各组成环的公差大小和极限偏差。在最终确定各 T_i 值之前,可先按"等公差"原则计算分配到各环的平均公差值

$$\overline{T} = \frac{T_0}{n-1} = \frac{0.5}{5} = 0.1 \text{ mm} \qquad (4-4)$$

由此值可知,零件的制造精度不算太高,是可以加工的,故用完全互换是可行的。但还应从

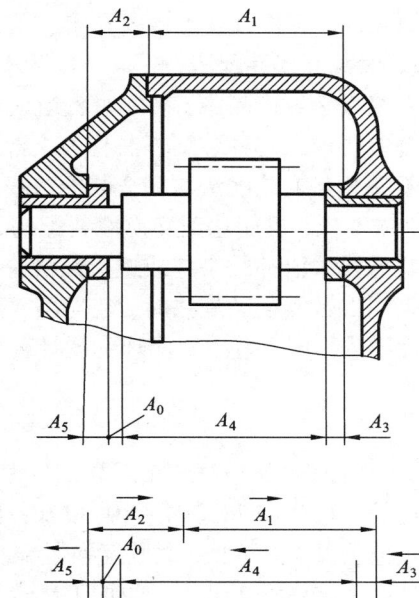

图 4-6　轴的装配尺寸链

加工难易和设计要求等方面考虑,调整各组成环公差。这里,A_1、A_2 加工难些,公差应略大,而 A_3、A_5 加工方便,则规定可较严。故令 $T_1 = 0.2$ mm, $T_2 = 0.1$ mm, $T_3 = T_5 = 0.05$ mm。由于 A_1、A_2 为内尺寸,A_3、A_5 为外尺寸,则按"入体原则"确定各尺寸极限偏差为 $A_1 = 122^{+0.2}_0$ mm, $A_2 = 28^{+0.1}_0$ mm, $A_3 = A_5 = 5^0_{-0.05}$ mm。

这样,有关尺寸的中间偏差便可求得 $\Delta_1 = 0.1$ mm, $\Delta_2 = 0.05$ mm, $\Delta_3 = \Delta_5 = -0.025$ mm, $\Delta_0 = 0.45$ mm。

第三,确定协调环公差的极限偏差。由于 A_4 是特意留下的一个组成环,它的公差大小应在上面分配封闭环公差时,经济合理地统一决定下来。即:

$$T_4 = T_0 - (T_1 + T_2 + T_3 + T_5) = 0.10 \text{ mm} \qquad (4-5)$$

但 T_4 的上下偏差,须满足装配技术条件,因而应通过计算获得,故称其为"协调环"。由于

$$\Delta_0 = (\Delta_3 + \Delta_4 + \Delta_5) - (\Delta_1 + \Delta_2) \qquad (4-6)$$

那么尺寸 A_4 的中间偏差则为 $\Delta_4 = -0.25$ mm。

这样,A_4 的极限偏差可求得为

$$ES_4 = \Delta_4 + \frac{1}{2}T_4 = -0.25 + \frac{1}{2} \times 0.1 = -0.2 \qquad (4-7)$$

$$EI_4 = \Delta_4 - \frac{1}{2}T_4 = -0.25 - \frac{1}{2} \times 0.1 = -0.3 \qquad (4-8)$$

所以，协调环 A_4 的尺寸和极限偏差为

$$A_4 = 140^{-0.2}_{-0.3} \text{ mm} \qquad (4-9)$$

最后进行验算。由于

$$T_0 = T_1 + T_2 + T_3 + T_4 + T_5 = 0.20 + 0.10 + 0.05 + 0.10 + 0.05 = 0.50 \text{ mm}$$

可见，计算符合装配精度要求。

2. 大数互换装配法

在绝大多数产品中，装配时各组成环不需挑选或改变其大小或位置，装入后即能达到封闭的公差要求。这种装配方法称为大数互换法或部分互换法。

不完全互换装配法与完全装配法相比，其优点是零件公差可以放大些，从而使零件加工容易、成本低，也能达到互换性装配的目的。其缺点是将会有一部分产品的装配精度超差。这就是需要采取补救措施或进行经济论证。

采用大数互换装配法时，装配尺寸链采用统计公差公式计算。为保证绝大多数产品的装配精度要求，尺寸链中封闭环的统计公差应小于或等于封闭环的公差要求值：

$$\frac{1}{K_0}\sqrt{\sum_{i=1}^{n-1} K_i^2 T_i^2} \leqslant T_0 \qquad (4-10)$$

式中：K_0 为封闭环相对分布系数，K_i 为第 i 个组成环的相对分布系数。

比较式(4-4)和式(4-10)可知：当封闭环公差相同时，组成环的平均统计公差 $\overline{T'}$ 大于平均极值公差 $\overline{T}$。可见，大数互换装配法的实质是使各组成环的公差比完全互换装配法所规定的公差大，从而使组成环的加工比较容易，降低了加工成本。但是，这样做的结果会使一些产品装配后超出规定的装配精度。用统计公式，可计算超差的数量。

计算的方法是以一定置信水平 $P(\%)$ 为依据，置信水平 $P(\%)$ 是代表装配后合格产品所占的百分数，$1-P$ 代表超差产品的百分数。通常，封闭环趋近正态分布，取置信水平 $P = 99.73\%$，这时相对分布系数 $K_0 = 1$，产品中有 $1-P = 0.27\%$ 的超差产品(实际生产中可近似认为无超差品)。在某些生产条件下，要求适当放大组成环公差时，可取较低的 P 值，产品中有大于 0.27% 的超差产品。P 与 K_0 的相应数值如表 4-2 所示。

表 4-2　置信水平与相对分布系数的关系

置信水平 P	99.73%	99.5%	99%	98%	95%	90%
相对分布系数 K_0	1	1.06	1.16	1.29	1.52	1.82

组成环的相对分布系数 K 的数值，取决于组成环的分布形成。常见的几种分布曲线及其相对分布系数与相对不对称系数 e 的数值，如表 4-3 所示，并按下列规定选取。

表4-3　常见的几种分布曲线及其相对分布系数与相对不称系数的数值

分布特征	正态分布	三角分布	均匀分布	瑞利分布	偏态分布	
					外尺寸	内尺寸
分布曲线						
K	1	1.22	1.73	1.14	1.17	1.17
e	0	0	0	-0.28	0.26	-0.26

（1）大批大量生产条件下，在稳定工艺过程中，工件尺寸趋近正态分布，可取 $K=1$，$e=0$。

（2）在不稳定工艺过程中，当尺寸随时间近似线性变动时，形成均匀分布。计算时没有任何参考的统计数据，尺寸与位置误差一般可当均匀分布，取 $K=1.73$，$e=0$。

（3）两个分布范围相等的均匀分布相结合，形成三角分布。计算时没有参考的统计数据，尺寸与位置误差亦可当作三角分布，取 $K=1.22$，$e=0$。

（4）偏心或径向圆跳动趋近瑞利分布，取 $K=1.14$，$e=-0.28$。对于偏心在某一方向的分布，取 $K=1.73$，$e=0$。

（5）平行、垂直误差趋近某些偏态分布；单件小批生产条件下，工件尺寸也可能形成偏态分布，偏向最大实体尺寸这一边，取 $K=1.17$，$e=\pm0.26$。

当遇到反计算形式时，可按"等公差"原则先求出各组成环的平均统计公差 T' 为

$$T' = \frac{K_0 T_0}{\sqrt{\sum_{i=1}^{n-1} K_i^2}} \tag{4-11}$$

再根据生产经验，考虑各组成环尺寸的大小和加工难易程度进行适当调整。具体调整方法与完全互换装配法相同，调整后仍需满足式（4-10）。

现仍以图4-6为例进行计算，比较一下各组成环的公差大小。首先画出装配尺寸链，校核各环基本尺寸。由于封闭环基本尺寸等于所有增环基本尺寸之和减去所有减环基本尺寸之和，那么封闭环的基本尺寸为 $A_0=0$。

其次，确定各组成环尺寸的公差大小和极限偏差。由于用概率法解算，所以 T_0 在最终确定各 T_i 值之前，也按等公差计算各环的平均公差值 $T'=\dfrac{0.5}{\sqrt{5}}=0.22$ mm。

按加工难易的程度，参照上值调整各组成环公差值分别为 $T_1=0.4$ mm，$T_2=0.2$ mm，$T_3=T_5=0.08$ mm。为满足如式（4-10）的要求，应从协调环公差进行计算，那么有

$$0.5^2 = 0.4^2 + 0.2^2 + 0.08^2 + T_4^2 + 0.08^2$$

因此

$$T_4 = 0.192 \text{ mm} \tag{4-12}$$

按"入体原则"分配公差，取 $A_1 = 122^{+0.4}_0$ mm，$\Delta_1 = 0.2$ mm；$A_2 = 28^{+0.2}_0$ mm，$\Delta_2 = 0.1$ mm；$A_3 = A_5 = 5^0_{-0.08}$ mm，$\Delta_3 = \Delta_5 = -0.04$ mm；$\Delta_0 = 0.45$ mm。

接下来，确定协调环公差的极限偏差。容易求得 A_4 的中间偏差 $\Delta_4 = -0.25$ mm，这样便可求得 A_4 的极限偏差为

$$ES_4 = \Delta_4 + \frac{1}{2}T_4 = -0.25 + \frac{1}{2} \times 0.192 = -0.154 \qquad (4-13)$$

$$EI_4 = \Delta_4 - \frac{1}{2}T_4 = -0.25 - \frac{1}{2} \times 0.192 = -0.346 \qquad (4-14)$$

所以，协调环 A_4 的尺寸和极限偏差为

$$A_4 = 140^{-0.154}_{-0.346} \text{ mm} \qquad (4-15)$$

三、选配装配法

在成批或大量生产的条件下，对于组成环不多而装配精度要求却很高的尺寸链，若采用完全互换法，则零件的公差将过严，甚至超过了加工工艺的现实可能性。在这种情况下可采用选择装配法。该方法是将组成环的公差放大到经济可行的程度，然后选择合适的零件进行装配，以保证规定的精度要求。

选择装配法有三种：直接选配法、分组装配法和复合选配法。

1. 直接选配法

由装配工人从许多待装的零件中，凭经验挑选合适的零件通过试凑进行装配的方法，这种方法的优点是简单，零件不必要先分组，但装配中挑选零件的时间长，装配质量取决于工人的技术水平，不宜于节拍要求较严的大批量生产。

2. 分组装配法

上述两种互换装配法达到封闭环公差要求，是靠限制组成环的加工误差来保证的。当封闭环公差要求很严时，采用互换装配法会使组成环的加工很困难或很不经济。为此，当尺寸链环数不多时，可采用分组装配法。分组装配法是先将组成的公差相对于互换装配法所求之值增大若干倍，使其能较经济地加工；然后，将各组成环按其实际尺寸大小分为若干组，各对应组进行装配，从而达到封闭环公差要求。由于分组装配法中，同组零件具有互换性，所以它又称为分组互换法。分组装配法采用极值公差公式计算。

图 4 - 7(a)所示为活塞与活塞销的装配情况。根据装配技术要求，活塞销直径 D 与销轴直径 d 在冷态装配时应有 $0.0025 \sim 0.0075$ mm 的过盈量。与此相应的配合公差仅为 0.005 mm。若活塞与活塞销采用完全互换法装配，且销孔与活塞直径公差按"等公差"分配时，则它们的公差只有 0.0025 mm。由于销轴是外尺寸按基轴制确定极限偏差，以销孔为协调环，则 $d = \phi 28^0_{-0.0025}$ mm，$D = \phi 28^{-0.0050}_{-0.0075}$ mm。显然，制造这样精确的活塞销和活塞销孔是很困难的，也是不经济的。生产中采用的办法是先将上述公差值都增大四倍($d = \phi 28^0_{-0.010}$ mm，$D = \phi 28^{-0.005}_{-0.015}$ mm)，这样便可采用高效率的无心磨和金刚镗去分别加工活塞外圆和活塞销孔，然后用精度量仪进行测量，并按尺寸大小分成四组，涂上不同的颜色，以便进行分组装配。具体分组情况见表 4 - 4。从该表可以看出，各组的公差和配合性质与原来要求相同。

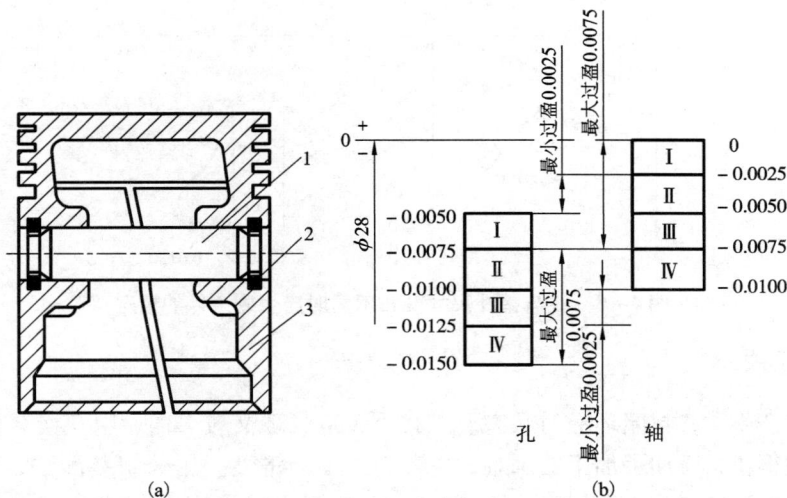

图 4 − 7　活塞销与活塞的装配关系
1—活塞销；2—挡圈；3—活塞

表 4 − 4　活塞销与活塞销孔直径分组（mm）

组别	标志颜色	活塞销直径 $d = \phi 28^{0}_{-0.010}$	活塞销孔直径 $D = \phi 28^{-0.0005}_{-0.015}$	配合情况	
				最小过盈	最大过盈
I	红	$\phi 28^{0}_{-0.0025}$	$\phi 28^{-0.005}_{-0.0075}$		
II	白	$\phi 28^{-0.0025}_{-0.0050}$	$\phi 28^{-0.0075}_{-0.01}$	0.0025	0.0075
III	黄	$\phi 28^{-0.0050}_{-0.0075}$	$\phi 28^{-0.01}_{-0.015}$		
IV	绿	$\phi 28^{-0.0075}_{-0.01}$	$\phi 28^{-0.0125}_{-0.015}$		

采用分组互换装配时应注意以下几点：

（1）为了保证分组后各组的配合精度和配合性质符合原设计要求，配合件的公差应当相等，公差增大的方向要相同，增大的倍数要等于以后的分组数，如图 4 −7（b）所示。

（2）分组数不宜多，多了会增加零件的测量和分组工作量，并使零件的贮存、运输及装配等工作复杂化。

（3）分组后各组内相配合零件的数量要相符，形成配套。否则会出现某些尺寸零件的积压浪费现象，如图 4 −8 所示。

3. 复合选配法

复合选配法是直接选配与分组装配的综合装配法，即预先测量分组，装配时再在各对应组内凭工人经验直接选配。这一方法的特点是配合件公差可以不等，装配质量高，且速度较快，能满足一定的节拍要求。发动机装配中，气缸与活塞的装配多采用这种方法。

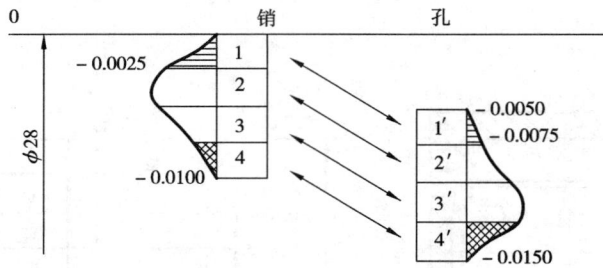

图 4-8 销与销孔尺寸分布不同时产生剩余件的情况

四、修配法

在成批生产中，若封闭环敌对状态要求较严，组成环又较多时，用互换装配法势必要求组成环的公差很小，增加了加工的困难，并影响加工经济性。用分组装配法，又因环数多会使测量、分组和配套工作变得非常困难和复杂，甚至造成生产上的混乱。在单件小批生产时，当封闭环公差要求较严，即使组成环数很少，也会因零件生产数量少而不能采用分组装配法。此时，常采用修配装配法达到封闭环公差要求。

修配法是将尺寸链中各组成环均按经济精度加工。装配时封闭环的误差会超过规定的允许范围。为补偿超差部分的误差，必须修配尺寸链中某一组成环。被修配的零件尺寸叫修配环或补偿环。因修配装配法是逐个修配，所以零件不能互换。修配装配法通常采用极值公差公式计算。

一般应选形状比较简单，便于装卸，易于修配，并对其他尺寸链没有影响的零件尺寸作修配环。修配环在零件加工时应留有一定量的修配量。

修配环在修配时对封闭环尺寸变化的影响有两种情况，一种是封闭环尺寸变大，另一种是封闭环尺寸变小。因此修配环公差带分布的计算也相应分为两种情况。

图 4-9 所示为封闭公差带与各组成环(含修配环)公差放大后的累积误差之间的关系。图中 T_0'、L_{0max}' 和 L_{0min}' 分别表示设计要求封闭环的公差、最大极限尺寸、最小极限尺寸；T_0'、L_{0max}' 和 L_{0min}' 分别为放大组成环公差后实际封闭环的公差、最大极限尺寸、最小极限尺寸；F_{max} 为最大修配量。

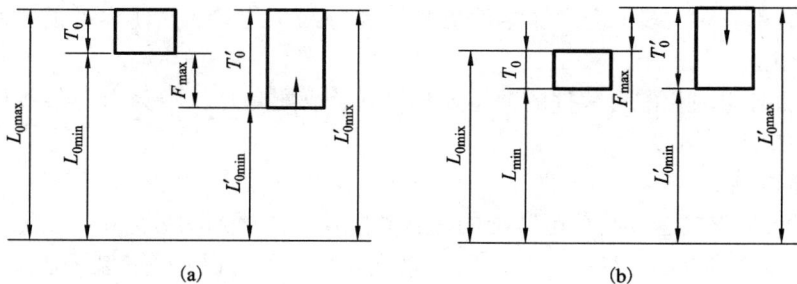

图 4-9 封闭环公差带与组成环累计误差的关系
(a)越修越大；(b)越修越小

当修配结果使封闭环尺寸变大，简称"越修越大"，从图 4-9(a)可知：

$$L_{0max} = L'_{0max} \qquad (4-16)$$

若 $L'_{0max} > L_{0max}$，那么修配补偿环 L'_{0max} 后会更大，不能满足设计要求。

当修配结果使封闭环尺寸变小，简称"越修越小"，从图 4-9(b)可知：

$$L_{0min} = L'_{0min} \qquad (4-17)$$

生产中通过修配达到装配精度的方法很多，常见的有单件修配法、合并修配法以及自身加工修配法等三种。

1. 单件修配法

这种方法是将零件按经济精度加工后，装配时将预定的修配环用修配加工来改变其尺寸，以保证装配精度。

如图 4-4 所示，卧式车床前后顶尖对床身导轨的等高要求为 0.06 mm(只许尾座高)，此尺寸链中的组成环有三个：主轴箱主轴中心到底面高度 $A_1 = 201$ mm，尾座底板厚度 $A_2 = 49$ mm，尾座顶尖中心到底面距离 $A_3 = 156$ mm。A_1 为减环，A_2、A_3 为增环。

若用完全互换法装配，则各组成环平均公差为 $\overline{T}$ mm。这样小的公差将使加工困难，所以一般采用修配法，各组成环仍按经济精度加工。根据镗孔的经济加工精度，取 $T_1 = 0.1$ mm，$T_3 = 0.1$ mm，根据半精刨的经济加工精度，取 $T_2 = 0.15$ mm。由于在装配中修刮尾座底板的下表面是比较方便，修配面也不大，所以选尾座底座板为修配件。

组成环的公差一般按"单向入体原则"分布，此例中 A_1、A_3 系中心距尺寸，故采用"对称原则"分布，$A_1 = 205 \pm 0.05$ mm，$A_3 = 156 \pm 0.05$ mm。至于 A_2 的公差带分布，要通过计算确定。

本例中，修配尾座底板的下表面，会使封闭环尺寸变小，因此应按式(4-17)求封闭环最小极限尺寸，则有

$$A_{0min} = A_{2min} + A_{3min} - A_{1max} \qquad (4-18)$$

因此 A_{2min} mm。

因为 $T_2 = 0.15$ mm，所以 $A_2 = 49^{+0.25}_{+0.1}$ mm。

修配加工是为了补偿组成累积误差与封闭环公差超差部分的误差，所以最大修配量 $F_{max} = \sum_{i=1}^{3} T_i - T_0 = (0.1 + 0.15 + 0.1) - 0.06 = 0.29$ mm，而最小修配量为 0。考虑到车床总装时，尾座底板与床身配合的导轨面还需配刮，则应补充修正，取最小修刮量为 0.05 mm，修正后的 A_2 尺寸为 $A_2 = 49^{+0.3}_{+0.15}$ mm，此时最多修配量为 0.34 mm。

2. 合并修配法

这种方法是将两个或多个零件合并在一起进行加工修配。合并加工所得的尺寸可看作一个组成环，这样减少了组成环的环数，就相应减少了修配的劳动量。

如上例中尾座装配时，也可采用合并修配法。一般先把尾座和底板相配合的平面分别加工好，并配刮横向小导轨，然后再将两者装配为一体，以底板的底面为基准，镗尾座的套筒孔，直接控制尾座套筒孔至底板面的尺寸公差，这样组成环 A_2、A_3 合并成一环，仍取公差为 0.1 mm，其最大修配量 $F_{max} = \sum^{3} T_i - T_0 = (0.1 + 0.1) - 0.06 = 0.14$ mm。修配工作量相应减少了。

合并加工修配法由于零件要对号入座，给组织装配生产带来一定麻烦，因此多用于单件小批生产中。

3. 自身加工修配法

在机床制造中，有一些装配精度要求，是在总装时利用机床本身的加工能力，"自己加工自己"，可以很简捷地解决，这即是自身加工修配法。

例如图4-10所示，在转塔车床上六个安装刀架的大孔中心线必须保证和机床主轴回转中心线重合，而六个平面又必须和主轴中心线垂直。若将转塔作为单独零件加工出这些表面，在装配中达到上述两项要求，是非常困

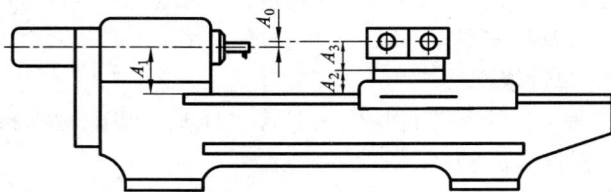

图4-10 转塔车床转塔自身加工修配

难的。当采用自身加工修配法时，这些表面在装配前不进行加工，而是在转塔装配到机床上后，在主轴上装镗杆，使镗刀旋转，转塔作纵向进给运动，依次精镗出转塔上的六个孔；再在主轴上装个能径向进给的小刀架，刀具边旋转边径向进给，依次精加工出转塔的六个平面。这样可方便地保证上述两项精度要求。

修配法的特点是各组成环零、部件的公差可以扩大，按经济精度加工，从而使制造容易，成本低。装配时可利用修配件的有限修配量达到较高的装配精度要求，但装配中零件不能互换，装配劳动量大（有时需拆装几次），生产率低，难以组织流水生产，装配精度依赖于工人的技术水平。修配法适用于单件和成批生产中精度要求较高的装配。

五、调整法

在成批大量生产中，对于装配精度要求较高而组成环数目较多的尺寸链，也可以采用调整法进行装配。调整法与修配法在补偿原则上相似的，只是它们的具体做法不同。调整装配法也是按经济加工精度确定零件公差的。由于每一个组成环公差扩大，结果使装配时封闭环的误差会超差。故在装配时用改变产品中可调整零件的位置或选用合适的调整件以达到装配精度。

调整装配法与修配法的区别是，调整装配法不是靠去除金属层，而是靠改变补偿件的位置或更换补偿件的方法来保证装配精度。

根据补偿件的调整特征，调整法可分为可动调整，固定调整和误差抵消调整三种装配方法。

1. 可动调整装配法

用改变调整件的位置来达到装配精度的方法，叫做可动调整装配法。调整过程中不需要拆卸零件，比较方便。

采用可动调整装配法可以调整由于磨损、热变形、弹性变形等所引起的误差。所以它适用于高精度和组成环在工作中易于变化的尺寸链。

机械制造中采用可动调整装配法的例子较多。例如图4-11（a）依靠转动螺钉调整轴承外环的位置以得到合适的间隙；图4-11（b）是用调整螺钉通过垫板来保证车床溜板和床身导轨之间的间隙；图4-11（c）是通过转动调整螺钉，使斜楔块上、下移动来保证螺母和丝杠

之间的合理间隙。

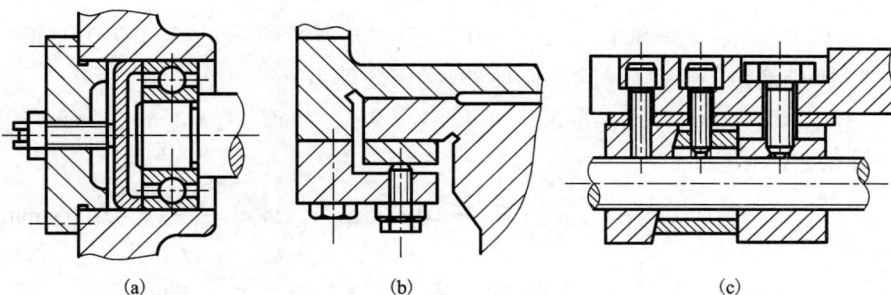

图 4 – 11　可动调整

2. 固定调整装配法

固定调整装配法是在尺寸链中选择一个零件（或加入一个零件）作为调整环，根据装配精度来确定调整件的尺寸，以达到装配精度的方法。常用的调整件有轴套、垫片、垫圈和圆环等。改变补偿环的实际尺寸的方法是根据封闭环公差与极限偏差的要求，分别装入不同尺寸的补偿环。例如补偿环是减环，因放大组成环公差后使封闭环尺寸较大时，就取较大的补偿环装入；反之，当封闭环实际尺寸较小时，就取较小的补偿环装入。为此，需要预先按一定的尺寸要求，制成若干组不同尺寸的补偿环，供装配时选用。

图 4 – 12(a) 所示为车床主轴齿轮组件的装配示意图。按照装配技术要求，当隔套（尺寸 A_2）、齿轮（尺寸 A_3）、垫圈（尺寸 A_K）和弹性挡圈（尺寸 A_4）装在主轴（尺寸 A_1）上后，齿轮的轴向间隙 A_0 应在 0.05 ~ 0.20 mm 范围内。已知 $A_1 = 115$ mm，$A_2 = 8.5$ mm，$A_3 = 2.5$ mm，$A_K = 9$ mm。

建立以轴向间隙 $A_0 = 0.05 ~ 0.20$ mm 为封闭环的装配尺寸链图［图 4 – 12(b)］。其中组成环有：A_1 为增环，A_2，A_3，A_4 和 A_K 均为减环。若采用完全互换装配法，则各组成环的平均极值公差为

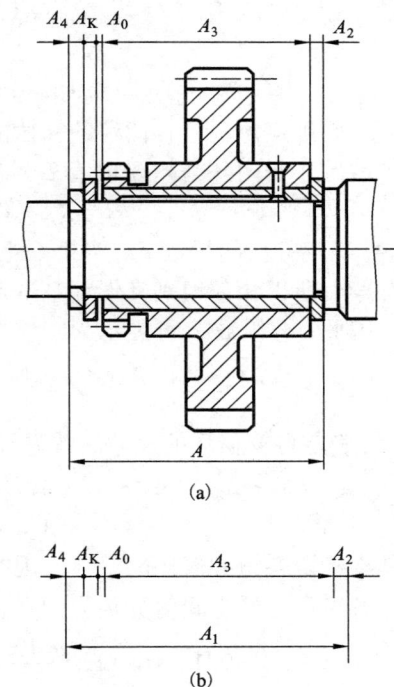

图 4 – 12　车床主轴齿轮组件的装配示意图及装置尺寸链

（a）装配示意图；（b）装配尺寸链

$$\overline{T} = \frac{T_0}{5} = 0.03 \text{ mm} \tag{4 – 19}$$

显然，由于组成环的平均公差太小，加工困难，不宜采用完全互换装配法，现采用固定调整法。计算尺寸链的步骤和方法如下：

（1）选择补偿环。组成环 A_K 为垫圈，形状简单，制造容易，装拆也方便，故选择 A_K 为补偿环。

(2)确定各组成环的公差和偏差。根据各组成环所采用加工方法的经济精度确定其公差:

$$T_1 = 0.15 \text{ mm}, \ T_2 = 0.1 \text{ mm}, \ T_3 = 0.1 \text{ mm}, \ T_4 = 0.12 \text{ mm}, \ T_K = 0.03 \text{ mm}$$

按"入体原则"确定各组成环(除补偿环外)的极限偏差:

$$A_1 = 115_0^{+0.15} \text{ mm}, \ A_2 = 8.5_{-0.1}^0 \text{ mm}, \ A_3 = 95_{-0.1}^0 \text{ mm}, \ A_4 = 2.5_{-0.12}^0 \text{ mm}$$

计算各环的中间偏差:

$$\Delta_0 = \frac{0.05 + 0.2}{2} = 0.125 \text{ mm}, \ \Delta_1 = \frac{0.15}{2} = 0.075 \text{ mm}, \ \Delta_2 = \frac{-0.1}{2} = -0.05 \text{ mm},$$

$$\Delta_3 = \frac{-0.1}{2} = -0.05 \text{ mm}, \ \Delta_4 = \frac{-0.12}{2} = -0.06 \text{ mm}$$

(3)计算补偿量 F 和补偿的补偿能力 S。采用固定调整法时,由于放大组成环公差,装配后的实际封闭环的公差必然超出设计要求的公差,其超差量需要补偿环,该补偿环 F 等于超差量。若分别用 T_{0L}、T_0 表示实际封闭环的极值公差(含补偿环)和封闭环公差的要求值,那么

$$F = T_{0L} - T_0 = (0.15 + 0.1 + 0.1 + 0.12 + 0.03) - 0.15 = 0.35 \text{ mm} \qquad (4-20)$$

接着要确定每一组补偿环的补偿能力 S。若忽略补偿环的制造公差 T_K,则补偿环的补偿能力 S 就等于封闭环公差要求值 T_0;若考虑补偿环的公差 T_K,则补偿环的补偿能力为

$$S = T_0 - T_K = 0.15 - 0.03 = 0.12 \text{ mm} \qquad (4-21)$$

(4)确定补偿的组数 Z。当第一组补偿环无法满足补偿要求时,就需要相邻彝族的补偿环来补偿。所以相邻组别补偿环基本尺寸之差也应等于补偿能力 S,以保证补偿作用的连续进行。因此,分组数 Z 可表示为

$$Z = \frac{F}{S} + 1 = \frac{0.35}{0.12} + 1 = 3.92 \approx 4 \qquad (4-22)$$

(5)确定各补偿环的尺寸。首先计算补偿环的中间偏差和中间尺寸分别为

$$\Delta_K = \Delta_1 - \Delta_0 - (\Delta_2 + \Delta_3 + \Delta_4) = 0.075 - 0.125 - (-0.05 - 0.05 - 0.06) \text{ mm},$$

$$A_{KM} = 9 + 0.11 = 9.11 \text{ mm}。$$

其次确定各组补偿环的尺寸。因补偿环的组数为偶数,故求得的 A_{KM} 就是补偿环的对称中心。各组尺寸的中间值分别为:

$$A_{K_1M} = 9.11 + 0.12 + \frac{0.12}{2} = 9.29 \text{ mm}, \ A_{K_2M} = 9.11 + \frac{0.12}{2} = 9.17 \text{ mm},$$

$$A_{K_3M} = 9.11 - \frac{0.12}{2} = 9.05 \text{ mm}, \ A_{K_4M} = 9.11 - 0.12 - \frac{0.12}{2} = 8.93 \text{ mm}$$

因而各组尺寸为

$$A_{K_1} = (9.29 \pm 0.015) \text{ mm}, \ A_{K_2} = (9.17 \pm 0.015) \text{ mm},$$

$$A_{K_3} = (9.05 \pm 0.015) \text{ mm}, \ A_{K_4} = (8.93 \pm 0.015) \text{ mm}$$

按"入体原则"标注补偿环的极限偏差可得

$$A_{K_1} = 9.305_{-0.03}^0 \approx 9.31_{-0.03}^0 \text{ mm}, \ A_{K_2} = 9.185_{-0.03}^0 \approx 9.19_{-0.03}^0 \text{ mm},$$

$$A_{K_3} = 9.065_{-0.03}^0 \approx 9.07_{-0.03}^0 \text{ mm}, \ A_{K_4} = 8.945_{-0.03}^0 \approx 8.95_{-0.03}^0 \text{ mm}$$

3. 误差抵消调整装配法

误差抵消调整法是通过调整几个补偿环的相互位置,使其装配误差相互抵消一部分,从

而使封闭环达到其公差与极限偏差要求的方法。误差抵消调整法和可动调整法相似，所不同的是补偿环是矢量，且多于一个。常见的补偿环是轴承件的跳动量、偏心量和同轴度等。

下面以车床主轴锥孔轴线的径向圆跳动为例，说明误差抵消调整法的原理。图 4 – 13 所示是卧式车床第 G6 项精度标准的检验方法。标准中规定，将检验棒插入主轴锥孔内，检验径向圆跳动：A 处（靠近端面）——公差为 0.01 mm；B 处（距 A 处 300 mm）——公差为 0.02 mm（最大工件回转直径 $D_0 \leq 800$ mm 时）。

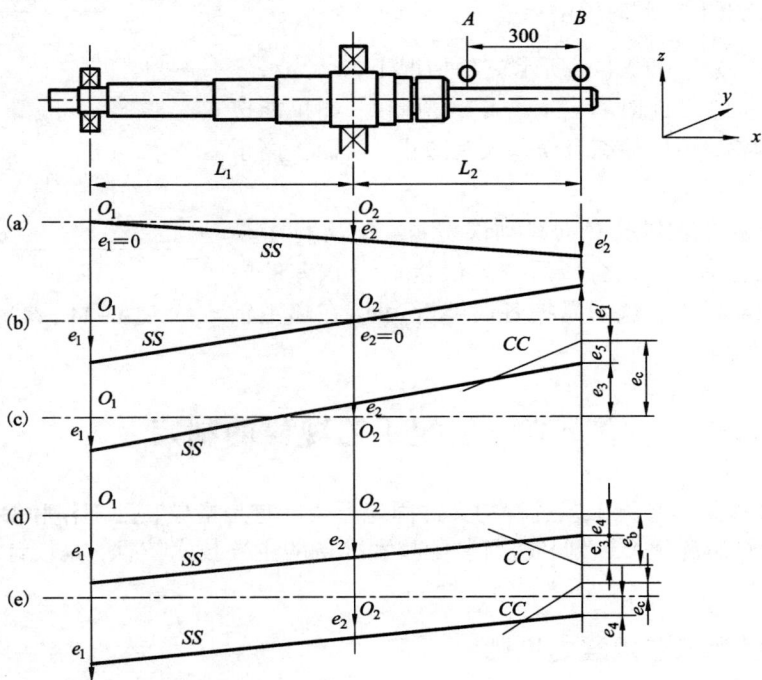

图 4 – 13　主轴锥孔轴线径向圆跳动的误差抵消调整法

设前后轴承外环内滚道的中心分别为 O_2 和 O_1，它们的连线即主轴回转轴线，被测的主轴锥孔轴线的径向圆跳动就是相对于 $\overline{O_1O_2}$ 轴线而言。现分析 B 处的径向圆跳动误差。引起 B 处径向圆跳动误差的因素有：e_1 为后轴承内环孔轴线对外环内滚道轴线的偏心量；e_2 为前轴承内环孔轴线对外环内滚道轴线的偏心量；e_s 为主轴锥孔轴线 $\overline{CC}$ 对其轴颈轴线 $\overline{SS}$ 的偏心量。

图 4 – 13(a) 说明，当只存在 e_2 时，在 B 处引起的主轴轴颈轴线 SS 与主轴回转轴线的同轴度误差为 $e_2' = \dfrac{L_1 + L_2}{L_1} e_2$。

图 4 – 13(b) 说明，当只存在 e_1 时，在 B 处引起的主轴轴颈线 SS 与主轴回转轴线的同轴度误差：$e_1' = \dfrac{L_2}{L_1} e_1$。

图 4 – 13(c) 表示 e_s，e_1 和 e_2 同时存在，前后轴承跳动方向位于主轴轴心线两侧，且两者的合成误差 e_3 又与 e_s 方向相同，此时跳动误差为 $e_c = e_s = e_3 = e_s + (e_2' + e_2') = e_s + \dfrac{L_2}{L_1} e_1 +$

93

$$\frac{L_1 + L_2}{L_1} e_2。$$

图 4-13(d)说明主轴前后轴承径向跳动方向位于主轴轴心线同一侧,且两者的合成误差 e_4 又与 e_s 方向相同,此时跳动误差为 $e_d = e_s + e_4 = e_s + (e'_1 - e'_2) = e_s + \dfrac{L_2}{L_1} e_1 - \dfrac{L_1 + L_2}{L_1} e_2$。

图 4-13(e)说明主轴前后轴承径向跳动方向位于主轴轴心线同一侧,且两者的合成误差 e_4 又与 e_s 方向相反,此时跳动误差为:$e_3 = e_s - (e'_2 - e'_1) = e_s + \dfrac{L_1 + L_2}{L_1} e_2 + \dfrac{L_2}{L_1} e_1$。

在图 4-13(c)、(d)、(e)所示三种情况下,e_1、e_2、e_s 都分布在同一截面上,此时有 $e_c > e_d > e_e$。所以,如果能按 e_e 的情况进行调整,可以使综合误差大为减小,从而提高了装配精度。

当前后轴承和主轴锥孔径向跳动误差 e_1、e_2 及 e_s 不是分布在同一截面上时,它们合成后的总误差 e_0 是误差的向量和,如图 4-14 所示。这图是把各误差量表示 在离主轴端某一截面处的情形。

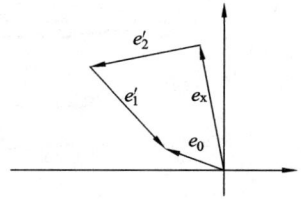

图 4-14　误差向量合成

第三节　装配工艺规程的制定

装配工艺规程是指装配工艺过程的文件固定形式。它是指导装配工作和保证装配质量的技术文件,是制订装配生产计划和进行装配技术准备的主要技术依据,是设计和改造装配车间的基本文件。

一、制订装配工艺规程的原则

装配是机器制造和修理的最后阶段,是机器质量的最后保证环节。在制订装配工艺规程时应遵循以下原则:
(1)保证并力求提高产品装配质量,以延长产品的使用寿命。
(2)合理安排装配工序,尽量减少钳工装配工作量,以提高装配生产率。
(3)尽可能减少装配车间的生产面积,以提高单位面积生产率。

二、制订装配工艺规程的原始资料

在制订装配工艺规程时,通常应具备以下原始资料:
(1)机械产品的总装配图、部件装配图以及有关的零件图。
(2)机械产品装配的技术要求和验收的技术条件。
(3)产品的生产纲领及生产类型。
(4)现有生产条件。其中包括装配设备、车间面积、工人的技术水平等。

三、制订装配工艺规程的步骤

1. 产品分析

(1)研究产品的装配图和部件图,审查图样的完整性和正确性。

94

（2）明确产品的性能、工作原理和具体结构。

（3）对产品进行结构工艺性分析，明确各零部件间的装配关系。

（4）研究产品的装配技术要求和验收标准，以便制定相应措施予以保证。

（5）进行必要的装配尺寸链的分析与计算。

在产品的分析过程中，如发现问题，应及时提出，并同有关工程技术人员进行协商解决，报主管领导批准后执行。

2. 确定装配组织形式

在装配过程中，产品结构的特点和生产纲领不同，所采用的装配组织形式也不相同。常见的装配组织形式有固定式装配和移动式装配两种。

固定式装配是指产品或部件的全部装配工作都安排在某一固定的装配工作地上进行的装配。在装配过程中产品的位置不变，装配所需要的所有零部件都汇集在工作地附近。其特点是要求装配工人的技术水平较高，占地面积较大，装配生产周期较长，生产率较低。因此，它主要适用于单件小批生产以及装配时不便于或不允许移动的产品的装配，如新产品试制或重型机械的装配等。

移动式装配是指在装配生产线上，通过连续或间歇式的移动，依次通过各装配工作地，以完成全部装配工作的装配。其特点是装配工序分散，每个装配工作地重复完成固定的装配工序内容，广泛采用专用设备及工具，生产率高，但要求装配工人的技术水平不高。因此，多用于大批大量生产，如汽车、柴油机等的装配。

装配组织形式的选择主要取决于产品结构特点（包括尺寸、重量和装配精度等）和生产类型。

3. 划分装配单元

装配单元的划分，就是从工艺的角度出发，将产品划分为若干个可以独立进行装配的组件或部件，以便组织平行装配或流水作业装配。这是设计装配工艺规程中最重要的工作，这对于大批大量生产中装配那些结构较为复杂的产品尤为重要。

4. 确定装配顺序

在确定各级装配单元的装配顺序时，首先要选定某一零件或比它低一级的装配单元（或组件或部件）作为装配基准件（装配基准件一般应是产品的基体或主干零件，一般应有较大的体积、重量和足够大的承压面）；然后再以此基准件作为装配的基础，按照装配结构的具体情况，根据"预处理工序先行，先下后上，先内后外，先难后易，先重大后轻小，先精密后一般"的原则，确定其他零件或装配单元的装配顺序；最后用装配工艺系统图（如图 4-15 所示车床床身部件的装配工艺系统图 4-16）或装配工艺卡（如表 4-5 所示）的形式表示出来。

5. 划分装配工序，进行工序设计

根据装配的组织形式和生产类型，将装配工艺过程划分为若干个装配工序。其主要任务是：

（1）划分装配工序，确定各装配工序内容。

（2）确定各工序所需要的设备及工具；如需专用夹具和设备，须提出设计任务书。

（3）制订各工序的装配操作规范；例如过盈配合的压入力，装配温度、拧紧紧固件的额定扭矩等。

（4）规定装配质量要求与检验方法。

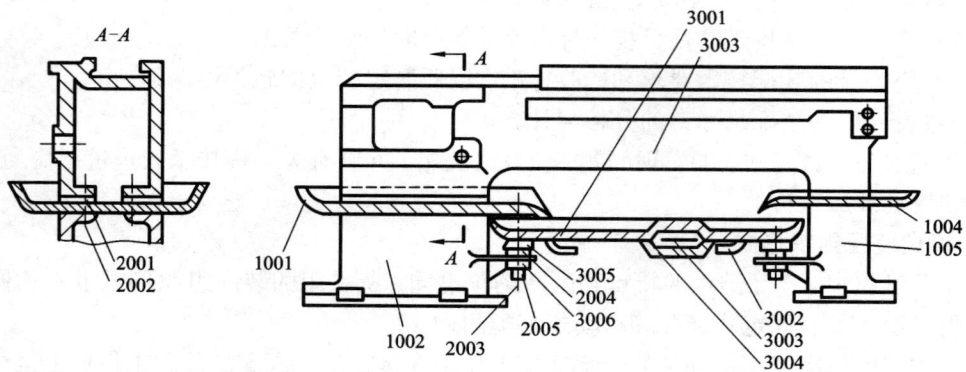

图 4-15　车床床身部件图

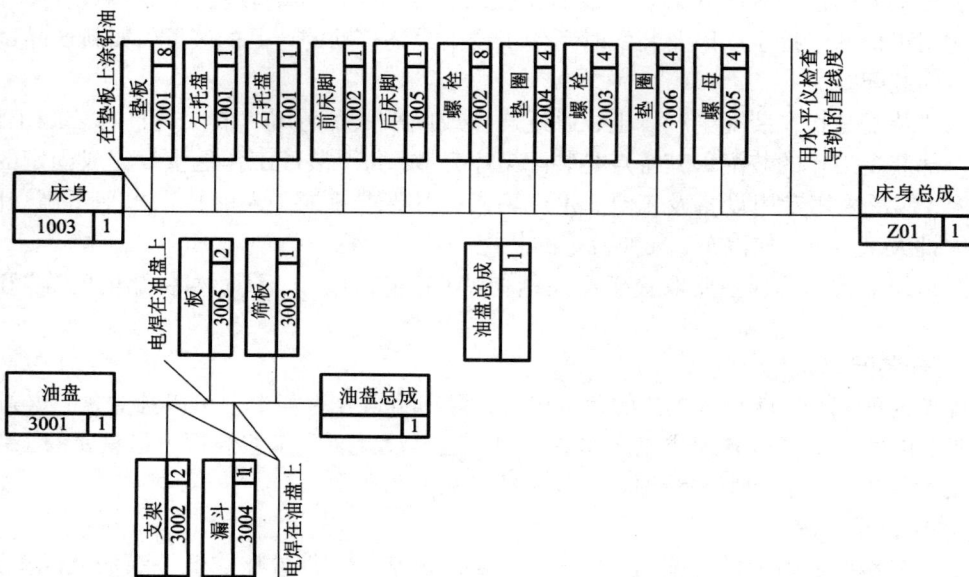

图 4-16　车床床身部件装配工艺系统图

（5）确定时间定额,平衡各工序的装配节拍。

6. 填写装配工艺文件

在单件小批生产时,通常不制订装配工艺文件,仅绘制装配系统图即可。成批生产时,应根据装配系统图分别制订出总装和部装的装配工艺过程卡,关键工序还需要制订装配工序卡。大批大量生产时,每一个工序都要制订出装配工序卡,详细说明该工序的装配内容,用以直接指导装配工人进行操作。

7. 制订产品的试验验收规范

产品装配后,应按产品的要求和验收标准进行试验验收。因此,还应制订出试验验收规范。其中包括试验验收的项目、质量标准、方法、环境要求、试验验收所需的工艺装备、质量问题的分析方法和处理措施等等。

四、减速器装配实例

如图 4 – 17 所示为蜗轮与圆锥齿轮减速器装配简图，它具有结构紧凑、工作平稳、噪音小、传动比大等特点。减速器的运动由联轴器输入，经蜗杆传给蜗轮，再借助于蜗轮轴上的平键将运动传给圆锥齿轮副，最后由安装在圆锥齿轮轴上的圆柱齿轮输出。

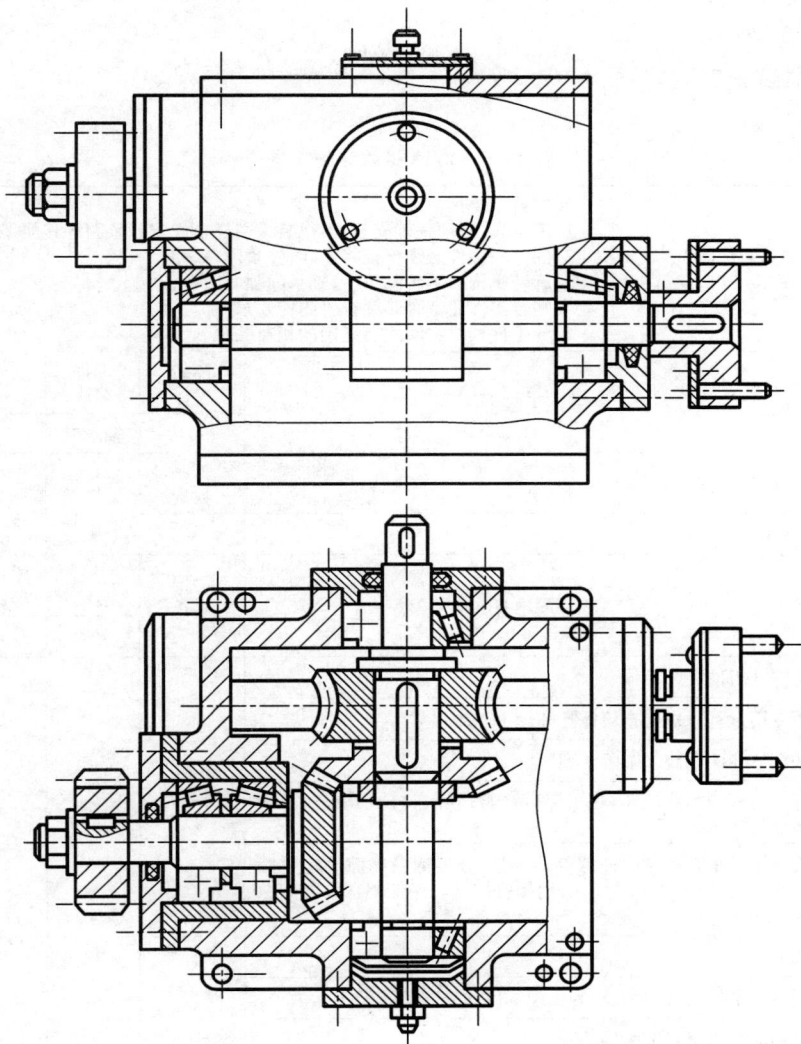

图 4 – 17　减速器装配简图

1. 减速器装配的技术要求

（1）按照减速器的装配技术要求必须将零件和组件正确地安装在规定的位置上，不得装入图样中没有的其他任何零件（如垫圈、衬套之类的零件）。

（2）固定连接件必须将零件或组件牢固地连接在一起。

（3）各轴线之间应有正确的相对位置，且轴承间隙合适，旋转机构能灵活地转动。

(4)各运动副应有良好的润滑,且不得有润滑油渗漏现象。

(5)啮合零件(如蜗轮副、齿轮副)必须符合图样规定的技术要求。

2. 减速器的装配工艺过程

(1)零件的清洗、整形及补充加工(如配钻、配铰等)。

(2)减速器的预装配,即将相配合零件先进行试装配。

(3)组件的装配。

(4)总装配及调试。

3. 减速器装配工艺规程

表 4－5　减速器总装配工艺卡

减速器总装配图 (见图4－17)	装配技术要求 1. 零、组件必须正确安装,不得装入图样未规定的垫圈等其他零件 2. 固定联接件必须保证将零、组件紧固在一起 3. 旋转机构必须转动灵活,轴承间隙合适 4. 啮合零件的啮合必须符合图样要求 5. 各零件轴线之间应有正确的相对关系

工　厂	装配工艺卡		产品 型号	部件 名称	装配图号	
				轴承套		
车间名称	工　段	班组	工序 数量	部件数	净　重	
装配车间			4	1		

工序 号	工步 号	装配内容	设备	工艺 装备 名称	工人 等级 编号	工序时间
I	1	将蜗杆组件装入箱体	压力机			
	2	用专用量具分别检查箱体孔和轴承外圈尺寸				
	3	从箱体孔两端装入轴承外圈				
	4	装上右端轴承盖组件,并用螺钉拧紧,轻敲蜗杆轴端,使右端轴承消除间隙				
	5	装入调整垫圈和左端轴承盖,并用百分表测量间隙确定垫圈厚度,然后将上述零件装入,用螺钉拧紧。保证蜗杆轴向间隙为 0.01～0.02 mm				
II	1	试装	压力机			
	2	用专用量具测量轴承、轴等相配零件的外圈及孔尺寸				
	3	将轴承装入蜗轮轴两端				
	4	将蜗轮轴通过箱体孔,装上蜗轮、锥齿轮、轴承外圈、轴承套、轴承盖组件				
	5	移动蜗轮轴,调整蜗杆与蜗轮正确的啮合位置,测量轴承端面至7L端面距离,并调整轴承盖台肩尺寸。(台肩尺寸 = $H^0_{-0.02}$)				
	6	装上蜗轮轴两端轴承盖,并用螺钉拧紧				
	7	装入轴承套组件,调整两锥齿轮正确的啮合位置(使齿背齐平)分别测量轴承套肩面与孔端面的距离以及锥齿轮端面与蜗轮端面的距离,并调好垫圈尺寸,然后卸下各零件				

98

工序号	工步号	装配内容	设备	工艺装备 名称	工人等级 编号	工序时间
Ⅲ	1	最后装配	压力机			
	2	从大轴孔方向装入蜗轮轴,同时依次将键、蜗轮、垫圈、锥齿轮、带翅垫圈和圆螺母装在轴上。然后箱体轴承孔两端分别装入滚动轴承及轴承盖,用螺钉拧紧并调整好间隙。装好后,用手转动蜗杆时,应灵活无阻滞现象				
	3	将轴承套组件与调整垫圈一起装入箱体,并用螺钉紧固				
Ⅳ		安装联轴器及箱盖零件				
Ⅴ		运转试验 清理内腔,注入润滑油,连上电动机,接上电源,进行空转试车。运转 30min 左右后,要求传动系统噪声及轴承温度不超过规定要求以及符合其他各项技术要求				
						共 张

编号	日期	签章	编号	日期	签章	编制	移交	批准	第 张

习　题

4 – 1　说明装配尺寸链中组成环、封闭环、相依环(协调环)和公共环的含意。

4 – 2　保证机器或部件装配精度的主要方法有几种?

4 – 3　极值法解尺寸链与概率法解尺寸链有何不同?各用于何种情况?

4 – 4　何谓修配法?其适用的条件?采用修配法获得装配精度时,选取修配环的原则是什么?若修配环在装配尺寸链中所处的性质(指增环或减环)不同时,计算修配环尺寸的公式是否相同?为什么?

4 – 5　何谓选配装配法?其适用的条件?如果相配合工件的公差不等,采用分组互换法将产生什么后果?

4 – 6　何谓调整法?可动调整法、固定调整法和误差抵消调整法各有什么优缺点?

4 – 7　制订装配工艺规程的原则及原始资抖是什么?制订装配工艺的步骤是什么?

4 – 8　图 4 – 18 所示 CA6140 车床主轴法兰盘装配图,根据技术要求,主轴前端法兰盘与床头箱端面间保持间隙在 0.38 ~ 0.95 mm 范围内,试查明影响装配精度的有关零件上的尺寸,并求出有关尺寸的上、下偏差。

4 – 9　图 4 – 19 所示为齿轮箱部件,根据使用要求齿轮轴肩与轴承端面间的轴向间隙应在 1 ~ 1.75 mm 之间范围内。若已知各零件的基本尺寸为 $A_1 = 101$ mm,$A_2 = 50$ mm,$A_3 = A_5 = 5$ mm,$A_4 = 140$ mm。试确定这些尺寸的公差及偏差。

4 – 10　图 4 – 20 所示主轴部件,为保证弹性挡圈能顺利装入,要求保持轴向间隙为 $A_0 = 0^{+0.42}_{+0.05}$ mm。已知条件: $A_1 = 32.5$ mm,$A_2 = 35$ mm,$A_3 = 2.5$ mm,试计算确定各组成零件尺寸的上、下偏差。

4-11 图 4-21 所示为键槽与键的装配尺寸结构。其尺寸是：$A_1 = 20$ mm，$A_2 = 20$ mm，$A_0 = 0^{+0.15}_{+0.05}$ mm。

1）当大批量生产时，采用完全互换法装配，试求各组成零件尺寸的上下偏差。

2）当小批量生产时，采用修配法装配；试确定修配的零件并求出各有关零件尺寸的公差。

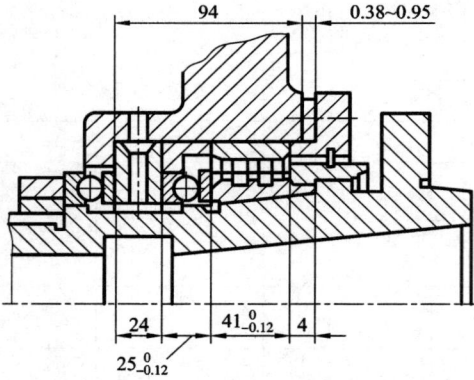

图 4-18

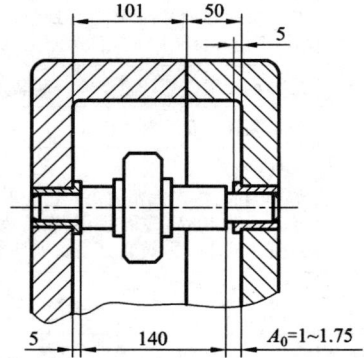

图 4-19

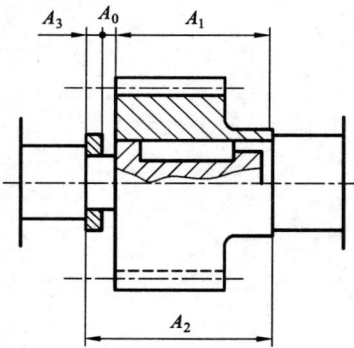

图 4-20

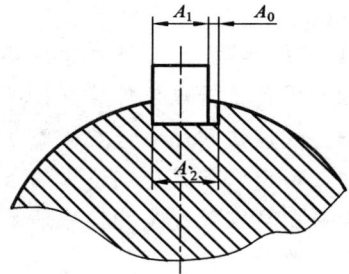

图 4-21

4-12 图 4-22 所示为某一齿轮机构的局部装配图。装配后要求保证轴右端与右端轴承端面之间的间隙在 0.05~0.25 mm 内，试用极值法和概率法计算各组成环的尺寸公差及上、下偏差，并比较两种方法的结果。

4-13 查明图 4-23 所示立式铣床总装时，保证主轴回转轴线与工作台面之间垂直度精度的装配尺寸链。

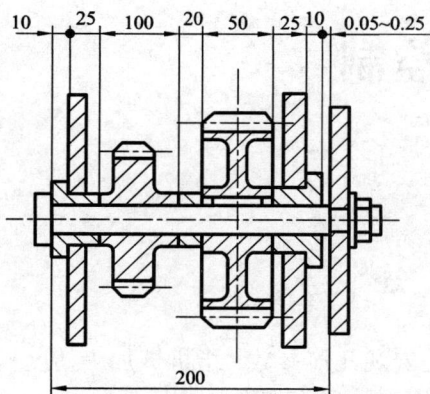

图 4 – 22

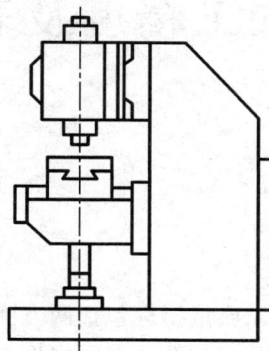

图 4 – 23

第5章
机械加工精度及表面质量控制

第一节 概　述

机械加工质量指标包括两方面的参数：一方面是宏观几何参数，指机械加工精度；另一方面是微观几何参数和表面物理－力学性能等方面的参数，指机械加工表面质量。

一、机械加工精度

机械加工精度是指零件加工后的实际几何参数(尺寸大小、几何形状、表面间的相互位置)与图纸规定的理想几何参数的符合程度，由于机械加工中的种种原因，不可能把零件做得绝对符合理想值，总会产生偏差，这种偏差即加工误差。实际生产加工中加工精度的高低用加工误差的大小来表示。加工误差越大，加工精度越低。

二、机械加工表面质量

机械加工表面质量是指零件经过机械加工后的表面层状态。机械加工表面质量又称为表面完整性，其含义包括两个方面的内容：

(1)表面层的几何形状特征。表面层的几何形状主要由以下几部分组成：

①表面粗糙度。它是指加工表面上较小间距和峰谷所组成的微观几何形状特征，即加工表面的微观几何形状误差，其评定参数主要有轮廓算术平均偏差 Ra 或轮廓微观不平度十点平均高度 Rz。

②表面波度。它是介于宏观几何形状误差与微观表面粗糙度之间的周期性误差，它主要是由机械加工过程中低频振动引起的，应作为工艺缺陷设法消除。

③表面加工纹理。它是指表面切削加工刀纹的形状和方向，取决于表面形成过程中所采用的机加工方法及其切削运动的规律。

④表面缺陷。它是指在加工表面个别位置上出现的缺陷，如砂眼、气孔、微裂纹、划痕等，它大多随机分布。

(2)表面层的物理力学性能。表面层的物理力学性能主要是指以下三个方面的内容：

①表面层的加工冷作硬化。

②表面层金相组织的变化。

③表面层的残余应力。

第二节　影响机械加工精度的因素

在机械加工过程中，由机床、刀具、夹具和工件等组成的一个完整的统一体，称为工艺系统，工艺系统中各环节都存在误差，使工件和刀具之间的正确几何关系遭到破坏而产生加工误差。系统误差是加工误差的根源，因此工艺系统的误差称为原始误差。原始误差来自两方面：一方面是在加工前就存在的工艺系统本身的误差（几何误差），包括加工原理误差，机床、夹具、刀具的制造误差，工件的装夹误差，工艺系统调整误差，磨损误差；另一方面是在加工工艺过程中工艺系统的受力变形、受热变形、残余应力等引起的误差。

一、工艺系统 的几何误差对加工精度的影响

（一）加工原理误差

加工原理误差是指由于采用了近似的加工运动或者近似的刀具廓形进行加工而产生的误差。例如滚齿加工常常存在两种原理误差：一种是为了避免加工刀具制造刃磨的困难，常采用阿基米德基本蜗杆或法向直廓基本蜗杆的滚刀来代替渐开线基本蜗杆的滚刀而产生的造型误差；另一种是由于齿轮滚刀刀齿数有限，齿轮的齿形实际上是一条折线，而不是一条光滑的渐开线，与理论上的渐开线相比存在着齿形误差。在生产实际中采用近似加工方法的实例很多，采用此方法虽然会带来加工原理误差，但可以简化机床的结构和刀具的形状，降低成本，提高生产率，但由此带来的原理误差必须控制在允许的范围内。

（二）工艺系统的几何误差

1. 机床的几何误差

机床几何误差包括机床本身各部件的制造误差、安装误差和使用过程中的磨损引起的误差。其中对加工精度影响较大的误差有：机床主轴回转误差、机床导轨误差和机床传动链误差。

（1）主轴回转误差。机床主轴是用来安装工件或刀具并将运动和动力传递给工件或刀具的重要零件，它直接影响被加工工件的加工精度，尤其是在精加工时，机床主轴的回转误差往往是影响加工精度的主要因素，为了保证加工精度，机床主轴回转时其回转轴线的空间位置应是稳定不变的，但实际上由于受主轴部件结构、制造、装配、使用等种种因素的影响，主轴在每一瞬时回转轴线的空间位置都是变动的，即存在着回转误差。如图 5 - 1，它可分为三种基本形式：纯径向跳动、纯角度摆动和轴向窜动。不同形式的的主轴回转误差对加工精度的影响不同，同一形式的回转误差在不同的加工方式（例如车削和镗削）中对加工精度的影响也不一样。现举几个简单情况下的特例说明：

主轴纯径向跳动：在镗孔时，镗刀随主轴旋转，工件不转，假设由于主轴的径向跳动，

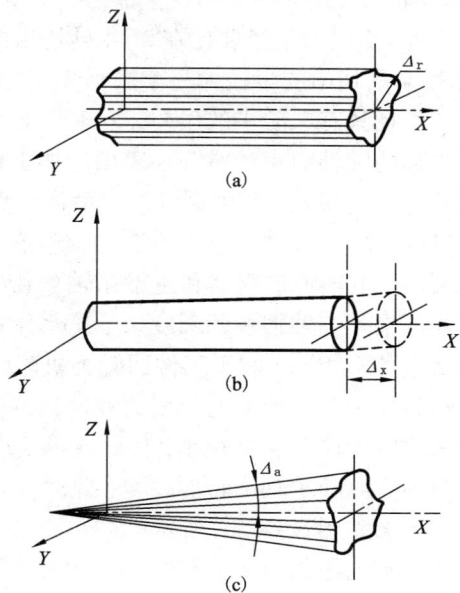

图 5 - 1　主轴回转误差的基本形式
（a）纯径向跳动；（b）纯轴向窜动；（c）纯角度摆动

使主轴轴线在 Y 坐标方向上作简谐振动如图 5 - 2 所示，其频率与主轴每秒的转数相同，振幅

为 A；再设在最大偏移等于 A 时，刀尖刚好通过 1 点，则当刀尖转过一个角度时，刀尖轨迹在 z 和 y 的坐标位置分别为：

$$\begin{cases} y = A\cos\varphi + R\cos\varphi = (A+R)\cos\varphi \\ z = R\sin\varphi \end{cases}$$

将上两式两边平方得：

$$\begin{cases} y^2 = (A+R)^2\cos^2\varphi \\ z^2 = R^2\sin^2\varphi \end{cases}$$

即：

$$\frac{y^2}{(A+R)^2} + \frac{z^2}{R^2} = \cos^2\varphi + \sin^2\varphi = 1 \qquad (5-1)$$

此方程为一个椭圆方程，故此，由于主轴的纯径向跳动，在镗床上镗孔时会出现椭圆形。

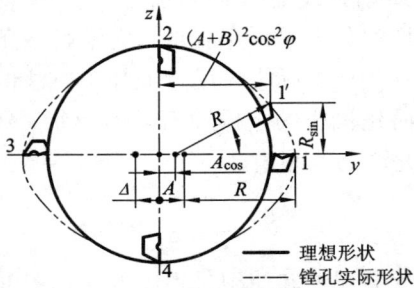

图 5-2　纯径向跳动对镗孔圆度的影响

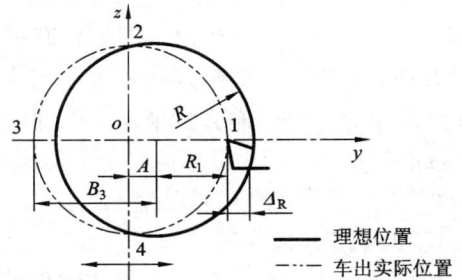

图 5-3　纯径向跳动对车削圆度的影响

车削时，如图 5-3 仍设主轴轴线沿 Y 坐标方向作简谐振动，则在工件 1 处（主轴中心偏移最大处）切出的半径要比 2、4 处切出的半径小一个振幅振 A；而在工件 3 处切出的半径则比 2、4 处切出的半径大一个振幅 A。这样，在上述四点的工件直径相等，而在其他各点所形成的直径只有二阶小的误差，故车削出的工件表面接近于一个真圆，但中心偏移。

主轴的纯轴向窜动对圆柱表面的加工精度没有影响，但在加工端面时，则会产生端面与轴线的垂直度误差，车削螺纹时也会产生螺距的周期性误差。

机床主轴是以其轴颈支承在主轴箱前后轴承内的，因此影响主轴回转精度的主要因素是轴承精度、主轴轴颈精度和主轴箱轴承孔的精度。如果采用滑动轴承，则影响主轴回转精度的主要因素是主轴轴颈的圆度、与其配合的轴承孔的圆度和配合间隙。不同类型的机床其影响因素也各不相同，对于工件回转类机床（如车床、外圆磨床等），因切削力的方向不变，主轴回转时作用在支承上的作用力方向也不变化。此时主轴的支承轴颈的圆度误差影响较大，而轴承的圆度误差影响较小，如图 5-4（a）所示，对于刀具回转类机床（如镗床、铣床等）因切削力的方向随主轴旋转而改变，此时，主轴支承轴颈的圆度误差影响很小，而轴承孔的圆度误差影响如图 5-4（b）所示。

（2）导轨误差。床身导轨是机床中主要部件的安装基准，它的各项误差直接影响零件的加工精度。车床导轨的精度要求，主要有以下三个方面：

①车床导轨在水平面内直线度误差 Δy。如图 5-5，这项误差使刀尖沿着工件半径方向发生位移误差 ΔR_y，$\Delta R_y = \Delta y$，导轨误差将 1:1 的反映为工件表面的圆柱度误差（鞍形或鼓形）。

104

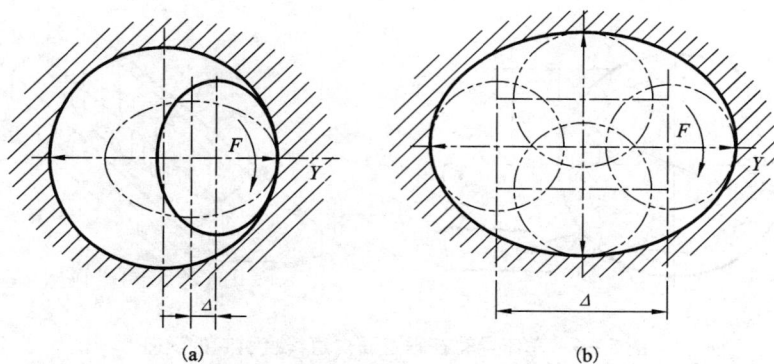

图 5 - 4　不同误差对主轴回转误差的影响

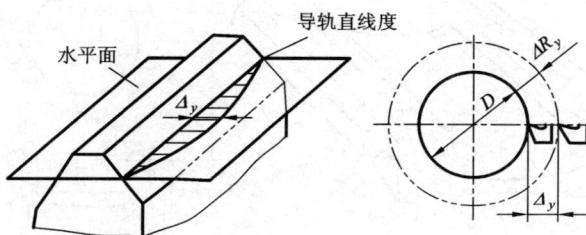

图 5 - 5　车床导轨在水平面内直线度引起的误差

②车床导轨在垂直面内的误差 ΔZ，如图 5 - 6 所示，这项误差将使刀具产生垂直位移，工件表面产生的半径误差 ΔR_z，由图可知：

$$(R + \Delta R_z)^2 = \Delta Z^2 + R^2$$

忽略 ΔR^2 项，可得：

$$\Delta R_z \approx \frac{\Delta Z^2}{2R} \qquad\qquad (5 - 2)$$

即工件直径误差为：

$$\Delta D^2 \approx \frac{2\Delta Z^2}{R} \qquad\qquad (5 - 3)$$

$\Delta R_z = \Delta Z^2/2R$。其值很小，对加工精度的影响可以忽略不计。但是对于龙门刨床、龙门铣床加工薄长件时，由于工件的刚性不足，如果机床导轨为中凹，则工件会中凸。

③导轨的平行度误差，在垂直平面内，两导轨不平行、存在扭曲时，刀架产生倾斜，使刀具相对工件在水平和垂直两个方向上发生偏移，影响加工精度，如图 5 - 7 所示，当前后导轨有平行度误差 δ，则工件半径的变化量 $\Delta R \approx \Delta Y = (H/B)\delta$。一般机床 $H/B \approx 2/3$，因此这项原始误差对加工精度的影响不容忽视；床身导轨与主轴的轴线在水平面内不平行，工件形状为圆锥形，在垂直面内不平行，工件形状为双曲面。

（3）传动链误差。传动链误差是指传动链始末两端传动元件间相对运动的误差。对于某些表面的加工，如车螺纹、滚齿和插齿等，为了保证工件的精度，要求工件和刀具间的运动必须有准确的速比关系。当传动链中的各传动元件（如齿轮、蜗轮、蜗杆等）存在制造误差、

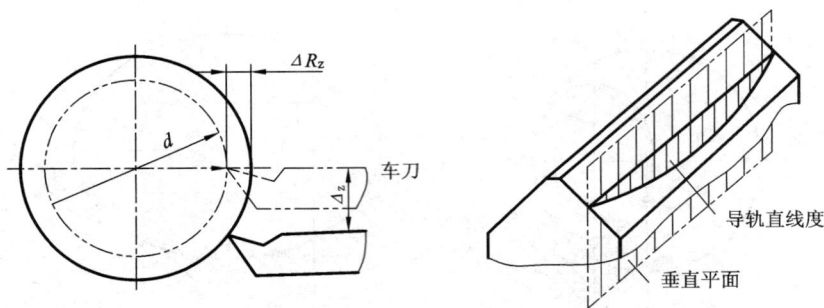

图 5 – 6　车床导轨在垂直面内直线度引起的误差

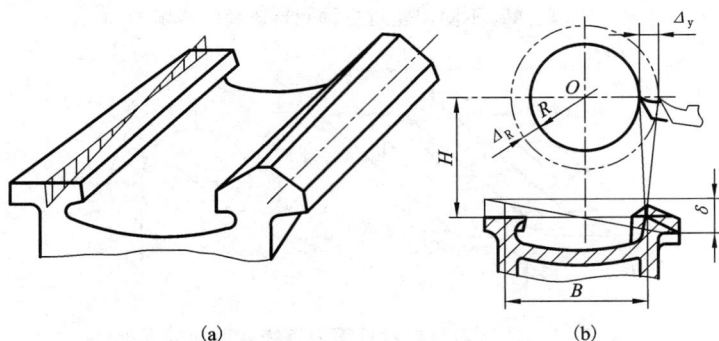

(a)　　　　　　　　　　　(b)

图 5 – 7　车床前后导轨在不平行引起的误差

装配误差和磨损，会破坏正确运动关系，影响刀具与工件间相对运动的正确性使工件产生误差。各元件在传动链中的位置不同，其转角误差对加工精度影响程度不同，为保证传动链的传动精度，应注意保证传动机构尤其是末端传动件的制造和装配精度，尽量减少传动件，缩短传动路线或必要时采用附加的校正机构。

2. 工艺系统其他误差

（1）刀具误差。刀具误差对加工精度的影响，根据刀具种类不同而异。一般刀具（如普通车刀）的制造误差对加工精度没有直接影响，定尺寸刀具（如麻花钻）的尺寸误差直接影响加工工件的尺寸精度。刀具在安装使用中不当，也将影响加工精度。成形刀具（如成形车刀）的制造、安装及磨损误差主要影响被加工工件表面的形状误差。

（2）夹具误差。夹具的作用是使工件相对于刀具和机床具有正确的位置，因此夹具的误差对工件的位置精度和尺寸精度的加工影响很大。夹具误差一般指定位元件、导向元件，及其夹具体等零件的加工和装配误差。夹具磨损将使夹具误差增大，从而使工件的加工误差也相应增大。为了保证工件的加工精度，除了严格保证夹具的制造精度外，必须注意提高夹具易磨损件的耐磨性，当磨损到一定限度后须及时予以更换。

（3）测量误差。工件在加工过程中，要用各种量具进行检验。由于量具本身的制造误差、测量时的接触力、温度、目测正确程度等都直接影响加工误差。因此，要正确地选择和使用量具，以保证测量精度。

（4）调整误差。零件加工的每一个工序中，为了获得被加工表面的形状、尺寸和位置精

106

度，总要进行一些调整工作（如安装夹具、调整刀具尺寸等），由于调整不可能绝对准确，带来的误差称为调整误差。

二、工艺系统受力变形产生的误差

机械加工过程中，工艺系统在夹紧力、切削力、传动力等外力的作用下，各环节将产生相应的变形，使刀具和工件间已调整的正确位置关系遭到破坏而造成加工误差，发生变形和振动等。如车削刚性较差的工件，工件在切削力的作用下会发生变形，加工出的工件出现两头细中间粗的腰鼓形；若工件刚性很好而机床刚性很差，由机床变形引起的"让刀"现象使车出的工件呈两头大，中间小的鞍形。由此可见，工艺系统受力变形是加工中一项很重要的误差来源，它严重地影响工件的加工精度。工艺系统的受力变形通常是弹性变形，一般说来，工艺系统抵抗弹性变形的能力越强，加工精度越高。

1. 工艺系统的刚度

工艺系统在外力的作用下所产生的变形位移大小取决于外力的大小和系统抵抗外力的能力。工艺系统抵抗外力使其变形的能力称为刚度，是以切削力和在该力方向上所引起的刀具和工件间相对变形位移的比值来表示的。由于切削力有三个分力，所以刚度也有相应三个方向的刚度，但是，在切削加工中，对加工精度影响最大的是刀刃沿加工表面的法线方向（背向力）的分力，因此计算工艺系统刚度时，通常只考虑此方向的切削分力 F_p 和变形位移量 y_{xt} 即：

$$K_{xt} = \frac{F_P}{y_{xt}} \tag{5-4}$$

工艺系统由机床、夹具、刀具及工件组成，因此工艺系统受力变形总位移 y_{xt} 是由各组成部分变形位移的叠加。即：

$$y_{xt} = y_{yc} + y_{jj} + y_{dj} + y_g \tag{5-5}$$

根据刚度定义，工艺系统各组成环节的刚度为

机床刚度 $K_{jc} = \dfrac{F_P}{y_{jc}}$，夹具刚度 $K_{jj} = \dfrac{F_P}{y_{jj}}$，刀架刚度 $K_{dj} = \dfrac{F_P}{y_{dj}}$，工件刚度 $K_g = \dfrac{F_P}{y_g}$

则

$$k_{xt} = \frac{F_P}{Y_{xt}} = \frac{1}{\dfrac{1}{K_{jc}} + \dfrac{1}{K_{jj}} + \dfrac{1}{K_{dj}} + \dfrac{1}{K_g}} \tag{5-6}$$

即当知道工艺系统的各组成部分的刚度之后，就可以求出整个工艺系统的刚度，

2. 工艺系统刚度对加工精度的影响

（1）切削过程中随受力点的位置变化而引起的工件尺寸及形状误差。

工艺系统刚度除与系统各组成部分各自的刚度有关外，还随受力点位置的变化而变化以车床上用双顶尖加工光轴为例：

设工件和刀具的刚度都很大，切削加工时工艺系统的变形完全取决于机床的变形，再假设切削过程中切削力保持不变，故刀架的变形 y_{dj} 也保持不变，如图 5-8 所示：车床的床头箱和尾座的变形分别为 y_{ct} 和 y_{wz}，床头箱和尾座的刚度分别为 K_{ct} 和 K_{wz}，设作用在主轴箱和尾座上的力分别为 F_A 和 F_B，则主轴箱和尾座的变形可用下式表示：

$$y_{ct} = \frac{F_A}{K_{ct}} = \frac{l-x}{l} \frac{F_p}{K_{tj}}$$

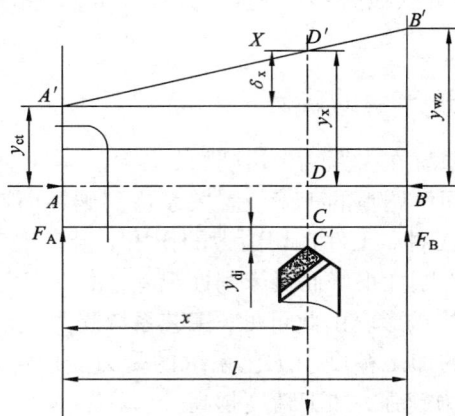

图 5-8　工艺系统变形随切削力位置变化而变化

$$y_{wz} = \frac{F_B}{K_{wz}} = \frac{x}{l} \frac{F_p}{K_{wz}} \tag{5-7}$$

由图中的几何关系可得：

$$\frac{x}{y_x - y_{ct}} = \frac{l}{y_{wz} - y_{ct}}$$

或

$$y_x = \frac{l-x}{l} y_{ct} + \frac{x}{l} y_{wz} \tag{5-8}$$

将 y_{tj} 和 y_{wz} 代入上式得：

$$y_x = \left(\frac{l-x}{l}\right)^2 \frac{F_p}{K_{ct}} + \left(\frac{x}{l}\right)^2 \frac{F_p}{K_{wz}} \tag{5-9}$$

式中：y_x 为车刀在 x 处时机床的变形量

如果再考虑刀架的变形 y_{dj}，则系统的变形为

$$y_{xt} = y_x + y_{dj} = F_p \left[\frac{1}{K_{dj}} + \left(\frac{l-x}{l}\right)^2 \frac{1}{K_{ct}} + \left(\frac{x}{l}\right)^2 \frac{1}{K_{wz}} \right] \tag{5-10}$$

如果工件刚度较差，还应该考虑工件的变形，按简支梁计算

$$y_g = \frac{F_p}{3EI} \frac{(l-x)^2 x^2}{l} $$

则工艺系统的总变形为

$$y_x = F_p \left[\frac{1}{K_{dj}} + \left(\frac{l-x}{l}\right)^2 \frac{1}{K_{ct}} + \left(\frac{x}{l}\right)^2 \frac{1}{K_{wz}} + \frac{(l-x)^2 x^2}{3EIL} \right] \tag{5-11}$$

由此可知，工艺系统的变形在沿工件轴向的各个位置是不同的，所以加工后工件各个横截面上的直径尺寸也不相同，造成了加工后工件的直径误差，$\delta_d = 2y$。

由于受力点位置的不同，引起工件的形状误差（圆柱度、直线度）δ_x，可运用求极值的方法求出极大值，再求 $x=0$ 或者 $x=1$ 时的最小值，两者之差即为工件形状误差 δ_x。

（2）误差复映规律。在车床上加工短轴，工艺系统刚度变化不大，可近似的作为常数。这时由于工件毛坯尺寸误差和形状误差，使加工余量不均匀，或材料硬度不均，引起切削力周期性波动，而使工艺系统受力变形周期性变化，因而产生工件的尺寸误差和形状误差，成

为加工后工件的尺寸误差和形状误差的现象。

如图 5 - 9 所示为车削一个具有偏心的毛坯，将刀尖调整到要求的尺寸（图中双点划线圆），在工件的每一转中，背吃刀量由最小值 t_1 增加到最大值 t_2，由于背吃刀量的变化引起了切削力的变化，使工艺系统的受力变形也发生了相应的变化，其受力变形也相应的由 y_1 变为 y_2，这就是毛坯的圆度误差复映到加工后的工件表面，所以加工偏心的毛坯所得到的工件仍然略有偏心，这种现象称为误差复映。

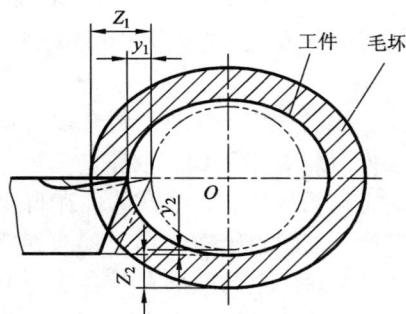

图 5 - 9　切削时误差的复映

根据指数形式的切削力经验计算公式得：

$$F_p = C_{F_p} a_p^{X_{F_p}} F^{Y_{F_p}} v^{Z_{F_p}} K_{F_p}$$

在工艺参数一定的情况下，由于 $X_{F_p} = 1$，有

$$F_p = C a_p^{X_{F_p}} = C a_p \ (C = 常数) \tag{5 - 12}$$

当 a_p 由 a_{p1} 变为 a_{p2} 时，工艺系统的受力变形为

$$y_1 = \frac{C a_{p1}}{K_{xt}}, \ y_2 = \frac{C a_{p2}}{K_{xt}}$$

$$\Delta_{工件} = y_2 - y_1 = \frac{C}{K_{xt}} (a_{p2} - a_{p1}) = \frac{C}{K_{xt}} \big[(z_2 - z_1) - (y_2 - y_1) \big]$$

由于

$$\Delta_{毛坯} = z_2 - z_1$$

所以

$$\Delta_{工件} = \frac{C}{K_{xt} + C} \Delta_{毛坯} \tag{5 - 13}$$

令

$$\varepsilon = \frac{\Delta_{工件}}{\Delta_{毛坯}}$$

则

$$\varepsilon = \frac{C}{K_{xt} + C} \tag{5 - 14}$$

上式表示了加工误差与毛坯误差的比例关系，说明了"误差复映"的规律，ε 定量地反映了毛坯误差经过加工后减少的程度，称为"误差复映系数"，可以看出，工艺系统刚度越高，则 ε 越小，即复映到工件上的误差越小。

若加工中分几次走刀就有几次误差复映，每次进给的复映系数为 $\varepsilon_1, \varepsilon_2, \varepsilon_3, \cdots, \varepsilon_n$，则总的复映系数 $\varepsilon = \varepsilon_1 \varepsilon_2 \varepsilon_3 \cdots \varepsilon_n$，由于 ε_i 总是小于 1，因此，经过几次走刀之后，ε 就会变得很小，加工误差也变得很小，说明工件某一表面的加工采用多次走刀有助于提高加工精度。在成批大量生产中，用调整法加工一批工件时，误差复映规律表现了因毛坯尺寸不一致造成加工后该批工件尺寸的分散。

（3）工艺系统中其他作用力变化引起受力变形的变化而产生的加工误差。切削加工中，高速旋转的零部件(含夹具、工件和刀具)的不平衡将产生离心力;在车床或磨床类机床上加工轴类零件时,常用单爪拨盘带动工件旋转,传动力方向时刻变化,不断改变惯性力或传动力,与切削分力 F_p 的合力大小不断变化,而使工艺系统的受力变形发生变化,进而引起工件的加工误差。

对于刚度较差的工件,若夹紧时施力不当,使工件在变形状态下加工,加工完松夹后由于弹性恢复也会出现加工误差。

在工艺系统中,有些零部件在自身重力下作用下产生的变形也会造成加工误差。例如:龙门铣床、龙门刨床横梁在刀架自重下引起的变形将造成工件的平面度误差。对于大型工件,因自重而产生的变形有时会成为引起加工误差的主要原因。

总之,工艺系统受力变形产生误差(影响加工精度)的问题是十分复杂的。各误差因素在不同的具体情况下,其影响程度不同,因此,在分析生产中存在的具体加工精度问题时,要分清主次,抓住主要矛盾。

3. 提高工艺系统刚度的途径

(1)提高工艺系统中零件的配合质量,以提高接触刚度。由于部件的接触刚度低于零件本身刚度,所以提高接触刚度是提高工艺系统刚度的关键,常用的方法是改善工艺系统主要零件接触面的配合质量,如机床导轨副、锥体与锥孔、顶尖与中心孔等配合面采用刮研与研磨,以提高配合表面的形状精度,减小表面粗糙度,使实际接触面积增加,从而有效地提高接触刚度。

提高接触刚度的另一措施是在接触面间预加载荷,这样可以消除配合面间的间隙,增加接触面积,减少受力后的变形,如机床主轴部件轴承常采用预加载荷的办法进行调整。

(2)提高工件的刚度,减少受力变形。在机械加工中,切削力引起的加工误差往往是因为工件本身的刚度不足或工件各个部位刚度不均匀而产生的,当工件材料和直径一定时,工件长度和切削分力是影响变形的决定性因素。为了减少工件的受力变形,对于刚性较差的工件,常采用中心架或跟刀架作为辅助支承点,以提高工件的刚度,减小受力变形。

(3)合理装夹工件,减少夹紧变形。当工件自身刚性差时,夹紧时应特别注意选择适当的夹紧方法,尤其是在加工薄壁零件时,为了减少加工误差,应使夹紧力均匀分布。例如薄壁套筒装在三爪卡盘上镗孔,夹紧后筒孔产生弹性变形,如图5-10(a),虽然镗出的孔成正圆形,图5-10(b),但松开三爪卡盘后,薄壁套筒的弹性变形恢复,使孔呈三角棱圆形,图5-10(c),为减少工件变形,使用加开口过渡环图5-10(d)或专用卡爪图5-10(e),使夹紧力在薄壁套筒外均匀分布,从而减少了工件的夹紧变形。由此可知夹紧变形引起的工件形状误差不仅取决于夹紧力的大小,还与夹紧力的作用点有关。

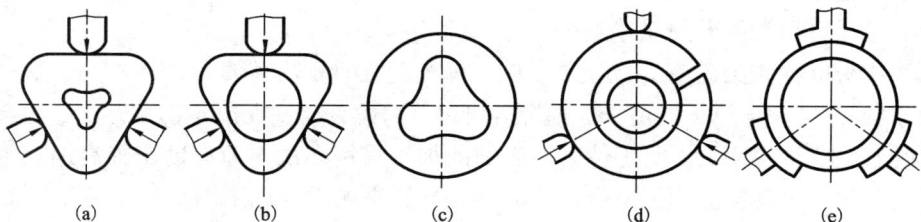

(a)   (b)   (c)   (d)   (e)

图5-10 零件夹紧变形引起的误差

三、工艺系统受热变形产生的误差

在机械加工中，工艺系统在各种热源的影响下会产生复杂的变形，使得工件与刀具间的相对正确位置关系遭到破坏，造成加工误差。在精密加工中，它是影响加工精度的主要因素，高效、高精度、自动化加工技术的发展，使工艺系统热变形问题变得更加突出。因此，工艺系统的热变形问题已成为机械加工技术发展的一个重要问题。

1. 工艺系统产生热变形的热源

在机械加工中，工艺系统受多种热源的影响，使其产生变形，主要热源有：

（1）机械动力源（如电动机、电气箱、液压泵、活塞副等）的能量损耗转化为热量，这些热量通过金属导热或液压油流动向机床和工艺系统的其他部分并传出。

（2）传动元件产生的摩擦热（轴承副、齿轮副、离合器、导轨副等）。这些热通过金属导热和润滑油传出，在机床床身内的润滑油池形成一个高温区，对床身的热变形影响很大。

（3）切削热的一部分传入工件和刀具，使其产生热变形；切削热大部分被切屑和切削液带走并落在床身上使床身产生热变形。

（4）环境传来的热量（气温、阳光、灯光、取暖设备等）使工艺系统各部分受热不均匀而引起的变形。

当温度差较大时，对工艺系统加工精度影响最大的是大尺寸构件受热不均，引起的弯曲变形。实践证明：工艺系统的热变形问题重点在机床和工件上。

2. 机床的热变形对加工精度的影响

不同类型的机床因其结构与工作条件差异使产生热变形的热源和变形形式各不相同，对加工精度有影响的多种热变形中，最主要的是主轴箱、床身导轨以及使两者相对位置变化的弯曲热变形。磨床的热变形对加工影响较大，一般外圆磨床的主要热源是砂轮主轴的摩擦热及液压系统的发热，而车、铣、钻、镗等机床的主要热源则是主轴箱内传动件的摩擦热，它通过润滑油传至主轴箱体及与其相连的床身，使这些部分温度升高而产生变形。如图 5 – 11 几种机床的热变形趋势。

3. 刀具和工件热变形对加工精度的影响

使刀具产生热变形的热源主要是切削热，尽管这部分热量很小，但因刀具体积小，热容量小，因此刀具的工作表面被加热到很高温度，一般在连续切削 10～20 min 就可达到热平衡，热变形表现为刀杆的伸长，变形量有时可达 0.05 mm 左右，如图 5 – 12，三条曲线中的 A 表示了车刀在连续工作状态下因温升而产生变形的过程，B 表示切削停止后，刀具冷却时的变形过程，C 表示刀具在间断切削时（如车短小轴类），刀具处于加热冷却交替的状态下的变形过程，因切削时间短，所以以刀具热变形 Δ_1 对加工精度影响较小，但在刀具达到热平衡前，先后加工的一批零件仍存在一定误差 Δ_2。刀具热变形在一般加工中，对加工精度影响不大，虽然受热后刀杆伸长，但会与刀具的磨损相互抵消。

减少刀具热变形对加工精度的影响措施有：减小刀具伸出长度；改善散热条件；改进刀具角度，减小切削热；合理选用切削用量以及加工时采用冷却液使刀具得到充分冷却。

工件的热变形是由切削热引起的，如果在受热膨胀时测量达到了规定的加工尺寸，那么在冷却收缩后尺寸就会变小，甚至可能出现尺寸超差，造成废品。工件的热变形的两种情况：一种是均匀受热，如车、镗、外圆磨等加工方法，它主要影响尺寸精度；另一种是不均匀

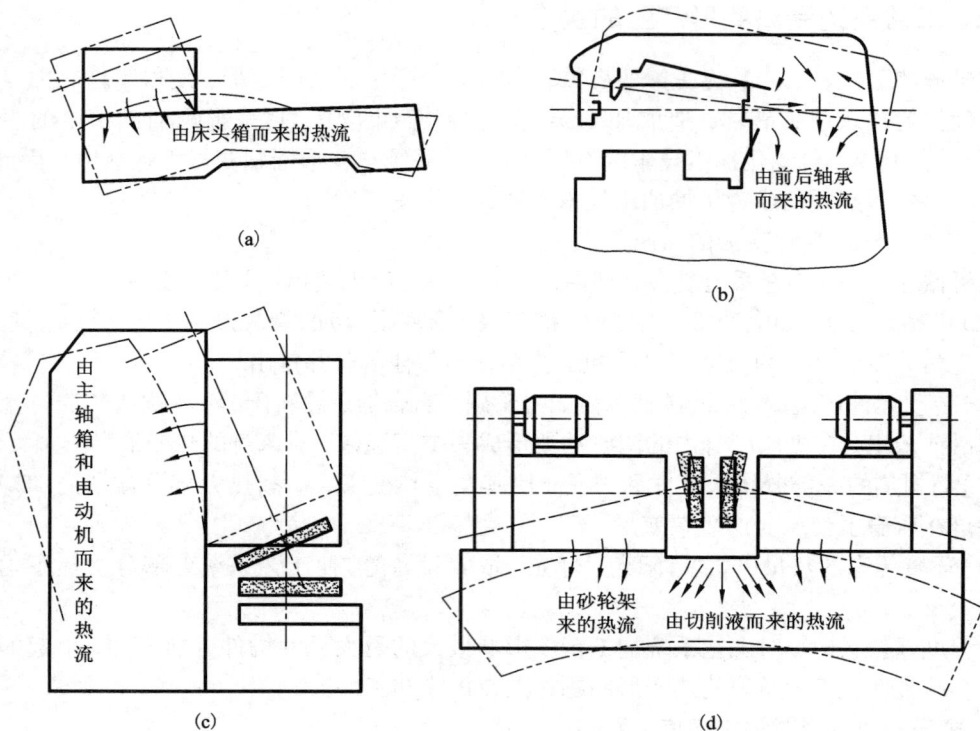

图 5 – 11 机床的热变形

受热,如平面刨、铣、磨等工序,工件单面受热,上下表面之间形成温度差而产生弯曲变形,这时主要影响几何形状精度。

4. 减少热变形的措施

(1)减少发热和隔热:为了减少机床的热变形,凡是有可能从主轴箱分离出去的热源(如电机、油箱)应尽量放在机床外部,对于不能与主机分离的热源,如主轴轴承、丝杠螺母副等,应从结构和润滑方面来减少摩擦发热。

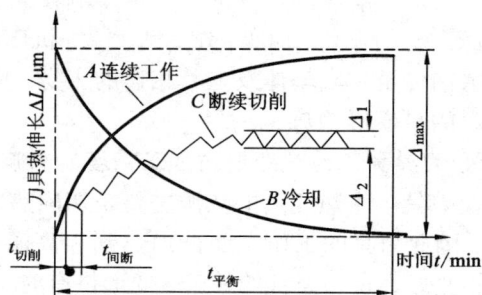

图 5 – 12 车刀的热变形

(2)及时清除切屑或在工作台上装隔热板以阻止切屑热量传向工作台、床身等。

(3)强制冷却,均衡温度场:单纯的减少温升有时不能收到满意的效果,可采用热补偿,对机床发热部位采取风冷、油冷等强制冷却方法,控制机床的局部温升和热变形。

(4)从结构设计上采取措施减少热变形:使机床零件的热变形尽量发生于不影响加工精度的方向上。

①采用"热对称结构",将轴、轴承、传动齿轮尽量对称布置,可使变速箱壁温升均匀,减少箱体变形。如为防止零部件由于受热发生弯曲变形,可改单立柱为龙门式结构,以防止立柱局部热变形而造成强烈的弯曲位移。

112

②使零件的热变形尽量发生于不影响加工精度的方向上，如机床主轴采用前端轴向定位后端浮动结构，使主轴热变形向主轴后端移动，又如定位丝杠的螺母尽量靠近丝杠的定位端，以减少产生热变形的有效长度。

5．工件残余应力引起的变形及其控制

残余应力是指外部载荷去除后，仍残存在工件内部的应力。零件中的残余应力，往往处于一种很不稳定的相对平衡状态，在常温下，特别是在外界某些因素的影响下很快失去原有状态，使残余应力重新分布，在应力重新分布过程中会使零件产生相应的变形，从而破坏了原有的精度。残余应力产生的实质原因是由于金属内部组织发生了不均匀的体积变化，因些，必须采取措施减少残余应力对加工零件精度的影响。

残余应力产生的主要原因有：

（1）铸、锻、焊等毛坯制造过程中和热处理时，由于工件各部分冷热不均，及金相组织转变时产生的体积变化，会产生残余应力，而且毛坯结构越复杂、壁厚越不均匀，散热的条件差别越大，毛坯内部的残余应力也越大。具有残余应力的毛坯暂时处于平衡状态，当切去一层金属后，这种平衡便被打破，残余应力重新分布，工件就会出现明显的变形，直至达到新的平衡为止。

（2）切削加工中，由于切削力和切削热的作用，使工件表面会出现不同程度的弹性变形、塑性变形和金相组织变化，同时也伴随有金属体积的改变，因而必然产生内应力，并在加工后引起工件变形。为减少热变形的影响，应在毛坯制造及粗加工后安排时效处理及合理安排工艺过程使工件表面减小产生残余应力。

（3）工件在冷校直时产生残余应力。某些刚度低的零件，如细长轴、曲轴和丝杠等，由于机加工产生弯曲变形不能满足精度要求，常采用冷校直工艺进行校直。冷校直就是在原来变形的相反方向加力 F，使工件向反方向弯曲，产生塑性变形，以达到校直的目的。当外力去除后，弹性变形部分本来可以完全恢复而消失，但因塑性变形部分恢复不了，内外层金属就起了互相牵制的作用，达到不稳定的内应力平衡状态，所以冷校直后的工件虽然减少了弯曲变形，但是由于内应力处于不稳定的平衡状态，再次加工时，会破坏这种平衡而产生新的弯曲变形。

为了减少残余应力对加工精度的影响，可在毛坯制造及零件粗加工后进行时效处理，常用的方法有人工时效和自然时效等方法。铸件、锻件、焊接件在进入机械加工之前，应进行退火等热处理，加速内力变形的进程；对箱体、床身、主轴等重要零件，在机械加工工艺中尚需适当安排时效处理工序。

合理安排工艺过程，可以减小残余应力对加工精度的影响，例如粗加工和精加工宜分阶段进行，使工件在粗加工后有一定的时间来让残余应力重新分布，以减少对精加工的影响。

四、加工误差的综合分析

实际生产中，影响加工精度的因素往往是错综复杂的，这时只能通过对生产现场实际加工出的一批工件进行检查测量，运用数理统计的方法加以处理和分析，从中找出误差的原因和规律，并加以控制或消除，以保证工件达到规定的加工精度。

（一）加工误差的性质

影响加工精度的一些误差因素，按其性质的不同，可分为两大类：即系统性误差和随机性误差。

1. 系统误差

系统误差又分为常值系统误差和变值系统性误差两大类。

在顺序加工的一批零件中出现的大小和方向不变的误差称为常值系统误差，如：原理误差，工艺系统的制造误差，调整误差，受力变形引起的误差等。如误差的大小和方向按一定的规律变化，称为变值系统性误差，如：机床和刀具的热变形，刀具磨损引起的误差。

2. 随机误差

用调整法在一次调整后顺序加工的一批零件中出现的大小和方向都无规律变化的误差，如毛坯误差的复映，工件定位误差，夹紧误差，操作误差，内应力引起的变形等。

不同性质的误差解决途径不同。对于常值系统误差，可以通过调整或检修工艺装备的方法或人为地制造一反向的常值误差来补偿原来的常值误差，对于变值系统误差，可以通过自动补偿的方法来解决，对于无明显变化规律的随机误差，很难消除其来源，只能对其产生源采取适当措施。

（二）加工误差的统计分析

常用的统计分析方法有两种：分布曲线法和点图法。

1. 分布曲线法

（1）实际分布曲线。用调整法加工出的一批工件，尺寸总是在一定范围内变化，这种现象称为尺寸分散，尺寸分散范围就是这批工件最大和最小尺寸之差。如果将这批工件的实际尺寸测量出来，并按一定的尺寸间隔分成若干组，然后，以各个组的尺寸间隔（组距）为底，以频数（同一间隔组的零件数）或频率（频数与该批零件总数之比）为高作出若干矩形，此图即直方图。

如果将每个区间的中点（中心值）连成折线，即为分布折线图，当所测零件数量增多，尺寸间隔很小时，此折线便非常接近一条曲线，这就是实际分布曲线。

图 5 – 13 为一批 $\phi 280 – 0.015$ mm 的活塞销孔镗孔后孔径尺寸的直方图和分布折线图，它是根据表 5 – 1 中的数据绘制的。取在一次调整下加工出来的工件 100

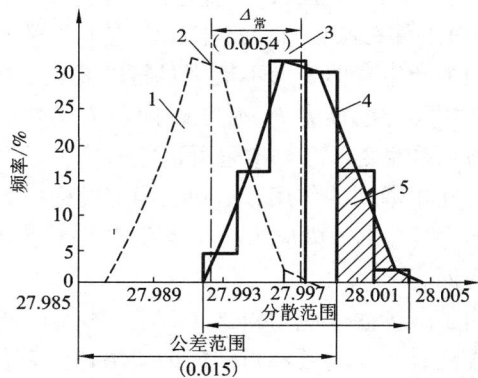

图 5 – 13 活塞销孔直径尺寸分布图
1—理论分布曲线；2—公差范围中心（27.9925）；
3—分散范围中心（27.9979）；4—实际分布位置；5—废品区

个，经测量得到最大孔径 $\phi 28.004$ mm，最小孔径为 $\phi 27.992$ mm，取 0.002 mm 作为尺寸间隔进行分组，统计每组的工件数，将所得的结果列于表 5 – 1。

由图可以看出：

尺寸分散范围（28.004 – 27.992 ＝ 0.012 mm）小于公差带宽度（T ＝ 0.015 mm），表明本工序能满足加工精度要求。

部分工件超出公差范围（阴影部分）成为废品，究其原因是尺寸分散中心（27.9979 mm）与公差带中心（27.9925 mm）不重合，存在较大的常值系统误差（$\Delta_常$ ＝ 0.0054 mm），如果设法消除系统误差使尺寸分散中心与公差带中心重合，这批工件就全部合格，即镗孔时，将镗刀伸出量调得短些，消除本工序常值系统误差，使全部尺寸都落在公差带内。

表 5 - 1　活塞销孔直径频数统计表

组别 k	尺寸范围/mm	组中心值 x/min	频数 m	频率/$(m \cdot n^{-1})$
1	27.992 ~ 27.994	27.993	4	4/100
2	27.994 ~ 27.996	27.995	16	16/100
3	27.996 ~ 27.998	27.997	32	32/100
4	27.998 ~ 28.000	27.999	30	30/100
5	28.000 ~ 28.002	28.001	16	16/100
6	28.002 ~ 28.004	28.003	2	2/100

（2）正态分布曲线。大量实践表明，如果工艺系统不存在系统误差，只存在随机误差，则被加工零件的尺寸按正态规律分布；若工艺系统还存在常值系统误差，则工件尺寸的分布曲线不变，只是其位置沿工件尺寸坐标轴（x 轴）发生平移，当工艺系统存在变值系统误差，工件尺寸的分布曲线不再是正态分布，但有时可以认为是若干个正态分布曲线的叠加，因此，可以通过分析工件尺寸的正态分布曲线来研究加工误差的性质。

正态分布曲线的表达为：

$$\varphi(x) = \frac{1}{\sigma\sqrt{2\pi}} e^{\frac{-(x-\bar{x})^2}{2\sigma^2}} \tag{5-15}$$

其形状如图 5 - 14 所示。

式中：$\varphi(x)$ 为概率密度，工件分布在单位尺寸宽度上的概率；x 为工件尺寸；$\bar{x}$ 为工件尺寸的平均值，$\bar{x} = \sum_{i=1}^{n} x_i / n$；$\sigma$ 为均方根误差，$\sigma = \sqrt{\sum_{i=1}^{n} (x_i - \bar{x})^2 / n}$；$n$ 为工件样本总数。（n 应足够多，例如 100 - 200）

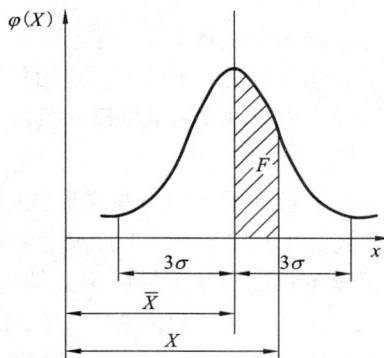

图 5 - 14　正态分布曲线

正态分布下的曲线面积代表了全部工件，即 100%

$$\int_{-\infty}^{+\infty} \frac{1}{\sigma\sqrt{2\pi}} \exp\left[\frac{-(x-\bar{x})^2}{2\sigma^2}\right] dx = 1$$

从 $\bar{x}$ 到任一点 x 间曲线下的面积为工件尺寸从 $\bar{x}$ 到 x 间出现的频率

$$F = \frac{1}{\sigma\sqrt{2\pi}} \int_{\bar{x}}^{x} \exp\left[\frac{-(x-\bar{x})^2}{2\sigma^2}\right] dx \tag{5-16}$$

为计算方便

令

$$\frac{x-\bar{x}}{\sigma} = Z,$$

则

$$F = \varphi(Z) = \frac{1}{\sqrt{2\pi}} \int_{0}^{Z} e^{-\frac{z^2}{2}} dz \tag{5-17}$$

各种不同的 Z 值的函数 $\varphi(Z)$ 值如表 5 - 2 所示。

表 5-2　$\varphi(Z) = \dfrac{1}{\sqrt{2\pi}}\displaystyle\int_0^Z e^{-\frac{z^2}{2}}\,\mathrm{d}z$ 之值

Z	$\varphi(Z)$	Z	$\varphi(Z)$	Z	$\varphi(Z)$	Z	$\varphi(Z)$	Z	$\varphi(Z)$	Z	$\varphi(Z)$	Z	$\varphi(Z)$
0.01	0.0040	0.17	0.0675	0.33	0.1293	0.49	0.1879	0.80	0.2881	1.30	0.4032	2.20	0.4861
0.02	0.0080	0.18	0.0714	0.34	0.1331	0.50	0.1915	0.82	0.2939	1.35	0.4115	2.30	0.4893
0.03	0.0120	0.19	0.0753	0.35	0.1368	0.52	0.1985	0.84	0.2995	1.40	0.4192	2.40	0.4918
0.04	0.0100	0.20	0.0793	0.36	0.1406	0.54	0.2054	0.86	0.3051	1.45	0.4265	2.50	0.4938
0.05	0.0199	0.21	0.0832	0.37	0.1443	0.56	0.2123	0.88	0.3106	1.50	0.4332	2.60	0.4953
0.06	0.0239	0.22	0.0871	0.38	0.1480	0.58	0.2190	0.90	0.3159	1.55	0.4394	2.70	0.4965
0.07	0.0279	0.23	0.0910	0.39	0.1517	0.60	0.2257	0.92	0.3212	1.60	0.4452	2.80	0.4974
0.08	0.0319	0.24	0.0948	0.40	0.1554	0.62	0.2324	0.94	0.3264	1.65	0.4505	2.90	0.4981
0.09	0.0359	0.26	0.0987	0.41	0.1591	0.64	0.2389	0.96	0.3315	1.70	0.4554	3.00	0.49865
0.10	0.0398	0.26	0.1023	0.42	0.1628	0.66	0.2454	0.98	0.3365	1.75	0.4599	3.20	0.49931
0.11	0.0438	0.27	0.1064	0.43	0.1664	0.68	0.2517	1.00	0.3413	1.80	0.4641	3.40	0.49966
0.12	0.0478	0.28	0.1103	0.44	0.1700	0.70	0.2580	1.05	0.3531	1.85	0.4678	3.60	0499841
0.13	0.0517	0.29	0.1141	0.45	0.1772	0.72	0.2642	1.10	0.3643	1.90	0.4713	3.80	0.499928
0.14	0.0557	0.30	0.1179	0.46	0.1776	0.74	0.2703	1.15	0.3749	1.95	0.4744	4.00	0.499968
0.15	0.0596	0.31	0.1217	0.47	0.1808	0.76	0.2764	1.20	0.3849	2.00	0.4772	4.50	0.499997
0.16	0.0636	0.32	0.1255	0.48	0.1844	0.78	0.2823	1.25	0.3944	2.10	0.4821	5.00	0.49999997

正态分布曲线具有以下特征：

①曲线呈钟形，中间高，两边低，曲线以 $x=\bar{x}$ 直线左右对称，靠近分散中心的工件尺寸出现的概率大，占大多数，尺寸远离工件分散中心出现的概率较小，尺寸大于 $\bar{x}$ 和小于 $\bar{x}$ 的概率相等。

②σ 是表示正态分布曲线形状的参数，如图 5-15 所示，σ 越大，则工件尺寸越分散，加工精度越低，σ 越小，则工件尺寸集中，加工精度高。

③分布曲线与横坐标所围成的面积包括全部零件数（100%），故其面积等于 1，其中 $x-\bar{x}=\pm3\sigma$ 范围内的面积占 99.73%，即 99.73% 的工件尺寸落在 $\pm3\sigma$ 的范围，落在 $\pm3\sigma$ 范围之外的工件可以忽略不计，一般都取正态分布曲线范围为 $\pm3\sigma$，$\pm3\sigma$（或 6σ）代表了某一加工条件下所能达到的加工精度。

④曲线分布中心 $\bar{x}$ 改变时，整个曲线将沿 x 轴平移，但曲线的形状保持不变，如图 5-16 所示，这就是常值性系统误差影响的结果。

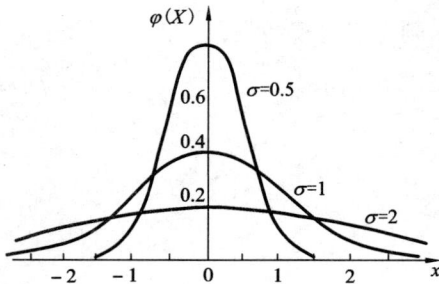

图 5-15　正态分布曲线的性质

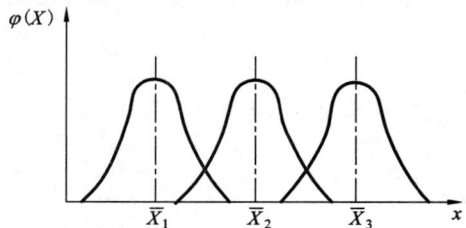

图 5-16　σ 不变时使 x 分布曲线移动

正态分布曲线的应用：

①计算合格率和废品率。正态分布曲线与横坐标之间所包含的面积代表一批零件的总数100%，如果尺寸分散范围大于零件的公差 T 时，则有废品产生。

②判断加工误差的性质。如果加工过程中没有变值系统误差的影响，那么其尺寸分布应符合正态分布，这是判别加工误差性质的基本方法，如果尺寸分散中心与公差带中心重合，则说明不存在常值系统误差，若不重合则两中心之间的距离即常值系统性误差。如果实际尺寸与正态分布有较大出入，说明存在变值系统性误差，则可根据图 5 – 19 来判断变值系统误差的类型。

③判断工序的工艺能力能否满足加工精度的要求。所谓工艺能力是指处于控制状态的加工工艺所能加工出产品质量的实际能力，可以用工序的尺寸分散范围来表示其工艺能力，大多数加工工艺的分布都接近正态分布，而正态分布的尺寸分散范围是 6σ，故一般工艺能力取 6σ，因此工艺能力能否满足加工精度要求，可以用下式判断：

$$C_p = \frac{T}{6\sigma} \tag{5-18}$$

式中：T 为工件公差；C_p 为工艺能力系数，根据工艺能力系统的大小，可将工艺能力分为 5 级，见表 5 – 3，

表 5 – 3　工艺能力等级

工艺能力系数 C_p	工艺等级	工艺能力判断	工艺能力系数 C_p	工艺等级	工艺能力判断
$C_p > 1.67$	特级	工艺能力很充分	$0.67 < C_p \leq 1.00$	三级	工艺能力不足
$1.33 < C_p \leq 1.67$	一级	工艺能力足够	$C_p \leq 0.67$	四级	工艺能力极差
$1.00 < C_p \leq 1.33$	二级	工艺能力勉强			

例 5 – 1　在两台相同自动车床上加工一批圆柱销的外圆，直径要求 $\phi 11 \pm 0.021$，第一台加工 1000 件，尺寸按正态分布，平均值 $X_1 = 11.005$，$\sigma_1 = 0.04$，第二台加工 500 件，尺寸也按正态分布，其平均值 $X_2 = 11.015$，$\sigma_2 = 0.0025$，试在同一图上画出两台机床加工的两批工件的尺寸分布图，并指出哪台机床的加工精度高，比较两台机床的废品率。

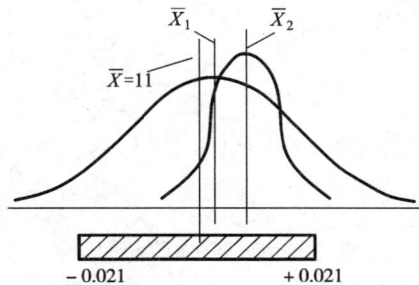

图 5 – 17　例 5 – 1 图

解：（ⅰ）依题意画图

（ⅱ）比较两台机床的精度

因为：

$$6\sigma_1 = 6 \times 0.04 = 0.24 > 6\sigma_2 = 6 \times 0.0025 = 0.015$$

故第二台精度高

（ⅲ）求第一台的废品率

$$Z_左 = \left| \frac{10.974 - 11.005}{0.04} \right| = |-0.775| \quad 则 \ F_左 = 0.2389$$

$$Z_右 = \left| \frac{10.021 - 11.005}{0.04} \right| = |-24.601| \quad 则 \ F_右 = 0.1554$$

故其废品率 $= 1 - 0.2387 - 0.1554 = 60.57\%$

（ⅳ）求第二台的废品率

$$Z_左 = \left| \frac{10.979 - 11.015}{0.025} \right| = 1.44 \quad 则 \ F_左 = 0.5$$

$$Z_右 = \left| \left| \frac{11.021 - 11.015}{0.025} \right| \right| = |0.24| \quad 则 \ F_右 = 0.4918$$

故废品率 $= 1 - 0.5 - 0.4918 = 0.82\%$

答：故此第一台废品率高于第二台。

例 5 - 2 车削一批轴的外圆，其尺寸要求为 $\phi 20^0_{-0.1}$，若此工序尺寸按正态分布，其 $\sigma = 0.025$，公差带中心小于曲线中心，其偏移量为 0.03。

（ⅰ）试绘出工件的分布曲线，并表示出该批工件的常值系统误差和随机误差。

（ⅱ）计算合格率及废品率。

（ⅲ）计算工艺能力系数 C_p。

解：（ⅰ）依题意绘图

$$6\sigma = 6 \times 0.025 = 0.15$$

即其常值系统误差为 0.03，随机误差为 0.15。

（ⅱ）计算合格率及废品率

曲线左半部分全部落在公差范围内

所以： $\qquad F_左 = 50\%$

因为： $\qquad Z_右 = \dfrac{20 - 19.98}{0.025} = 0.8$

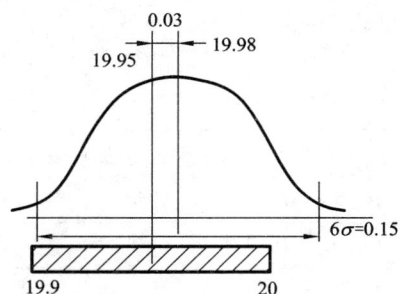
图 5 - 18 例 5 - 2 图

所以： $\qquad\qquad\qquad F_右 = 0.2881$

故： $\qquad$ 合格率 $= F_左 + F_右 = 0.5 + 0.2881 = 78.81\%$

$\qquad\qquad$ 废品率 $= 1 - $ 合格率 $= 1 - 0.7881 = 21.19\%$

（ⅲ）求工艺能力系统 C_p

$$C_p = \frac{0.1}{60} = \frac{0.1}{6 \times 0.025} = 0.67$$

工艺能力很差，必须改进。

④非正态分布。工件实际分布的情况，有时并不近似于正态分布，而是出现非正态分布。例如加工中刀具或砂轮的尺寸磨损比较快而无自动补偿，工件尺寸的实际分布会出现平顶分布如图 5 - 19(a)；如将在两台机床上分别加工出的工件混在一起测定，尽管每台机床加工的零件都是按正态分布的，但由于两台机床的工件平均尺寸及工件数可能不同，于是分布曲线如图 5 - 19(b)所示的双峰曲线；用试切法加工时，由于操作者主观上存在宁可返修也不要报废的思想，也往往出现尺寸不对称分布，图 5 - 19(c)所示。

采用分布图分析法属于事后分析，不能反映误差的变化趋势，加工中随机性误差和系统误差同时存在，由于分析没有考虑工件加工的先后顺序，很难把随机误差与变值系统性误差

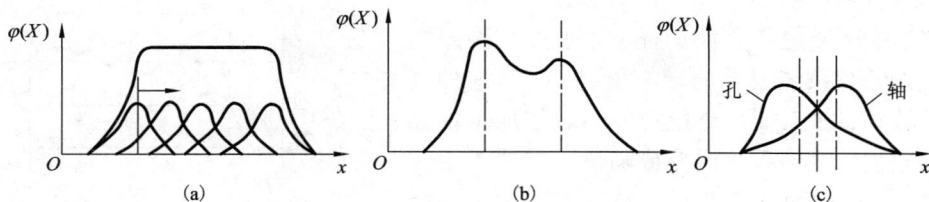

图 5 – 19　非正态分布

（a）平顶分布；（b）双峰曲线；（c）不对分布

区分开。由于必须等一批工件加工完毕后才能得出分布情况，因此，不能在加工过程中提供控制工艺过程的资料。

2. 点图法

（1）点图的形式

①个值点图。按照加工的先后顺序逐个测量一批工件尺寸，以横坐标代表工件的加工顺序，以纵坐标代表工件的尺寸（或误差）。所得到的曲线图即为个值点图，如图 5 – 20。

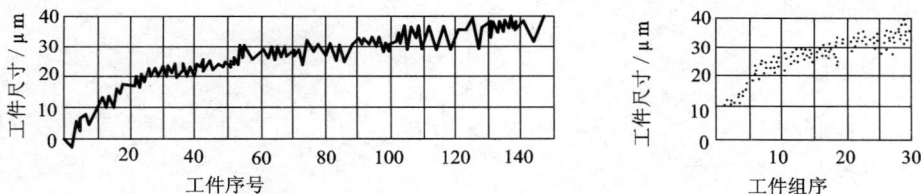

图 5 – 20　个值点图

假设把点图的上下极限点包络在两根平滑曲线内，并作出其平均值的曲线，如图 5 – 21 所示，就能较清楚地提示加工过程中各种误差的性质及其变化趋势，平均值曲线 OO'，表示每一瞬时分散中心的变化情况，反映了变值系统误差的变化规律，其始点 O 则可看出是常值系统误差的影响，上下限曲线 AA' 和 BB' 间的宽度表示尺寸分散范围，也就是反映了随机误差大小。

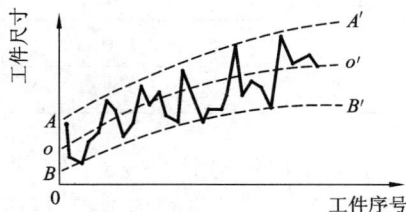

图 5 – 21　个值点图上反映的误差变化趋势

②$\bar{x} - R$ 点图。为了能直接反映出变值系统误差和随机误差随时间变化的趋势，实际生产中常采用样组点图代替个值点图，最常用的是 $\bar{x} - R$ 点图（平均值—极差点图），它是将一批工件的尺寸按加工顺序分为 k 组，每组有 m 个工件，将每组工件误差的平均值标在点图（$\bar{x}$ 图）上，同时把每一组的最大尺寸与最小尺寸之差画在另一张点图（R 图）上，由此可清楚地了解到尺寸分散及变化情况，如图 5 – 22，由于 $\bar{x}$ 图在一定程度上代表了瞬时的分散中心，故 $\bar{x}$ 点图可以反映系统误差的变化趋势，R 图在一定程度上代表了瞬时的尺寸分散范围，R 点图可反映出随机误差及其变化趋势，但单独的 $\bar{x}$ 和 R 图均不能全面反映加工误差情况，必须结合起来应用。

119

任何一批零件的加工尺寸都有波动性，这样平均值 $\bar{x}$、极差值 R 也具有波动性，如果加工误差主要是随机误差且系统误差的影响很小，那么这种波动属正常波动，加工工艺是稳定的。假如加工中存在着影响较大的变值系统误差或随机误差的大小有明显的变化，则说明加工艺是不稳定的。为了判断工艺过程的稳定与否，需要在 $\bar{x} - R$ 图上加控制线，控制线是用来判断工艺是否稳定的界线。若尺寸在控制线内，则工艺稳定；若尺寸超出控制线，但仍在公差带内，则说明零件合格，但工艺系统有不稳定因素；若尺寸超出公差带，则已经出现废品，工艺不可行。

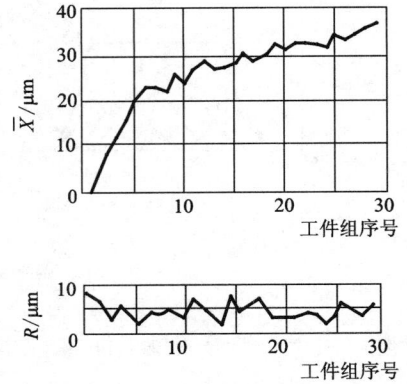

图 5-22 $\bar{x} - R$ 点图

$\bar{x}$ 图的中心线	$\bar{X} = \dfrac{1}{k}\sum_{i=1}^{k}\bar{x}_i$	（5-19）
$\bar{x}$ 图的上控制线	$\bar{X}_s = \bar{X} + A\,\bar{R}$	（5-20）
$\bar{x}$ 图的下控制线	$\bar{X}_s = \bar{X} - A\,\bar{R}$	（5-21）
R 图的中心线	$\bar{R} = \dfrac{1}{k}\sum_{i=1}^{k}R_i$	（5-22）
R 图上的控制线	$R_s = D\,\bar{R}$	（5-23）

R 图的下控制线为零线。

系数 A、D 的值见表 5-4

表 5-4　A 与 D 的系数表

每组个数 m	3	4	5	6
A	1.023	0.729	0.577	0.483
D	2.574	2.282	2.115	2.004

（2）点图法的应用

点图法是全面质量管理中用以控制产品加工质量的主要方法之一，在实际生产中应用广泛，反映了加工顺序，它真实反映了系统误差和随机误差的大小及其变化规律，区分各种误差的性质。

第三节　影响机械加工表面质量的因素

机械加工表面质量是指零件加工后的表面层状态，它是判定零件质量的主要依据之一，因为机械零件的破坏大多是从表面开始的，而任何机械加工都不能获得理想表面，总会存在一定程度的微观不平度和表面层的物理力学性能变化。因此，探讨和研究机械加工表面质量，对保证产品质量具有重要意义。

一、影响零件表面粗糙度的因素

表面粗糙度产生的主要原因是加工过程中切削刃在已加工表面上留下的残留面积，切削过程中产生的塑性变形及工艺系统的振动等。

1. 切削加工对表面粗糙度的影响因素

（1）刀刃几何形状及切削运动的影响。刀具相对于工件作进给运动时，在加工表面留下了切削层残留面积，从而产生表面粗糙度，残留面积的形状是刀刃几何形状的复映，如图 5-23（a）所示，残留面积的高度 H 受刀具的几何角度和切削用量的大小的影响。减小进给量 f，主偏角 K_r、副偏角 K_r'，以及增大刀尖圆弧半径 r_E，均可减小残留面积的高度，如图 5-23（b）所示。此外，适当增大刀具前角以减小切削时塑性变形的程度，合理选择切削液和提高刀具刃磨质量以减小切削时的塑性变形，抑制积屑瘤、鳞刺的生成，这些措施也能有效的减小表面粗糙度值。

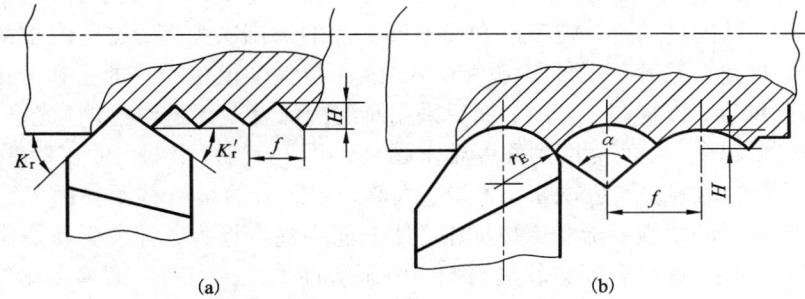

图 5-23　车削时工件表面的残留面积

（2）工件材料性质的影响。工件材料的机械性能对切削过程中的切削变形有重要影响。加工塑性材料时，由于刀具对加工表面的挤压和摩擦，使之产生较大的塑性变形，加之刀具迫使切屑与工件分离时的撕裂作用，使表面粗糙度值加大，工件材料韧性愈好，金属的塑性变形愈大，加工表面愈粗糙。加工脆性材料时，塑性变形很小，形成崩碎切屑，由于切屑的崩碎而在加工表面留下许多麻点，使表面粗糙。

（3）积屑瘤的影响。在切削过程中，当刀具前刀面上存在积屑瘤时，由于积屑瘤的顶部很不稳定，容易破裂，一部分粘附于切屑底部而排出，一部分则残留在加工表面上，使表面粗糙度增大。积屑瘤突出刀刃部分的尺寸变化，会引起切削层厚度的变化，从而使加工表面的粗糙度值增大。因此，在精加工时应该避免或减小积屑瘤。

（4）切削用量的影响。切削用量中，切削速度对切削塑性材料和切削脆性材料影响不同，切削塑性材料时，在一定的速度（20～80 m/min），易产生积屑瘤和鳞刺，使表面粗糙度值增大，在高速切削时，由于变形的传播速度小于切削速度，表面层金属的塑性变形较小，因而高速切削时表面粗糙度较低。加工脆性材料时，由于塑性变形很小，主要形成崩碎切屑，切削速度的变化，对脆性材料的表面粗糙度影响较小。

减小进给量 f 可减小粗糙度值，并且还可以减小切削时的塑性变形，但进给量 f 过小，会增加刀具和工件表面的挤压次数，使塑性变形增大，反而增大了表面粗糙度值，背吃刀量对表面粗糙影响不明显，一般可忽略，但在精密加工中，过小的背吃刀量将使切削刃圆弧对加工表面产生强烈的挤压和摩擦，引起附加的塑性变形，增大了表面粗糙度值。

2. 影响磨削加工表面粗糙度的因素

（1）砂轮的粒度。粒度越细，单位面积上的磨粒就越多，磨削的刻痕就越密、越细，加工表面粗糙度值就越小。但过细，容易堵塞砂轮，使磨粒失去切削能力，增加摩擦热，反而造成工件表面塑性变形增大，增大了表面粗糙度。

（2）砂轮的硬度。砂轮太软，磨粒容易脱落，加工表面粗糙度值增大；砂轮太硬，磨钝的磨粒不易脱落，加剧了摩擦和挤压，塑性变形加大，也增大了表面粗糙度值。

（3）砂轮的组织。组织紧密的砂轮，用于成形磨削和精密磨削；组织疏松的砂轮，不易堵塞，适用于磨削韧性大而硬度不高的材料或热敏性材料，一般用途的砂轮为中等组织。另外，砂轮的修整质量对磨削表面粗糙度影响也很大。

（4）磨削用量的影响。提高了工件单位面积上的磨削磨粒数量，可以增加刻痕数，同时塑性变形减小，因而表面粗糙度减小。工件速度低，则砂轮上每一磨粒刃口的平均切削厚度小，塑性变形小；纵向进给小，则工件表面上同一点的磨削次数多，这些因素都有利于减小表面粗糙度值。磨削深度小，工件塑性变形小，表面粗糙度值也小。通常在磨削过程中，开始采用较大磨削深度，以提高生产率，而后采用小磨削深度或无进给磨削（光磨），以减小粗糙度值；光磨次数越多，则实际磨削深度越来越小，可以获得极小的表面粗糙度值。

（5）工件材料的影响。一般说来，太硬、太软、韧性大的材料都不易磨光。太硬的材料使磨粒易钝，磨削时的塑性变形和摩擦加剧，使表面粗糙度增大，且表面易烧伤甚至产生裂纹而使零件报废。铝、铜合金等较软的材料，由于塑性大，在磨削时磨屑易堵塞砂轮，使表面粗糙度增大，韧性大导热性差的耐热合金易使砂粒崩落，使砂轮表面不平，导致磨削表面粗糙度值增大。

（6）切削液的影响。切削液的加入可减少磨削热，故可减小塑性变形，可减小表面粗糙度值，并能防止磨削烧伤。

二、影响零件表面层物理力学性能的因素

在切削加工中，工件由于受到切削力和切削热的作用，使表面层金属的物理力学性能发生变化，最主要的变化是表面层金属层硬度的变化、金相组织的变化和残余应力的产生。切削热使磨削加工时的塑性变形比刀刃切削时更为严重。

1. 表面层的加工硬化

机械加工过程中，在切削力的作用下，被加工表面产生强烈的塑性变形，使工件表面层的塑性韧性下降，而硬度、强度提高的现象称为表面层的加工硬化。

影响表面层加工硬化的因素有：

（1）刀具。刀具的刃口钝圆和后刀面的磨损量越大，将增加刀具对工件表面层金属的挤压和摩擦作用，使得冷硬层的硬化程度和深度都增加。

（2）切削用量。切削用量中切削速度和进给量的影响最大，当切削速度增大时，刀具与工件接触时间短，塑性变形程度减小，一般情况下，速度大时温度也会增高，因而有助于冷硬的回复，故硬化层深度和硬度都有所减小，当进给量增大时，切削力增加，塑性变形也增加，硬化现象加强，但当进给量太小时，由于刀具刃口圆角在加工表面单位长度上的挤压次

数增多，硬化程度也会增大。

（3）被加工材料。材料的硬度越低，塑性越大，则切削后的加工硬化现象越严重。

2. 表面的金相组织

机械加工中，在加工区以及加工区附近，由于切削温度急剧升高，有时会导致表面层金相组织发生变化。在一般切削加工中温升不至于很高，而对于磨削加工，其单位切削面积切削力比其他加工方法大数十倍，且切削速度也特别高，所以单位切削面积的功率消耗远远超过其他加工方法，如此大的功率消耗大部分转化为热，若冷却不好，这些热量仅有一小部分（10%）被切屑带走，大部分传入工件，因此，磨削加工易出现加工表面金相组织变化，这种现象称为磨削烧伤。烧伤严重时，表面会出现黄、褐、紫、青等烧伤色，这是工件表面在瞬时高温下产生的氧化膜颜色，不同的烧伤着色，表明工件表面受到的烧伤程度不同。在磨削淬火钢时，可能产生以下三种烧伤：

（1）回火烧伤。如果磨削区的温度未超过淬火钢的相变温度，但已超过马氏体的转变温度（一般为 350°），工件表层金属的回火马氏体组织将转变成硬度较低的回火组织（索氏体或托氏体），这种烧伤称为回火烧伤。

（2）淬火烧伤。如果磨削区的温度超过了相变温度，再加上切削液的急冷作用，表层金属发生二次淬火，使表层金属出现二次淬火马氏体组织，其硬度比原来的回火马氏体的高，在它的下层，因冷却较慢，出现了硬度比原先的回火马氏体低的回火组织，二次淬火层很薄，表层硬度总的来说是下降的，这种烧伤称为淬火烧伤。

（3）退火烧伤。如果磨削区温度超过了相变温度，而磨削区域又无切削液进入，表层金属将产生退火组织，表面硬度将急剧下降，这种烧伤称为退火烧伤。

三种烧伤中，退火烧伤最严重。

磨削烧伤使零件的使用寿命和性能大大降低，有些零件甚至因此而报废，所以磨削时应尽量避免烧伤。引起磨削烧伤直接的因素是磨削温度。大的磨削深度及过高的砂轮线速度是引起零件表面烧伤的重要因素。此外，零件材料也是不能忽视的一个方面。一般而言，零件热导率低，比热容小、密度大的材料，磨削时容易烧伤。使用硬度太高的砂轮，也容易发生烧伤。

避免烧伤主要是设法减少磨削区的高温对工件的热作用。磨削时采用强有力的、效果好的切削溶液，能有效地防止烧伤；合理地选用磨削用量、适当地提高工件转动的线速度，也是减轻烧伤的方法之一，但过大的工件线速度会影响工件表面粗糙度，合理的选择砂轮的硬度，无疑是减小工件表面烧伤的一条途径。

3. 表面残余应力

在切削和磨削过程中，工件表面发生形状变化或组织改变时，在表面层与基体交界处的晶粒间或原始晶胞内就会产生相互平衡的弹性应力，这种应力属于微观应力，称为表面层残余应力。其产生的主要原因是：

（1）冷塑性变形。由于切削力作用，使表面层金属受拉应力，产生伸长塑性变形，但里层处于弹性变形状态，当切削力去除后，里层要复原，但受到已产生塑性变形的表层金属的牵制而不得复原，在表面金属层产生残余压应力，而在里层金属中产生残余拉应力与之相平衡。

（2）热塑性变形。切削加工中，切削区产生的大量切削热使表层温度高于里层，因此外层热膨胀受到里层的限制而产生热压应力，当表层应力超过材料的弹性变形范围时，就产生了热塑性变形，切削加工结束后，表面温度下降，但表层的收缩受到温度较低的基体的限制而产生了残余拉应力，里层产生了残余压应力。当残余拉应力超过材料的强度极限时，表层出现微裂纹。

（3）金相组织的变化。切削时的高温，引起表层金属的相变，金属组织的不同，其密度也不同，一般马氏体的密度最小，为 7.75 g/cm³；奥氏体的密度最大为 7.96 g/cm³；珠光体的密度为 7.78 g/cm³；铁素体密度为 7.88 g/cm³。即切削时产生的高温会引起表面的相变，其结果造成了体积的变化。表面层体积膨胀，产生了压应力；反之，体积缩小，则产生拉应力。如磨削淬火钢时，表层产生了回火烧伤，马氏体转变为接近珠光体的屈氏体或索氏体，表层金属体积缩小，于是产生了残余拉应力。

如上所述，加工后表面层的实际残余应力是以上三方面原因综合的结果。在切削过程中，当切削热不高，表层中没有热塑变形，而是以冷塑变形为主，此时表层产生的是残余压应力，磨削时因磨削热较高，常以相变和热塑性变形产生的拉应力为主，故表层常有残余拉应力。

第四节　提高机械加工质量的途径与方法

一、提高机械加工精度的途径

1. 直接减小误差法

直接消除或减少误差法是在生产中应用较广泛的一种基本方法，它是在查明产生加工误差的主要因素之后，设法对其直接进行消除或减少。

例如：加工细长轴时，如图 5-24(a) 所示，由于工件刚性很差，切削时受切削力和切削热的作用，工件容易产生弯曲和振动，影响工件的几何精度，若采用"大进给反向切削法"同时使用弹性的尾座顶尖，如图 5-24(b) 所示，这时消除了限制拉伸变形和热变形伸长的因素，基本消除了因进给力和受热伸长引起的弯曲变形所产生的加工误差。

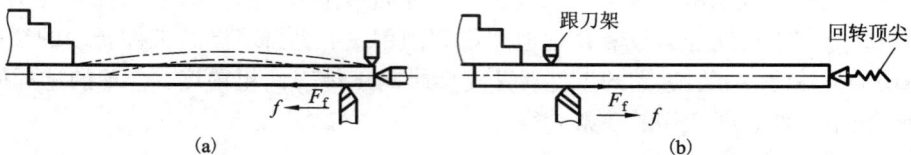

图 5-24　顺向进线和反向进给车削细长轴的比较

2. 误差补偿法

误差补偿法是人为地造出一种新的误差，去抵消工艺系统中原有的原始误差，并尽量使两者误差大小相等方向相反，从而达到减少加工误差，提高加工精度的目的。例如：在滚齿加工中，由于分度蜗轮的安装偏心误差会使工件产生运动偏心误差，其大小和方向在机床工作台上是固定的，在精确测量出分度蜗轮的安装偏心误差大小和方向之后，在安装工件时就可以用人为的工件安装偏心产生几何偏心误差去补偿机床这种固有的运动偏心。

3．误差分组法

在机械加工中有时会遇上这样的情况，本工序的工艺精度是稳定的，可是由于上工序或毛坯的精度太低，引起定位误差或复映误差过大，若按原来的工艺加工，就会产生超差，要解决这类问题，最好采用误差分组法，误差分组法是把毛坯或上工序加工的工件尺寸经测量按大小分为 n 组，每组工件的尺寸误差就缩小为原来的 $1/n$，然后按各组的误差范围分别调整刀具和工件的相对位置或调整定位元件，就可使整批工件的尺寸分布范围大大缩小。

4．误差转移法

误差转移法实质上是将工艺系统的几何误差、受力变形和热变形转移到不影响加工精度的方向上，例如，图 5 - 25 所示的转塔车床的转塔在使用中经常不断的转来转去，其转位时的分度误差将直接影响有关表面的加工精度，要长期保持六个位置的定位精度很困难，若采用"立刀"安装法，可将转塔刀架转位时的重复定位误差转移到零件内孔加工表面的误差不敏感方向上，以减少加工误差的产生，提高加工精度。

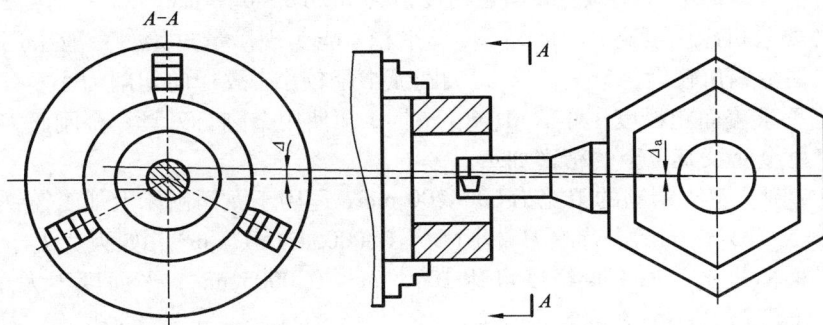

图 5 - 25　刀具转位误差的转移

5．误差均分法

误差均分法就是使被加工表面原有的误差不断缩小而使误差均分的方法，利用有密切联系的表面之间的相互比较和相互修正或者利用互为基准进行加工，以达到很高的加工精度。例如，研磨时的研具精度并不很高，但它能在和工件作相对运动中对工件进行微量切削、工件与研具相互修整，接触面不断增大、高低不平处逐渐接近，几何形状精度也逐步共同提高并进一步使误差均化，最终达到很高的精度。再如：精密的标准平板就是用三块平板相互合研的"误差平均法"刮研出来的，互研的过程，就是误差不断减少的过程。

6．加工过程中的积极控制

加工过程中的积极控制，就是在加工过程中，利用测量装置连续地测出工件的实际尺寸（或形状及位置精度）并与基准值进行比较，随时修正刀具与工件的相对位置，直至二者差值不超过预定的公差为止。在机械加工中，对于常值系统误差，可以应用前述的误差补偿方法进行消除或减小，但对于变值系统误差，就必须采用积极控制方法进行补偿，在加工过程中用可变补偿的方法来减少加工误差，或者在数控机床上根据变值系统误差的变化规律利用程序进行自动补偿。例如在外圆磨床上，利用气压传感器监测工件直径尺寸，当工件尺寸达到设定值时，砂轮架自动退出，这样就可以消除由于砂轮磨损和修正而产生的变值系统误差。

二、提高机械加工表面质量的方法

1. 精密加工

精密加工要求机床运动精度高，刚性好，有精确的微量进给装置，工作台有很好的低速运动稳定性，能有效消除各种振动对工艺系统的干扰，同时要求稳定的环境温度等

（1）精密车削。精密车削的速度 v_c 在 160 m/min 以上，背吃刀量 $a_p = 0.02 \sim 0.2$ mm，进给量 $f = 0.03 \sim 0.05$ mm/r。由于切削速度高，切削层截面小，故切削力和热变形影响很小，加工精度可达 IT5 ~ IT6 级，表面粗糙度值为 $Ra0.8 \sim 0.2$ μm。

（2）高速精镗（金刚镗）。广泛用于不适宜用内圆磨削加工的各种结构零件的精密孔，如：活塞销孔，连杆孔，箱体孔等等，切削速度 $v_c = 150 \sim 500$ m/min。为保证加工质量，一般分为粗镗和精镗两步进行，粗镗时一般取 $a_p = 0.12 \sim 0.3$ mm，$f = 0.04 \sim 0.12$ mm/r，精镗时 $a_p < 0.075$ mm，$f = 0.02 \sim 0.08$ mm/r。由于高速精镗的切削力小，切削温度低。加工表面质量好，加工精度可达 IT6 - IT7 级，表面粗糙度值为 $Ra0.8 \sim 0.1$ μm。

高速精镗要求机床精度高、刚性好、传动平稳、能实现微量进给。一般采用硬质合金刀具，主要特点是主偏角较大（45° ~ 90°，刀尖圆弧半径较小，故径向切削力小，有利于减小变形和振动。当要求表面粗糙度小于 $Ra0.08$ μm 时，须使用金刚石刀具。金刚石刀具主要适用于铜、铝等有色金属及其合金的精密加工。

（3）宽刃精刨。宽刃精刨的刃宽为 60 ~ 200 mm，适用于龙门刨床上加工铸铁和钢件。切削速度低（$v_c = 5 \sim 10$ m/min），背吃刀量小（$a_p = 0.0005 \sim 0.1$ mm）。如刃宽大于工件加工面宽度时，无需横向进给。加工直线度可达 1000 mm：0.0005 mm，平面度不大于 1000 mm：0.02 mm，表面粗糙值在 Ra 在 0.8 μm 以下。

宽刃精刨要求机床有足够高的刚度和很高的运动精度。刀具的材料常用 YG8、YT5 或 W18Cr4V，加工铸铁时前角 $\gamma_0 = -10° \sim 15°$，加工钢件时 $\gamma_0 = 25° \sim 30°$，为使刀具平稳切入，一般采用斜角切削。加工中最好能在刀具的前刀面和后刀面同时浇注切削液。

（4）高精度磨削。高精度磨削可使加工表面获得很高的尺寸精度、位置精度和几何形状精度以及较小的表面粗糙度值，通常表面粗糙度 Ra 为 0.1 ~ 0.5 μm 时，称为精密磨削，表面粗糙度 $Ra0.025 \sim 0.012$ μm 时，称为超精密磨削，表面粗糙度小于 $Ra0.008$ μm 时，称为镜面磨削。

2. 光整加工

光整加工是用粒度很细的磨料（自由磨粒或烧结成的磨条）对工件表面进行微量切削、挤压和刮擦的一种加工方法。其目的主要是减小表面粗糙度值并切除表面变质层。加工特点是余量极小，磨具与工件定位基准间的相对位置不固定，不能修正表面的位置误差，其位置精度只能靠前道工序来保证。

光整加工中，磨具与工件之间压力很小，切削轨迹复杂，相互修整均化了误差，从而获得小的表面粗糙度值和高于磨具原始精度的加工精度，但切削效率很低。

下面介绍几种光整加工方法：

（1）研磨。研磨是利用研具与工件加工表面的相对运动在研磨剂的作用下对工件进行切削加工的方法，在一定压力下两表面作复杂的相对运动，使磨粒在工件表面上滚动或滑动，起切削、刮擦和挤压作用，从加工表面上切下极薄的金属层。研磨可达到很高的尺寸精度

（0.1～0.3 μm），和很光洁的表面（$Ra0.04～0.01$ μm），而且几乎不产生残余应力和硬化等缺陷，但研磨的生产率很低。按研磨方式可分为手工研磨和机械研磨。

手工研磨外圆时，工件装夹在卡盘或夹具上作低速转动，将内径比工件大 0.02～0.04 mm 的研具套在工件上如图 5-26，研具工作长度为加工面的 25%～50%，调整螺钉使研具与工件表面均匀接触，然后手推研具沿轴向往复运动。粗研研具内表面上开有沟槽，如是图 5-26(a)所示，以存储研磨剂和排屑；精研研具内表面是光滑的，如图 5-26(b)所示。

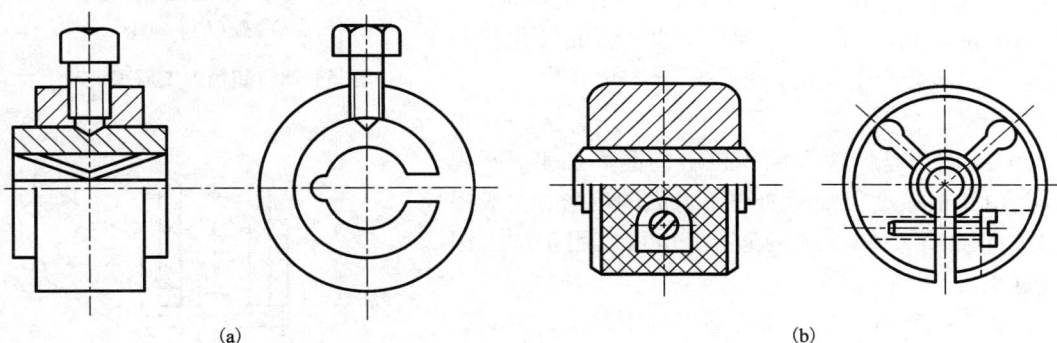

图 5-26　外圆手工研具

（a）粗研工具；（b）精研工具

图 5-27 是机械研磨示意图。研磨工具由上下两块铸铁研磨盘 1、4 组成，下研磨盘 4 与机床主轴刚性连接，上研磨盘 1 浮动连接，以便按下盘调位，从而获得所要求的研磨压力。工件 2 置于下研磨盘之间，用隔板 3 将工件隔开。隔板中心与研磨盘主轴轴线有一偏心距，工件安装在隔板沟槽内，槽的方向与圆盘半径 成 5～15°角，两研磨盘反向旋转，工件除在两研磨盘运动外，还沿槽滑动，从而获得复杂的运动轨迹，产生了均匀的研磨作用。

研磨余量在 0.01～0.03 mm 范围内，如果表面质量要求很高，必须进行多次粗、精研磨，研磨的压强越大，生产率越高，但工件表面粗糙度增大；相对速度增加可提高生产率，但很容易引起工件发热。一般研磨压强取 $10～40$ N/cm^2，相对滑动速度取 10～50 m/min。

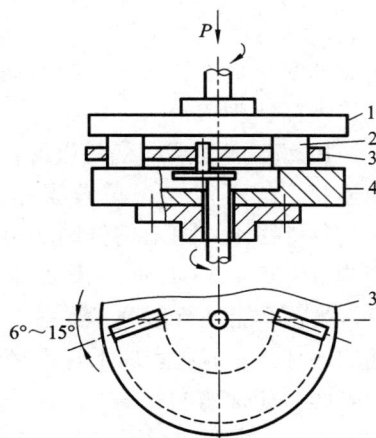

图 5-27　机械研磨装置

1—上研磨盘；2—工件；3—隔板；4—下研磨盘

（2）超精研磨。超精研磨研具为细粒度磨条，对工件施加很小的压力，并沿工件轴向振动和低速进给，工件同时作慢速旋转。采用油切削液如图 5-28 所示。

研磨过程可大致分为以下几个阶段：

①强烈切削阶段。开始加工时，工件表面粗糙，与磨条接触面小，实际比压大，有磨削作用。

②正常切削阶段。表面逐渐磨平，接触面积增大，比压逐渐减小，但仍有磨削作用。微

弱切削阶段磨粒变钝，切削作用微弱，切下来的细屑逐渐堵塞油石气孔。

③停止切削阶段。工作表面很光滑，接触面积大大增加，比压变小，磨粒已不能穿破油膜，故切削作用停止，由于磨粒运动轨迹复杂，研磨至最后呈挤压和抛光作用，故表面粗糙 Ra 可达 $0.01 \sim 0.08$ μm。加工余量小，一般只有 $0.008 \sim 0.010$ mm，切削力小，切削温度低，表面硬化程度低，故不会产生表面烧伤，不会产生残余拉应力。

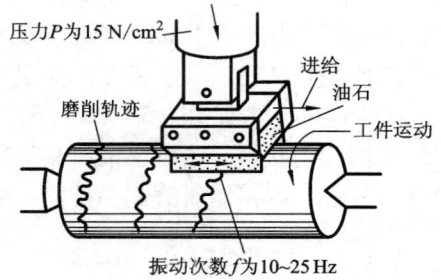

图 5-28　超精加工原理

（3）珩磨。是低速大面积接触的磨削加工，所用磨具是由几根粒度很细的油石所组成的珩磨，一般用于加工直径 $15 \sim 150$ mm 的通孔，也可以用于加工深孔或盲孔。

如图 5-29 所示为内孔珩磨工具珩磨头，转动螺母 1 调整锥 3 和顶销 7，使磨条 4 张开或收缩调整工作尺寸和工作压力，珩磨头同时作回转运动和直线往复运动，其合成运动在工作表面上产生了交叉而又不重复的网纹式磨粒轨迹，有利于获得小表面粗糙度值的加工表面和存贮润滑油。

珩磨的颗粒很细，每颗磨粒的切深又很小，因此能使加工表面达到 $Ra0.4 \sim 0.02$ μm，珩磨后精度可达 IT4 ~ IT6 级，表面层的变质极薄，珩磨头与机床主轴浮动连接，故不能纠正位置误差；生产率比研磨高；加工余量很小，加工铸铁时为 $0.02 \sim 0.05$ mm，加工钢为 $0.005 \sim 0.08$ mm，需要经过如金刚镗等精细加工，然后才能进行珩磨，适用于大批大量生产中精密孔的终加工，不适宜加工较大韧性的有色合金以及断续表面。如带槽的孔等。

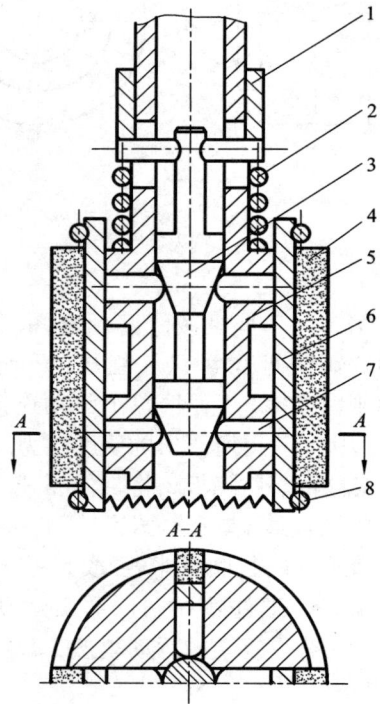

图 5-29　珩磨头

1—螺母；2、8—弹簧；3—调整锥；4—磨条；
5—磨头体；6—垫块；7—顶销

（4）抛光。抛光是利用布轮、布盘等软性器具涂上抛光膏来抛光工件表面的，它利用抛光器具的高速旋转，靠抛光膏的机械刮擦和化学作用去除掉工件表面粗糙度的顶峰，使工件表面获得光泽。抛光时，一般不去除加工余量，因而不可能提高工件的精度，甚至有时还会损伤上道工序已获得的精度，抛光也不能减少零件的形状位置误差，经抛光后，表面层的残余拉应力会有所减少。

3.表面强化工艺

表面强化工艺能改善工件表面的硬度、组织和残余应力状况，提高零件的物理、力学性能，从而获得良好的表面质量。

机械表面强化是指在常温下通过冷压力加工方法，使表面层产生冷塑变形，增大表面硬

128

度，在表面层形成残余应力，提高表面的抗疲劳性能，同时将微观不平的顶峰压平，减小表面粗糙度值，使加工精度有所提高。图 5 - 30 列出了几种表面机械强化方法。

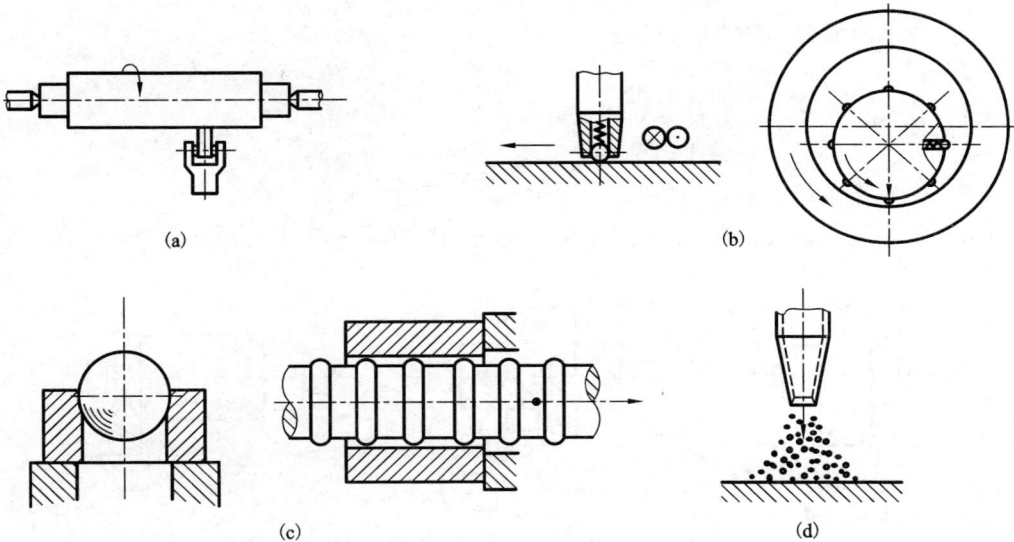

图 5 - 30　常用的冷压强化工艺方法
(a)单滚柱或多滚柱滚压；(b)单滚珠或多滚珠滚压；(c)钢珠挤压和胀孔；(d)喷丸强化

(1)滚压加工。利用经过淬硬和精细抛光过的、可自由旋转的滚柱或滚珠，对零件表面进行挤压，以提高加工表面质量的一种机械强化加工方法。滚压加工可以加工外圆、内孔和平面等不同表面，滚压加工工序常安排在精车后或粗磨后进行，滚压加工可减小表面粗糙度值 2 ~ 3 级，提高硬度 10% ~ 40%，表面层耐疲劳强度一般可提高 30% ~ 50%，其效果与工件材料、滚压前表面状态、滚压工具和滚子表面性能及采用的工艺参数有关。

孔的滚压加工更为普遍，不少工厂采用滚压加工代替珩磨而作为终加工工序。

(2)挤压加工。是利用截面形状与工件孔形相同的挤压工具(胀头)，在两者间有一定过盈量的前提下，推孔或拉孔而使表面强化，效率较高，可采用单环或多环挤刀。后者与拉刀相似，挤后工件孔质量提高。

(3)喷丸加工。喷丸强化是用压缩空气或机械离心力将小珠丸高速(35 ~ 50 m/s)喷出打击工件表面，使工件表面产生冷硬层和残余压应力，可显著提高零件的疲劳强度和使用寿命。

所用珠丸可以是铸铁的，也可以是砂石，还有用钢丸的，其尺寸为 0.4 ~ 4 mm，对软金属可用铝丸或玻璃丸。

喷丸表面粗糙度值与珠丸的直径成正比，尺寸较小、表面粗糙度值要求较小的工件，用较细小的珠丸，但珠丸过小则强化作用不大，只能增加美观。

喷丸强化主要用于强化形状比较复杂的零件，如直齿轮、连杆、曲轴等，也可用于一般零件，如板弹簧、螺旋弹簧、焊缝等。

习 题

5-1 加工质量包括哪些内容?

5-2 什么是加工误差?

5-3 什么是原始误差? 原始误差包括哪些?

5-4 表面粗糙度产生的原因是什么?

5-5 主轴回转误差包括哪些?

5-6 工件刚度极大,床头刚度大于床尾,分析加工后加工表面形状误差。

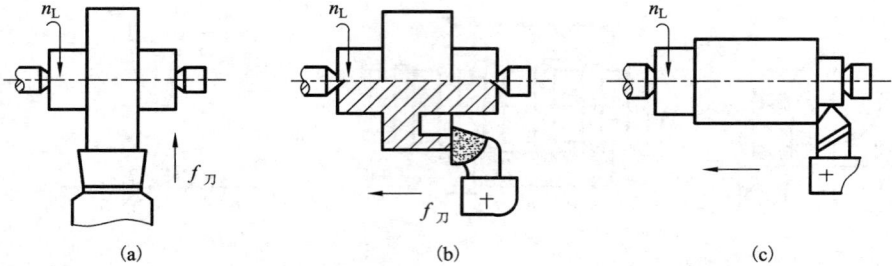

图 5-31

5-7 什么是误差复映?

5-8 什么是磨削烧伤?

5-9 残余应力是如何产生的?

5-10 在镗床上镗孔时,镗床主轴与工作台面有平行度误差 α。问工作台作进给时加工孔产生什么误差? 而当主轴进给时会产生什么样的误差? 其误差大小分别为多少?

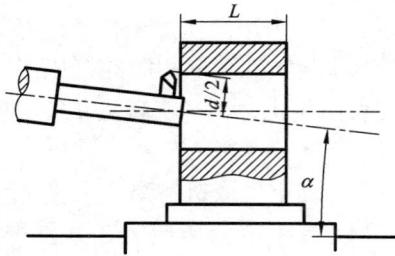

图 5-32

5-11 磨削加工一平板(如图),磨前该平板上下面平整,若只考虑磨削热的影响,磨削上表面后,平板会产生什么样的误差(用图表示)? 为什么?

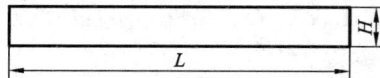

图 5-33

130

5-12 在无心磨床上加工一批外径为 $\phi 9.65^{0}_{-0.04}$ mm 的销子，抽样检查其检测结果服从正态分布，且平均值 $\bar{x} = 9.632$ mm，标准差 $\sigma = 0.009$ mm。已知正态分布曲线积分值如下表，其中 $z = \dfrac{x - \mu}{\sigma}$，$\varphi(z) = \dfrac{1}{\sqrt{2\pi}}\displaystyle\int_{0}^{z} e^{-z^2/2} \mathrm{d}z$。

(1) 画出工件尺寸分布曲线图和尺寸公差范围；

(2) 并计算该系统的工艺能力系数；

(3) 废品率是多少？能否修复？

5-13 在车床上车削一批轴，图样要求为 $\phi 25^{0}_{-0.1}$ mm，已知轴径尺寸误差按正态分布，平均值 $\bar{x} = 24.96$ mm，标准差 $\sigma = 0.02$ mm。已知正态分布曲线积分值如下表，其中 $z = \dfrac{x - \mu}{\sigma}$，$\varphi(z) = \dfrac{1}{\sqrt{2\pi}}\displaystyle\int_{0}^{z} e^{-z^2/2} \mathrm{d}z$。

(1) 画出工件尺寸分布曲线图和尺寸公差范围；

(2) 并计算该系统的工艺能力系数；

(3) 废品率是多少？能否修复？

第6章
机床夹具设计

第一节　概　述

机床夹具是在机械制造过程中，用来固定加工对象，使之占有正确位置，以接受加工或检测并保证加工要求的机床附加装置，简称为夹具。

一、机床夹具的作用

在机床上加工工件时，必须用夹具装好夹牢工件。将工件装好，就是在机床上确定工件相对于刀具的正确位置，这一过程称为定位。将工件夹牢，就是对工件施加作用力，使之在已经定好的位置上将工件可靠地夹紧，这一过程称为夹紧。从定位到夹紧的全过程，称为装夹。机床夹具的主要功能就是完成工件的装夹工作。工件装夹情况的好坏，将直接影响工件的加工精度。

机床夹具是机械加工中不可缺少的一种工艺装备，应用十分广泛。其主要作用有：

（1）稳定保证加工质量。采用夹具后，工件各表面间的相互位置精度是由夹具保证的，而不是依靠工人的技术水平与熟练程度，所以产品质量容易保证。

（2）提高劳动生产率。使用夹具使工件装夹迅速、方便，从而大大缩短了辅助时间，提高了生产率。特别是对于加工时间短、辅助时间长的中、小零件，效果更为显著。

（3）减轻工人的劳动强度，保证安全生产。有些工件，特别是比较大的工件，调整和夹紧很费力气，而且注意力要高度集中，很容易疲劳。如果使用机床夹具，采用气动或液压等自动化夹紧装置，既可减轻工人的劳动强度，又能保证安全生产。

（4）扩大机床的使用范围。实现一机多用，一机多能。如在铣床上安装一个回转台或分度装置，可以加工有等分要求的零件；在车床上安装镗模，可以加工箱体零件上的同轴孔系。

二、机床夹具的组成

机床夹具的种类繁多、结构各异，但它们的工作原理基本相同。按夹具上各部分元件和装置所起的功用划分，可得出夹具一般有以下几个组成部分，以图6-1钻模夹具为例。

1. 定位元件

定位元件用于确定工件在夹具中的正确位置，它是夹具的主要功能元件之一。图6-1中的圆柱销5、菱形销9和支承板4都是定位元件，它们使工件在夹具中占据正确位置。

2. 夹紧装置

夹紧装置用于保证工件在加工过程中受到外力（如切削力、重力、惯性力等）作用时，已经占据的正确位置不被破坏。如图6-1所示钻床夹具中的开口垫圈6是夹紧元件，与螺杆

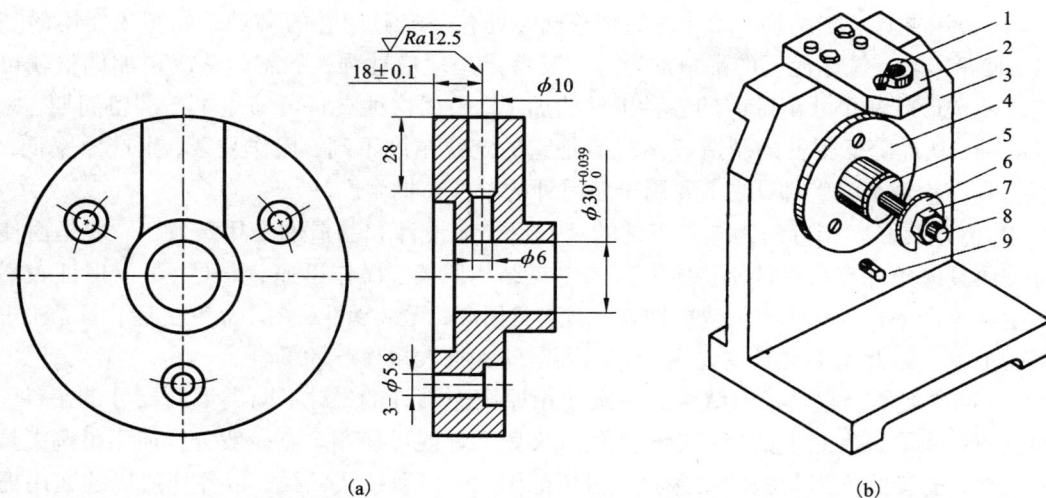

图6－1　简易钻模夹具示例

(a)后盖零件简图；(b)钻 $\phi10$ 孔的钻床夹具

1—钻套；2—钻模板；3—夹具体；4—支承板；5—圆柱销；6—开口垫圈；7—螺母；8—螺杆；9—菱形销

8、螺母7一起组成夹紧装置。

3. 对刀－导向元件

对刀－导向元件用于确定刀具相对于夹具的正确位置和引导刀具进行加工。其中，对刀元件是在夹具中起对刀作用的零部件，如铣床夹具上的对刀块。导向元件是在夹具中起对刀和引导刀具作用的零部件，图6－1中的钻套1是导向元件。

4. 夹具体

夹具体是机床夹具的基础件，它用于连接夹具上各个元件或装置，使之成为一个整体，并与机床有关部件相连接，如图6－1中的夹具体3。

5. 连接元件

确定夹具在机床上正确位置的元件，如定位键、定位销及紧固螺栓等。

6. 其他元件和装置

根据夹具上特殊需要而设置的装置和元件，如：

(1)分度装置。加工按一定规律分布的多个表面。

(2)上下料装置。为方便输送工件，如输送垫铁等。

(3)吊装元件。对于大型夹具，应设置吊装元件，如吊环螺钉等。

(4)工件的顶出装置(或让刀装置)加工箱体类零件多层壁上的孔。

在上述各组成部分中，定位装置、夹紧装置、夹具体是机床夹具的基本组成部分。

三、机床夹具的分类

机床夹具种类繁多，可按不同的方式进行分类，常用的分类方法有以下几种。

1. 按夹具的使用范围和特点分类

（1）通用夹具。指结构、尺寸已经规格化，具有一定通用性的夹具。如车床使用的三爪卡盘、四爪卡盘，铣床使用的平口虎钳等。其特点是适应性强，不需调整或稍加调整就可用来安装一定形状和尺寸范围内的各种工件的加工，采用这种夹具可缩短生产准备周期，减少夹具品种，从而降低零件的制造成本。但是它的定位精度不高，操作复杂，生产效率低，且较难装夹形状复杂的工件，故主要用于多品种的单件小批生产。

（2）专用夹具。指专门为某一工件的某一道工序设计和制造的专用装置，一般是由使用单位按照具体条件自行设计制造的。其特点是结构紧凑、操作迅速、方便；可以保证较高加工精度和生产率；但设计和制造周期长，制造费用高；无继承性，在产品变更后，因无法重复利用而报废。因此这类夹具主要用于产品固定的大批大量生产的场合。

（3）可调夹具。它是根据结构的多次使用原则而设计的，对不同类型和尺寸的工件，只需调整或更换原来夹具上的个别定位元件或夹紧元件便可使用。它一般分为通用可调夹具和成组夹具，前者的加工对象不很确定，通用范围大，如滑柱式钻模、带各种钳口的通用虎钳等；后者则是针对成组工艺中某一组零件的加工而设计的，加工对象明确，调整范围只限于本组内的工件。

（4）随行夹具。它是在自动或半自动生产线上使用的夹具，虽然它只适用于某一种工件，但毛坯装上随行夹具后，可从生产线开始一直到生产线终端在各位置上进行各种不同工序的加工。根据这一特点，随行夹具的结构也适用于各种不同工序的加工。

（5）组合夹具。由预先制造好的通用标准零部件经组装而成的专用夹具，是一种标准化、系列化、通用化程度高的工艺装备。其特点是组装迅速、周期短；通用性强，元件和组件可反复使用；产品变更时，夹具可拆卸、清洗、重复再用；一次性投资大，夹具标准元件存放费用高；与专用夹具比，其刚性差，外形尺寸大。这类夹具主要用于新产品试制以及多品种、中小批量生产中。

2. 按使用机床分类

分为车床夹具、铣床夹具、钻床夹具、镗床夹具、拉床夹具、磨床夹具、齿轮加工机床夹具等。

3. 按夹紧的动力源分类

分为手动夹具、气动夹具、液压夹具、气液夹具、电磁夹具、真空夹具等。

四、机床夹具的现状及发展方向

夹具最早出现在 18 世纪后期。随着科学技术的不断进步，夹具已从一种辅助工具发展成为门类齐全的工艺装备。

1. 机床夹具的现状

国际生产研究协会的统计表明，目前中、小批多品种生产的工件品种已占工件种类总数的85%左右。现代生产要求企业所制造的产品品种经常更新换代，以适应市场的需求与竞争。然而，一般企业都仍习惯于大量采用传统的专用夹具，一般在具有中等生产能力的工厂里，约拥有数千甚至近万套专用夹具；另一方面，在多品种生产的企业中，每隔 3 ~ 4 年就要更新50% ~ 80%左右专用夹具，而夹具的实际磨损量仅为10% ~ 20%。特别是近年来，数控

机床、加工中心、成组技术、柔性制造系统(FMS)等新加工技术的应用,对机床夹具提出了如下新的要求:

(1)能迅速而方便地装备新产品的投产,以缩短生产准备周期,降低生产成本。

(2)能装夹一组具有相似性特征的工件。

(3)能适用于精密加工的高精度机床夹具。

(4)能适用于各种现代化制造技术的新型机床夹具。

(5)采用以液压站等为动力源的高效夹紧装置,以进一步减轻劳动强度和提高劳动生产率。

(6)提高机床夹具的标准化程度。

2. 现代机床夹具的发展方向

现代机床夹具的发展方向主要表现为标准化、精密化、高效化和柔性化等四个方面。

(1)标准化。机床夹具的标准化与通用化是相互联系的两个方面。目前我国已有夹具零件及部件的国家标准:GB/T2148～T2259—1991以及各类通用夹具、组合夹具标准等。机床夹具的标准化,有利于夹具的商品化生产,有利于缩短生产准备周期,降低生产总成本。

(2)精密化。随着机械产品精度的日益提高,势必相应提高了对夹具的精度要求。精密化夹具的结构类型很多,例如用于精密分度的多齿盘,其分度精度可达 $\pm 0.1''$;用于精密车削的高精度三爪自定心卡盘,其定心精度为 5 μm。

(3)高效化。高效化夹具主要用来减少工件加工的基本时间和辅助时间,以提高劳动生产率,减轻工人的劳动强度。常见的高效化夹具有自动化夹具、高速化夹具和具有夹紧力装置的夹具等。例如,在铣床上使用电动虎钳装夹工件,效率可提高 5 倍左右;在车床上使用高速三爪自定心卡盘,可保证卡爪在试验转速为 9000 r/min 的条件下仍能牢固地夹紧工件,从而使切削速度大幅度提高。目前,除了在生产流水线、自动线配置相应的高效、自动化夹具外,在数控机床上,尤其在加工中心上出现了各种自动装夹工件的夹具以及自动更换夹具的装置,充分发挥了数控机床的效率。

(4)柔性化。机床夹具的柔性化与机床的柔性化相似,它是指机床夹具通过调整、组合等方式,以适应工艺可变因素的能力。工艺的可变因素主要有:工序特征、生产批量、工件的形状和尺寸等。具有柔性化特征的新型夹具种类主要有:组合夹具、通用可调夹具、成组夹具、模块化夹具、数控夹具等。为适应现代机械工业多品种、中小批量生产的需要,扩大夹具的柔性化程度,改变专用夹具的不可拆结构为可拆结构,发展可调夹具结构,将是当前夹具发展的主要方向。

第二节　工件在夹具中的定位

工件在夹具中定位就是要确定工件与定位元件的相对位置,从而保证工件相对于刀具和机床的正确加工位置。工件在夹具中的定位,是由工件的定位基准(面)与夹具定位元件的工作表面(定位表面)相接触或相配合实现的。工件位置正确与否,用加工要求来衡量,一批工件逐个在夹具上定位时,每个工件在夹具中占据的位置不可能绝对一致,但每个工件的位置变动量必须控制在加工要求所允许的范围内。

由此可知，工件在夹具中的定位应解决两方面的问题：一是工件位置是否确定，即定位方案的设计；二是工件位置是否准确，即定位精度问题。

一、六点定位原理

一个尚未定位的工件是一个自由刚体，其在空间的位置是不确定的，如图 6 – 2(a)所示，它在空间直角坐标系中可沿 x、y、z 三个坐标轴任意移动，也可绕此三坐标轴转动，分别用 $\vec{x}$、$\vec{y}$、$\vec{z}$ 和 $\hat{x}$、$\hat{y}$、$\hat{z}$ 表示，即为工件的 6 个自由度。要使工件具有唯一确定的位置，就必须限制它在空间的六个自由度。

如图 6 – 2(b)所示，用六个合理分布的定位支承点与工件分别接触，即一个支承点限制工件的一个自由度，使工件在夹具中的位置完全确定。由此可见，要使工件在空间具有唯一确定的位置，就必须限制工件在空间的六个自由度，这就是"六点定位原理"。

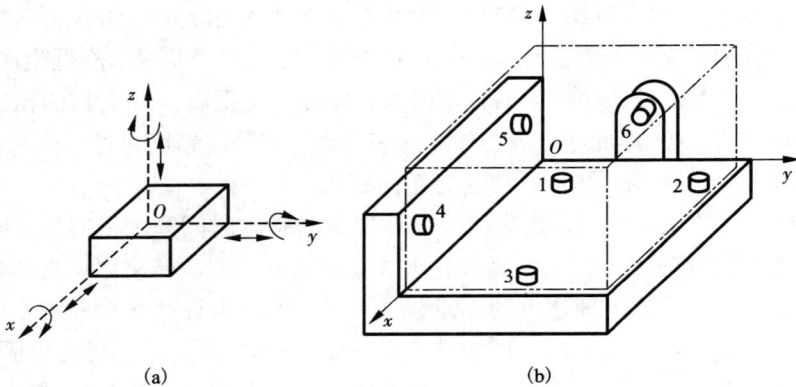

图 6 – 2　工件在空间中的自由度

在应用工件的"六点定位原理"进行定位分析时，应注意以下几点：

（1）定位就是限制自由度，通常用合理布置的定位支承点来限制工件的自由度。

（2）定位支承点限制工件自由度的作用，应理解为定位支承点与工件定位基准面始终保持紧贴接触。若二者脱离，则意味着失去定位作用。

（3）定位和夹紧是两个不同的概念：定位是为了使工件在空间某一方向占据唯一确定的位置，此时工件除受自身重力作用外，不受其他外力作用。而夹紧则是使工件在外力作用下，仍能保证这唯一正确位置不变，对于一般夹具，先实施定位，然后再夹紧。对于自定心夹具（如三爪卡盘），则是定位和夹紧过程同时进行。因此，一定要把定位和夹紧区别开来，不能混为一谈。

（4）定位支承点是由定位元件抽象而来的，在夹具中，定位支承点总是通过具体的定位元件来体现，至于具体的定位元件应转化为几个定位支承点，需结合其结构进行分析。

表 6 – 1 所示为常见的典型定位方式及定位元件可转化的支承点数目及所能限制的自由度。需要注意的是，一种定位元件转化成的支承点数目是一定的。

表 6－1 常见典型定位方式及定位元件所限制的自由度

工件定位基准面	定位元件	定位方式及所限制的自由度	工件定位基准面	定位元件	定位方式及所限制的自由度
平面	支承钉		圆孔	锥销	
	支承板		外圆柱面	支承板或支承钉	
	固定支承与自位支承				
	固定支承与辅助支承			V 形块	
圆孔	短圆柱				
	长圆柱				
	锥销			定位套	

工件定位基准面	定位元件	定位方式及所限制的自由度	工件定位基准面	定位元件	定位方式及所限制的自由度
外圆柱面	定位套		外圆柱面	锥套	
外圆柱面	半圆孔		锥孔	顶尖	
	锥套			锥心轴	

二、工件定位的几种情况

设计夹具时，必须根据本工序加工时工件需要保证的位置尺寸和位置精度，按照工件的定位原理，分析研究应该限制工件的哪几个自由度，对哪些自由度可不必限制。如图 6 – 3 所示，铣削长方体工件上的通槽，为保证槽底面与 A 面的平行度和尺寸 H，就必须限制工件的 $\vec{z}$、$\hat{x}$、$\hat{y}$ 三个自由度；为保证槽侧面与 B 面的平行度及尺寸 F 的加工要求，还需要限制 $\vec{x}$、$\hat{z}$ 两个自由度。至于 $\vec{y}$，按加工要求可不用限制。因一批工件逐

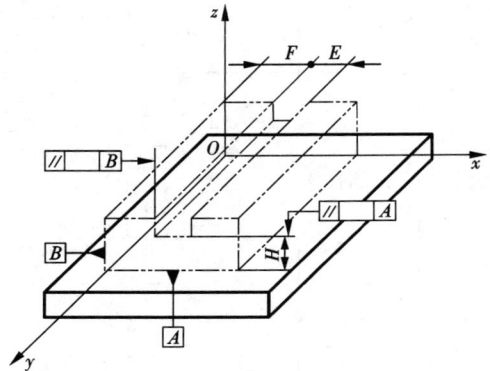

图 6 – 3　按工件加工要求必须限制的自由度

个在夹具中定位时，各个工件沿 y 轴的位置即使不同，也不会影响加工通槽的要求。

根据工件的加工要求，工件在夹具中的定位，常有以下几种定位情况。

1. 完全定位

工件的六个自由度被定位元件无重复的限制，工件在夹具中具有唯一确定的位置称为完全定位。如图 6-4(a)所示，在工件上铣键槽，保证尺寸 z，需要限制 $\vec{z}$、$\hat{x}$、$\hat{y}$；保证尺寸 x，需要限制 $\vec{x}$、$\hat{y}$、$\vec{z}$；保证尺寸 y，需要限制 $\vec{y}$、$\hat{z}$、$\hat{x}$。综合起来，必须限制工件的六个自由度，即完全定位。

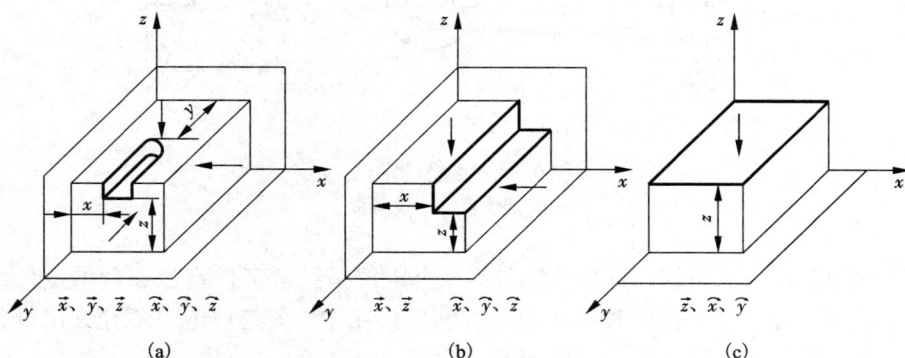

图 6-4　工件应限制自由度的确定

2. 不完全定位

如图 6-4(b)所示，在工件上铣台阶面时，工件沿 y 轴的移动自由度 $\vec{y}$，对工件的加工精度无影响，工件在这一方向上的位置不确定只影响加工时的进给行程，故此处只需要限制五个自由度，即 $\vec{x}$、$\vec{z}$、$\hat{x}$、$\hat{y}$、$\hat{z}$。这种对不影响工件加工要求的某些自由度不加限制的定位方式称为不完全定位。显然不完全定位是合理的定位方式。图 6-4(c)中加工上表面时也采用的是不完全定位。

3. 欠定位

根据工件的加工要求，应该限制的自由度没有完全被限制的定位称为欠定位。欠定位无法保证加工要求。因此，在确定工件的定位方案时，决不允许有欠定位的现象发生。

4. 过定位

工件的一个或几个自由度被不同的定位支承点重复限制的定位称为过定位或重复定位。如图 6-5(a)所示，加工连杆大孔的定位方案中，长圆柱销 1 限制 $\vec{x}$、$\vec{y}$、$\hat{x}$、$\hat{y}$ 四个自由度，支承板 2 限制 $\hat{x}$、$\hat{y}$、$\vec{z}$ 三个自由度。其中，$\hat{x}$、$\hat{y}$ 被两个定位元件重复限制，产生了过定位。如工件孔与端面垂直度误差较大，且孔与销间隙又很小时，会出现两种情况：如长圆柱销刚度好，定位后工件歪斜，端面只有一点接触，如图 6-5(b)所示；如长圆柱销刚度不足，压紧后长圆柱销将歪斜，工件也可能变形，如图 6-5(c)。二者都会引起加工大孔的位置误差，使连杆两孔的轴线不平行。

在实际应用中应当根据具体情况，采取如下措施消除或减少过定位带来的不良后果：

(1)提高工件定位基准之间及定位元件工作表面之间的位置精度，减少过定位对加工精度的影响，使不可用过定位变为可用过定位。

(2)改变定位方案，避免过定位。消除重复限制自由度的支承或将其中某个支承改为辅助支承(或浮动支承)；改变定位元件的结构，如圆柱销改为菱形销，长销改为短销等。

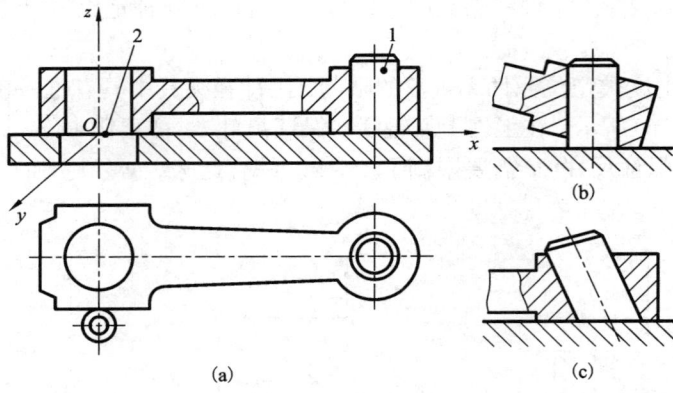

图 6-5　连杆的定位

1—长圆柱销；2—支承板

由上述几种定位情况可知，完全定位和不完全定位是符合工件定位原理的定位，而欠定位和过定位是不符合工件定位原理的定位。在实际应用中，欠定位绝对不允许出现，但过定位在不影响加工要求的前提下是允许使用的。

表 6-2 是根据工件的加工要求，必须限制的自由度。

表 6-2　根据加工要求必须限制的自由度

工序简图	加工要求	必须限制的自由度
	1. 尺寸 B 2. 尺寸 H	$\vec{x}$、$\vec{z}$ $\vec{x}$、$\vec{y}$、$\vec{z}$
	1. 尺寸 B 2. 尺寸 H 3. 尺寸 L	$\vec{x}$、$\vec{y}$、$\vec{z}$ $\vec{x}$、$\vec{y}$、$\vec{z}$
	尺寸 H	$\vec{z}$ $\vec{x}$

工序简图	加工要求	必须限制的自由度
加工面宽为 W 的槽	1. 尺寸 H 2. W 对称平面对 ϕD 轴线的对称度	$\vec{x}$、$\vec{z}$ $\widehat{x}$、$\widehat{z}$
加工面宽为 W 的槽	1. 尺寸 H 2. 尺寸 L 3. W 对称平面对 ϕD 轴线的对称度	$\vec{x}$、$\vec{y}$、$\vec{z}$ $\widehat{x}$、$\widehat{z}$
加工面宽为 W 的槽	1. 尺寸 H 2. 尺寸 L 3. W 对称平面对 ϕD 轴线的对称度 4. W 对称平面对 W_1 对称平面的对称度	$\vec{x}$、$\vec{y}$、$\vec{z}$ $\widehat{x}$、$\widehat{y}$、$\widehat{z}$
加工面圆孔	通孔　1. 尺寸 B 　　　2. 尺寸 L	$\vec{x}$、$\vec{y}$ $\widehat{x}$、$\widehat{y}$、$\widehat{z}$
	不通孔	$\vec{x}$、$\vec{y}$、$\vec{z}$ $\widehat{x}$、$\widehat{y}$、$\widehat{z}$
加工面圆孔	通孔　1. 尺寸 L 　　　2. 加工孔轴线对 ϕD 轴线的垂直度与对称度	$\vec{x}$、$\vec{y}$ $\widehat{x}$、$\widehat{z}$
	不通孔	$\vec{x}$、$\vec{y}$、$\vec{z}$ $\widehat{x}$、$\widehat{z}$
加工面圆孔	通孔　加工孔轴线对 ϕD 轴线的同轴度	$\vec{x}$、$\vec{y}$ $\widehat{x}$、$\widehat{y}$
	不通孔	$\vec{x}$、$\vec{y}$、$\vec{z}$ $\widehat{x}$、$\widehat{y}$

三、常见定位方式及其所用定位元件

工件的定位，除根据工件的加工要求选择合适的表面作定位基准面外，还必须选择正确的定位方法，将定位基面支承在适当分布的定位支承点上，然后将各支承点按定位基面的具体结构形状，再具体化为定位元件。

工件的定位基准面有多种形式，如平面、外圆柱面、内孔等。根据工件上定位基准面的不同采用不同的定位元件，使定位元件的定位面和工件的定位基准面相接触或配合，实现工件的定位。

1. 工件以平面定位

工件以平面定位时，定位元件常用三个支承钉或两个以上支承板组成的平面进行定位。各支承钉(板)的距离应尽量大，使得定位稳定可靠。常用定位元件有以下几种：

(1)固定支承。它是指高度尺寸固定，不能调节的支承，包括固定支承钉和支承板两类。

①固定支承钉。如图6-6所示，图6-6(a)为平头支承钉，多用于精基准定位，图6-6(b)为球头支承钉，图6-6(c)为齿纹支承钉，这两种适用于粗基准定位，可减少接触面积，以便与粗基准有稳定的接触。其中，球头支承钉较易磨损而失去精度。齿纹支承钉能增大接触面间的摩擦力，防止工件受力走动，但落入齿纹中的切屑不易清除，故多用于侧面定位。图6-6(d)为带套筒的支承钉，用于大批大量生产，便于磨损后更换。

支承钉与夹具体孔的配合为 H7/r6 或 H7/n6。带套筒支承钉外径与夹具体孔的配合亦为 H7/r6 或 H7/n6，内径与支承钉的配合为 H7/js6。当使用几个平头支承钉(处于同一平面)时，装配后应一次磨平工作表面，以保证平面度。

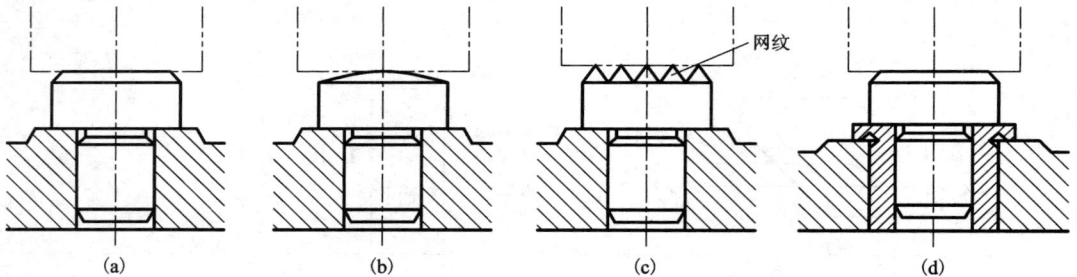

图6-6 各种固定支承钉

②支承板。多用于精基准定位，有时可用一块支承板代替两个支承钉。如图6-7所示，A型支承板结构简单、紧凑，但切屑易落入内六角螺钉头部的孔中，且不易清除。因此，多用于侧面和顶面的定位。B型支承板在工作面上有45°的斜槽，且能保持与工件定位基面连续接触，清除切屑方便，所以多用于平面定位。

支承板用螺钉紧固在夹具体上，当一个平面采用两个以上的支承板定位时，装配后应一次磨平工作表面，以保证其平面度。

(2)调节支承。它是指顶端位置可在一定高度范围内调整的支承，适用于形状、尺寸变化较大的粗基准定位，亦可用于同一夹具加工形状相同而尺寸不同的工件。如图6-8所示表示了两种调节支承的基本形式，均由螺钉及螺母组成。支承高度调整好后，用螺母锁紧。

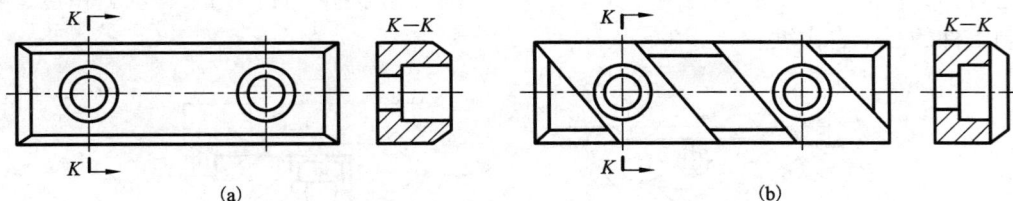

图 6 – 7　固定支承板

(a) A 型；(b) B 型

(3) 自位支承。它是在工件定位过程中，能随工件定位基准面位置的变化而自动与之适应的多点接触的浮动支承。其作用相当于一个定位支承点，限制工件的一个自由度。由于接触点数的增多，可提高工件的支承刚度和定位的稳定性，适用于粗基准定位或工件刚度不足的定位情况，如图 6 – 9 所示，其中，图 6 – 9(a) 和图 6 – 9(b) 为双接触点，图 6 – 9(c) 为三接触点，无论哪一种，都只相当于一个定位支承点，限制工件的一个自由度。

在生产中为了提高工件的刚度和定位稳定性，常采用辅助支承。如图 6 – 10 所示的阶梯零件，当用平面 1 定位铣平面 2 时，在工件右部底面增设辅助支承 3，可避免加工过程中工件的变形。辅助支承的结构形式很多，无论采用哪一种，都应注意，辅助支承不起定位作用，即不应限制工件的自由度，同时更不能破坏基本支承对工件的定位。因此，辅助支承的结构都是可调并能锁紧的。

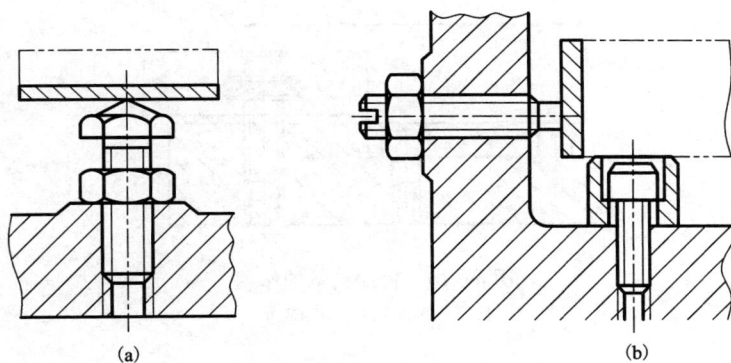

图 6 – 8　可调支承

2. 工件以圆孔定位

工件以孔的轴线为定位基准，常在圆柱体(定位销、心轴等)、圆锥体及定心夹紧机构中定位。该方式定位可靠，使用方便，在实际生产中获得广泛使用。常用定位元件有以下几种：

(1) 定位销。定位销是长度较短的圆柱形定位元件，其工作部分的直径可根据工件定位基面的尺寸和装卸的方便设计，与工件定位孔的配合按 g5、g6、f6、f7 制造。基本结构有以下几种：

①固定式定位销。如图 6 – 11 所示，它是直接用过盈配合(H7/r6 或 H7/n6)装在夹具体

上的定位销，有圆柱销和菱形销两种类型，其中，圆柱销限制工件的两个移动自由度，菱形销限制工件的一个自由度。

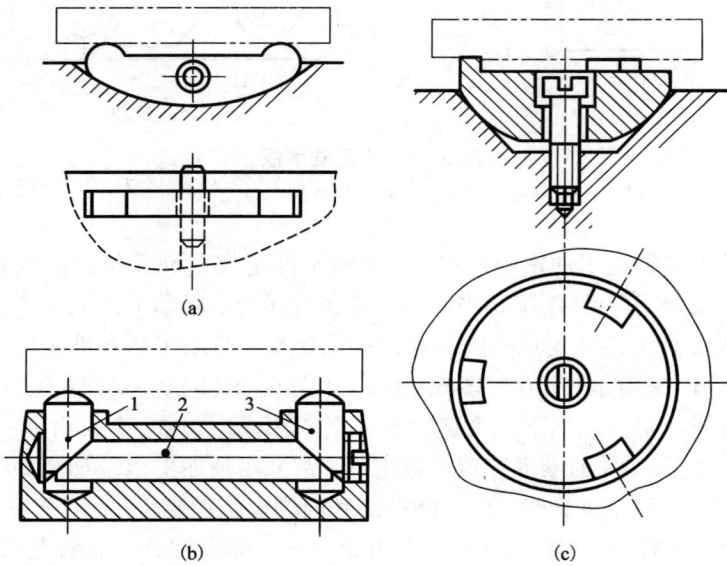

图 6 – 9　自位支承

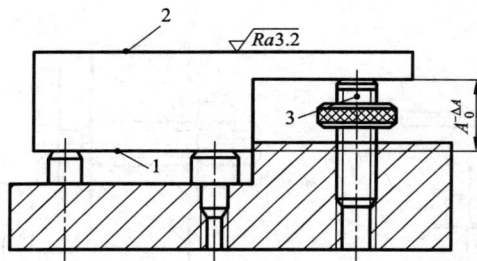

图 6 – 10　辅助支承的作用

1、2—平面；3—辅助支承

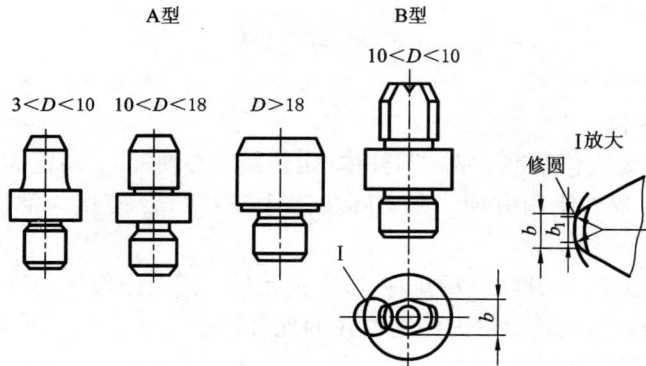

图 6 – 11　固定式定位销

144

②可换式定位销。在大批量生产时，因装卸工件频繁，易磨损，往往丧失定位精度，常采用可换式定位销，如图 6 – 12 所示。衬套外径与夹具体的配合为 H7/n6，内径与可换定位销的配合为 H7/h6 或 H7/h5。

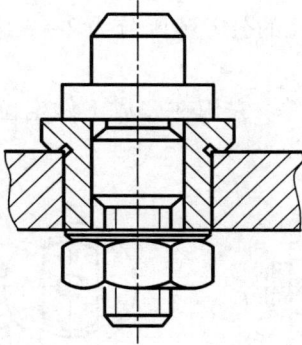

图 6 – 12　可换式定位销

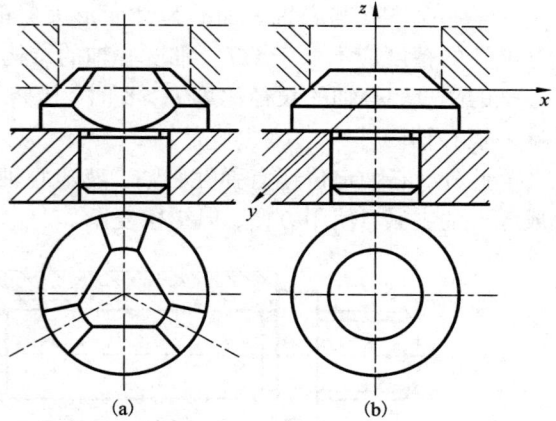

图 6 – 13　圆锥定位销

③圆锥定位销。如图 6 – 13 所示，工件圆孔与圆锥销定位，圆孔与锥销的接触线为一个圆，可限制工件的三个移动自由度 $\vec{x}$、$\vec{y}$、$\vec{z}$。图 6 – 13(a)用于粗基准面定位，图 6 – 13(b)用于精基面定位。工件以圆孔与锥销定位能实现无间隙配合，但单个圆锥销定位时容易倾斜，因此，圆锥销一般不单独使用。如图 6 – 14 所示，图 6 – 14(a)为圆锥与圆柱组合心轴定位；图 6 – 14(b)为用活动锥销与平面组合定位；图 6 – 14(c)为双圆锥销组合定位。

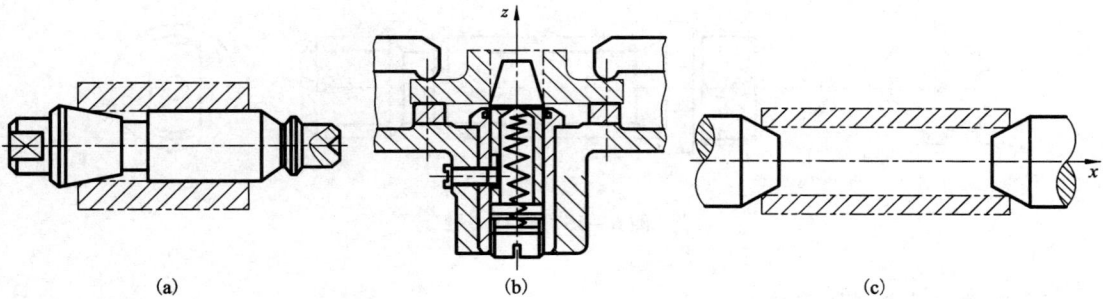

图 6 – 14　圆锥销组合定位

(2)定位心轴。心轴的结构形式很多，应用也很广泛。常用的定位心轴分为圆柱心轴和锥度心轴。

①圆柱心轴。如图 6 – 15 所示，图 6 – 15(a)是间隙配合心轴，其工作部分一般按 h6、g6 或 f7 制造，与工件孔的配合属于间隙配合。其特点是装卸工件方便，但定心精度不高。工件常以孔与端面组合定位，因此，要求工件孔与定位端面、定位元件圆柱面与端面之间都有较高的位置精度。切削力矩传递由端部螺纹夹紧时产生的夹紧力传递。图 6 – 15(b)是过盈配合心轴，由导向部分 1、工作部分 2 和传动部分 3 组成。其特点是结构简单，定心准确，不需要另设夹紧机构；但装卸工件不方便，易损坏工件定位孔。因此，它多用于定心精度高的精加工。图 6

145

–15(c)为花键心轴，用于以花键孔定位的工件。当工件定位孔的长径比 $L/D > 1$ 时，心轴工作部分应稍带锥度。设计花键心轴时，应根据工件的不同定位方式来确定心轴的结构。

②锥度心轴。如图 6 – 16 所示，工件楔紧在心轴上，定心精度较高，但轴向位移较大。工件是靠基准孔与心轴表面的弹性变形夹紧的，故传递转矩较小，适于精加工或检验工序。基准孔的精度应不低于 IT7。锥度心轴的结构尺寸确定，参考有关标准或夹具手册。为保证心轴的刚度，心轴的长径比 $L/D > 8$ 时，应将工件按定位孔的公差范围分为 2～3 组，每组设计一根心轴。

此外，心轴定位还有弹性心轴、液塑心轴、定心心轴等，它们在完成工件定位的同时完成工件的夹紧，使用方便，但结构复杂。

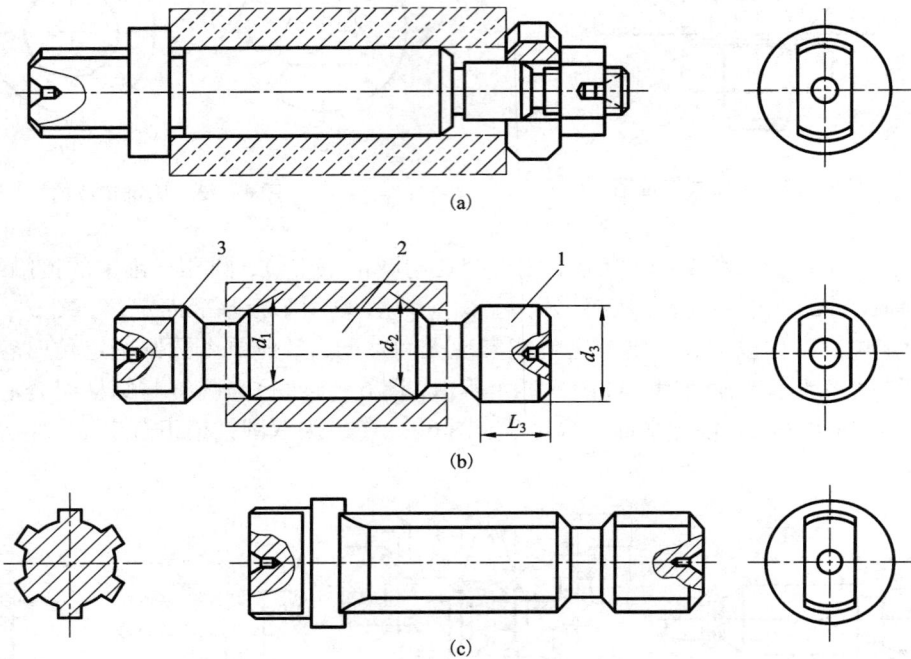

图 6 – 15　圆柱心轴

3. 工件以外圆柱面定位

工件以外圆柱面定位在生产中是常见的，例如凸轮轴、曲轴、阀门以及套类零件的定位等。在夹具设计中，除通用夹具外，常用于外圆表面定位的定位元件有 V 形块、定位套和半圆孔定位座等。各种定位套或半圆孔定位座以工件外圆表面实现定位，V 形块则实现对外圆表面的定心对中定位，是用得最广泛的外圆表面定位元件。

（1）V 形块。如图 6 – 17 所示，V 形块已经标准化，两斜面夹角有 60°、90°、120°，其中 90° V 形块使用最广泛，使用时可根据定位圆柱面的长度和直径进行选择。V 形块结构有多种形式，如图 6 – 17(a)所示 V 形块适用于较长的加工过的圆柱面定位，图 6 – 17(b)所示 V 形块适用于较长的粗糙的圆柱面定位，图(c)所示 V 形块为镶装支承钉或支承板的结构，其底座采用铸件，V 形面采用淬火钢件，以减少磨损，提高寿命和节省钢材，它适用于尺寸较大的圆柱面定位。

146

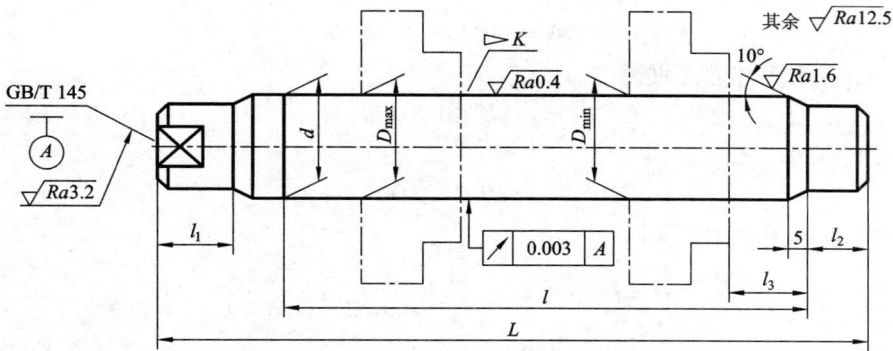

图 6 – 16 锥度心轴

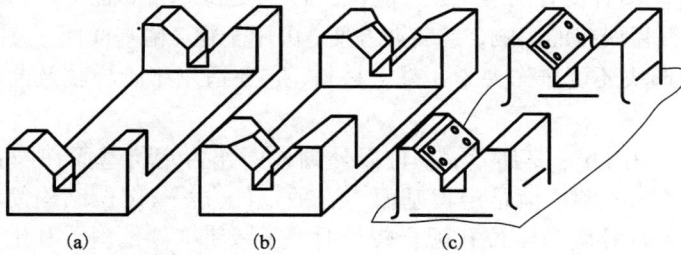

图 6 – 17 V 形块

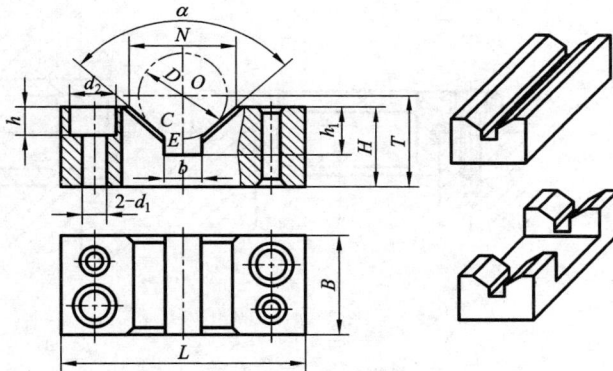

图 6 – 18 V 形块的基本尺寸

V 形块可分固定式与活动式两种。固定式的长 V 形块限制工件四个自由度，短 V 形块限制工件两个自由度，活动短 V 形块只限制工件一个自由度。图 6 – 18 为 V 形块的基本尺寸，其中 D 为标准心轴直径，即工件定位用的外圆直径；H 为 V 形块的高度；α 为 V 形块工作面的夹角；T 为 V 形块检验心轴的中心高，通常作检验用。

V 形块也可自行设计，根据工件定位的外圆直径 D 来计算。先设定 α，再求 N、H 和 T 的值。

尺寸 N：当 $\alpha = 90°$ 时，

$$N = (1.09 \sim 1.13)D \tag{6-1}$$

当 $\alpha = 120°$ 时，

$$N = (1.45 \sim 1.52)D \qquad (6-2)$$

尺寸 H：对于工件为大直径

$$H \leqslant 0.5D$$

对于工件为小直径

$$H \leqslant 1.2D$$

尺寸 T：可由图 6-18 求得

$$T = H + \overline{OC} = H + \frac{1}{2}\left(\frac{D}{\sin\alpha/2} - \frac{N}{\tan\alpha/2}\right) \qquad (6-3)$$

当 $\alpha = 90°$ 时

$$T = H + 0.707D - 0.5N \qquad (6-4)$$

使用 V 形块定位具有良好的对中性，能使工件的定位基准（轴线）处在 V 形块对称平面上，不受定位基面直径误差的影响，且装夹方便，可用于粗、精基准面，整圆柱面或部分圆柱面的定位，活动 V 形块还可兼作夹紧元件。另外，它还适用于阶梯轴及曲轴的定位，并且装卸工件很方便。

（2）定位套筒。如图 6-19 所示，工件以外圆柱面作为定位基面在圆孔中定位，外圆柱面的轴线是定位基准，外圆柱面是定位基面。这种定位方法，定位结构简单，制造容易，但定心精度不高，当工件外圆与定位孔配合较松时，还易使工件偏斜，因此，常采用套筒内孔与端面一起定位，以减少偏斜。若工件端面较大时，为避免过定位，定位孔应做短些。

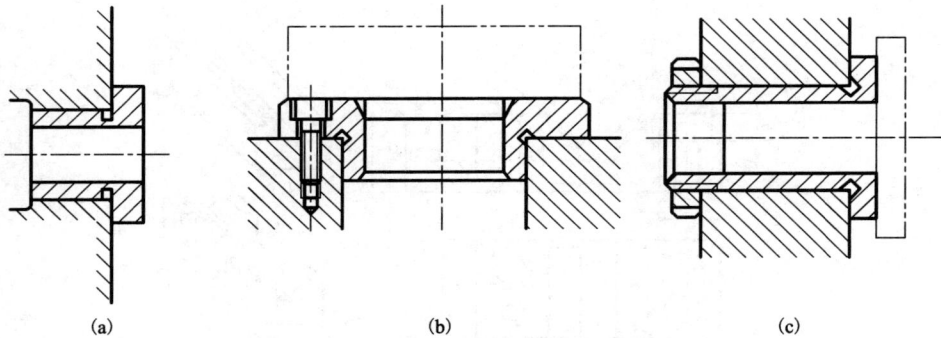

图 6-19　定位套筒

（3）半圆孔定位座。将同一圆周面的孔分为两半圆，下半圆部分装在夹具体上，起定位作用，其最小直径应取工件定位基面（外圆）的最大直径。上半圆部分装在可卸式或铰链式盖上，起夹紧作用，如图 6-20 所示。工作表面是用耐磨材料制成的两个半圆衬套，并镶在基体上，以便于更换，半圆孔定位座适用于大型轴类工件的定位。

4. 工件以锥孔定位

在加工轴类零件或某些精密定心零件时，常以工件的圆锥孔定位，如图 6-21 所示。

5. 工件以组合表面定位

以上所述定位方法，均指工件以单一表面定位。通常工件多是以两个或两个以上表面组合起来作为定位基准使用，称为组合表面定位。当以多个表面作为定位基准进行组合定位

148

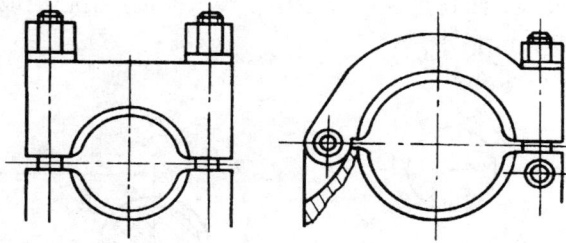

图 6-20　半圆孔定位座

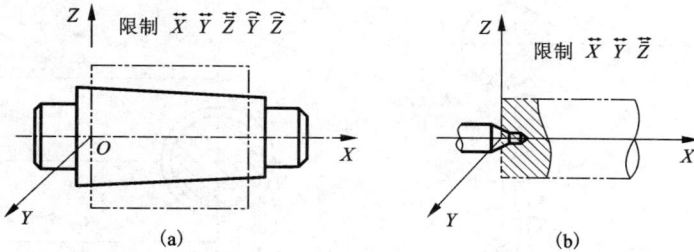

图 6-21　工件以锥孔定位

(a) 圆锥心棒；(b) 顶尖

时，夹具中也有相应的定位元件组合来实现工件的定位。由于工件定位基准之间、夹具定位元件之间都存在一定的位置误差，所以，必须注意工件的过定位问题。为此，定位元件的结构、尺寸和布置方式必须满足工件的定位要求。

（1）一个平面和两个与其垂直的孔的组合。在成批和大量生产中加工箱体、杠杆、盖板等类零件时，常常采用以一平面和两定位孔作为定位基准实现组合定位，该组合定位方式简称为一面两孔定位。这时，工件上的两个定位孔，可以是工件结构上原有的，也可以专为工艺上定位需要而特地加工出来的，称为工艺孔。因该定位方案所需夹具结构简单、定心精度高、夹具敞开性好、易于实现定位过程自动化及定位基准统一等优点，因此在实际生产中应用非常广泛。下面以一面两孔定位方式的结构设计为例，分析组合定位的定位尺寸设计计算。

①一面双圆销定位的设计。如图 6-22 所示，工件定位基准面为一面两孔。孔心距尺寸见图，两孔的尺寸分别为：1孔 $D_{10}^{+\delta_{D1}}$，2孔 $D_{20}^{+\delta_{D2}}$。与之相应的定位元件是支承板和两个短圆柱销，两个圆柱销的尺寸分别为：1销 $d_{1-\delta_{d1}}^{0}$，2销 $d_{2-\delta_{d2}}^{0}$，销心距尺寸见图。此时，支承板限制工件三个自由度，两个短圆柱销各限制工件两个自由度。显然，沿两销连心线方向的移动自由度被重复限制而出现过定位。当定位尺寸出现危险的极限情况时，将可能导致出现图 6-22 所示孔、销定位干涉的结果，使工件无法进行定位。

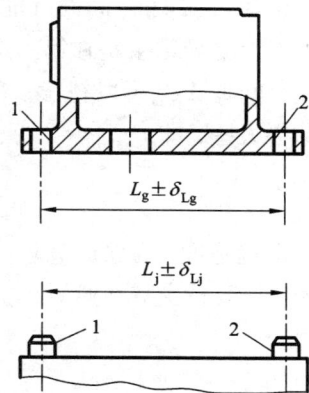

图 6-22　一面两销定位

如图 6-23 所示，出现危险的极限定位尺寸情况有两种：第一种是：销心距最大，孔心

149

距最小，两销直径尺寸最大，两孔直径尺寸最小；第二种是：销心距最小，孔心距最大，两销直径尺寸最大，两孔直径尺寸最小。

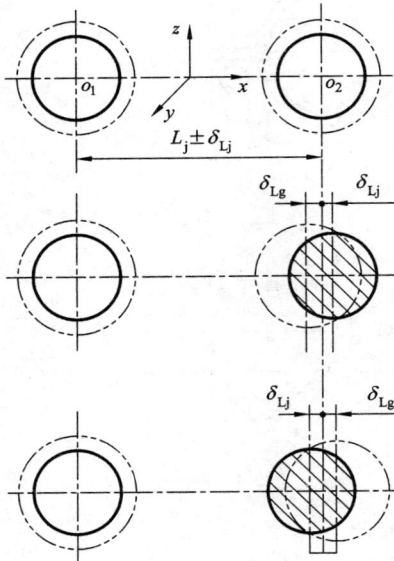

图 6-23　一面两销定位的干涉情况

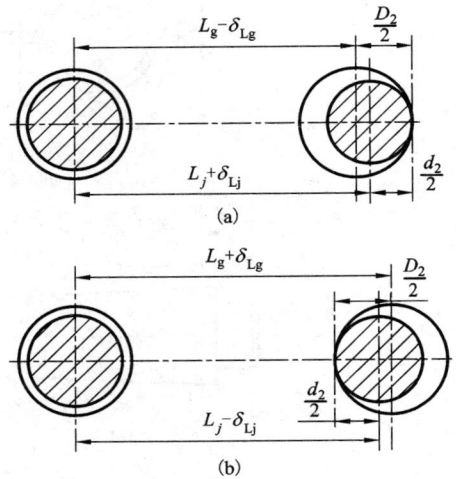

图 6-24　危险情况下正常定位的条件
（a）第一种危险情况；（b）第二种危险情况

假设第一个定位销、孔处于理想的定位位置。当出现危险的极限定位尺寸时，为保证第二个销、孔仍能进行正常的定位，就必须满足图 6-24 所示要求。根据图 6-24(a) 可列方程

$$L_g - \delta_{Lg} + \frac{D_2}{2} = L_j + \delta_{Lj} + \frac{d_2}{2}$$

设孔心距和销心距的基本尺寸相等，即 $L_g = L_j$，则可得

$$d_2 = D_2 - 2(\delta_{Lg} + \delta_{Lj}) \tag{6-5}$$

由图 6-24(b) 同样可推得上式。

以上推导结果是在第一个销、孔处于理想定位位置下的结果。实际上，第一销、孔的最小配合间隙 X_{1min} 可以补偿一部分中心距的误差。因此，第二个短圆柱销的直径尺寸可以比上式的再大些，即

$$d_2 = D_2 - 2\left(\delta_{Lg} + \delta_{Lj} - \frac{X_{min}}{2}\right) \tag{6-6}$$

也就是说，为保证危险情况下工件能够正常定位，必须使第二个销的直径比第二个孔的直径小，其最少减小量为

$$X_{2min} = 2\left(\delta_{Lg} + \delta_{Lj} - \frac{X_{min}}{2}\right) \tag{6-7}$$

当第二个短圆柱销的直径减小很多时，势必会造成工件定位时转角误差的增大，如图 6-25(a) 所示。为了避免这一情况的发生，采取在过定位方向上将第二个圆柱销削边，如图 6-25(b) 所示。

②削边销尺寸的确定。如图 6-26 所示，通过对圆柱销削边，就将圆柱销定位时容易产

生定位干涉的部位 E、D 转移到由削边销定位的 B、A 处，即

$$\overline{BA} = \overline{ED} = \frac{X_{2\min}}{2} = \delta_{Lg} + \delta_{Lj} - \frac{X_{1\min}}{2}$$

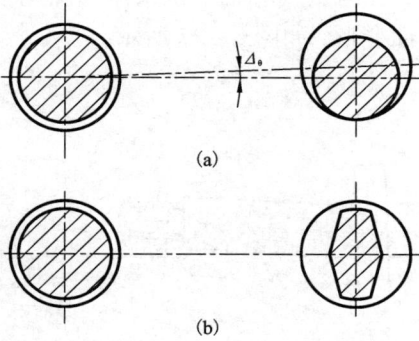

图 6 – 25　避免过定位的方法

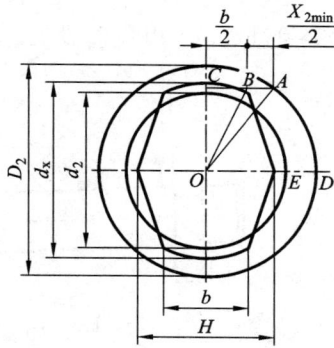

图 6 – 26　削边销尺寸计算

设削边销直径为 d_x。由图 6 – 26 中几何关系可得

$$\overline{OA^2} - \overline{AC^2} = \overline{OC^2} = \overline{OB^2} - \overline{BC^2}$$

即

$$\left(\frac{D_2}{2}\right)^2 - \left(\frac{X_{2\min}}{2} + \frac{b}{2}\right)^2 = \left(\frac{d_x}{2}\right)^2 - \left(\frac{b}{2}\right)^2$$

展开合并可得

$$D_2^2 - d_x^2 = 2bX_{2\min} + X_{2\min}^2$$

设削边销与孔的最小配合间隙 $X_{x\min} = D_2 - d_x$，且略去 $X_{2\min}$ 和 $X_{2\min}^2$ 可得

$$X_{x\min} = \frac{b}{D_2}X_{2\min} \approx \frac{b(\delta_{Lg} + \delta_{Lj})}{D_2} \tag{6-8}$$

显然，$X_{x\min} < X_{2\min}$，即第二个销采用削边销定位时，其转角误差比例采用圆柱销定位时小。因此，常说的"一面两销"是指：一个支承平面、一个圆柱销和一个削边销。根据 $X_{x\min}$ 可以得出设计时削边销的计算公式

$$d_x = D_2 - X_{x\min} \tag{6-9}$$

削边销的结构尺寸已经标准化，设计应尽量按照标准选用。削边销的宽度 b 和 B 值可根据表 6 – 3 选择。

表 6 – 3　削边销的 b、H 值

配合孔 D_2	>3 ~ 6	>6 ~ 8	>8 ~ 20	>20 ~ 24	>24 ~ 30	>30 ~ 40	>40 ~ 50
b	2	3	4	5	6	8	
H	$D_2 - 0.5$	$D_2 - 1$	$D_2 - 2$	$D_2 - 3$	$D_2 - 4$	$D_2 - 5$	

③"一面两销"的尺寸设计。在实际设计中，双销尺寸设计的方法步骤如下：

a. 确定销心距。销心距的基本尺寸等于孔心距的基本尺寸(孔心距应转化为对称标注)。

b. 确定第一个定位销尺寸 d_1。取 $D_{1\max} = D_{1\min}$，销偏差可按 g6 或 f7 确定，最后应对销尺寸进行圆整处理。

c. 确定削边销宽度 b 和 H 值。根据表 6 – 3 选取。

d. 计算削边销尺寸 d_x（削边销直径尺寸）。根据公式 $d_x = D_2 - X_{xmin}$ 求得。按 g6 或 f7 选取偏差，然后圆整处理。

（2）一孔与一端面组合。一孔和端面组合定位时，孔与销或心轴定位采用间隙配合，此时应注意避免过定位，以免造成工件和定位元件的弯曲变形，如图 6 – 27 所示。

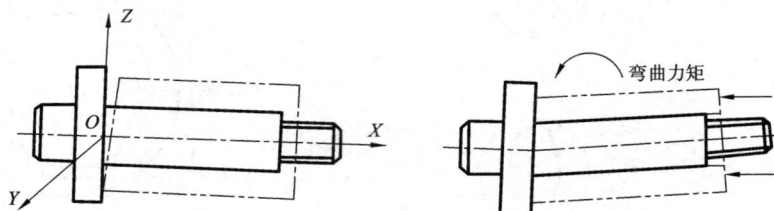

图 6 – 27　孔与平面的组合定位

①如图 6 – 28 所示，通常采用端面为第一定位基准，限制工件的 $\vec{x}$、$\vec{y}$、$\vec{z}$ 三个自由度，孔中心线为第二定位基准，限制工件的 $\vec{y}$、$\vec{z}$ 两个自由度，定位元件是平面支承和短圆柱销，实现五点定位。

②如图 6 – 29 所示，以孔中心线作为第一定位基准，限制工件的 $\vec{x}$、$\vec{y}$、$\vec{x}$、$\vec{y}$ 四个自由度，平面为第二定位基准，限制工件的 $\vec{z}$ 一个自由度；用的定位元件为小平面支承（小支承板或浮动支承）和长圆柱销或心轴，实现五点定位。

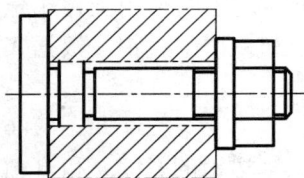

图 6 – 28　端面为第一定位基准

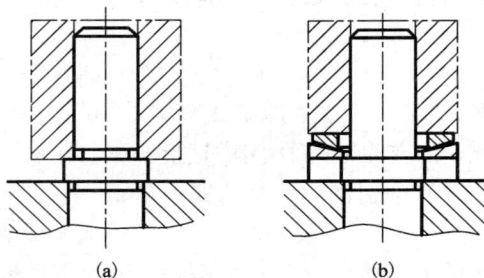

图 6 – 29　孔的中心线为第一定位基准

此外，生产中有时还会采用 V 形导轨、燕尾导轨等成形表面组合作为定位基面，此时应当注意避免由于过定位而带来的定位误差。

以上我们叙述了几种常见定位方式的定位元件与定位机构。然而随着定位基准面及其组合形式的不同，夹具定位元件与定位机构也是不一样的，在此就不一一详述了。尽管各种定位元件结构不同，但都应该满足下列基本要求：

（1）高的精度。定位元件的精度直接影响定位误差的大小。一般工厂多是根据经验取定位元件的制造公差的 1/3 ~ 1/5。定得过宽，会降低定位精度。定得过严，则制造困难。

（2）高的耐磨性。因定位元件经常与工件接触，容易磨损。为避免因定位元件的磨损而影响定位精度，甚至产生废品，以至于不得不经常修理或更换定位元件，因此要求定位元件

152

的工作表面要有足够的耐磨性。为此，制造定位元件一般采用的材料是 20 号钢，工作表面渗碳层为 0.8 ~ 1.2 mm，并淬硬至 HRC55 ~ 60；或采用 T7A、T8A，淬硬至 HRC50 ~ 55；或采用 45 号钢，淬硬至 HRC40 ~ 45。可根据夹具的使用情况等具体条件加以选用。

（3）足够的刚度与强度。应避免由于工件的重量、夹紧力、切削力等因素的影响，使定位元件变形或损坏。

（4）良好的工艺性。定位元件应便于加工、装配和维修。有时为了装配和维修方便，往往在夹具体上开有适当的工艺用窗口。

在进行工艺定位分析时，首先应根据工件的要求，确定应限制它的哪些自由度。其次再选用一定数量的恰当类型的定位元件，进行适当的布置来消除这些自由度。

四、定位误差

用调整法加工一批工件时，工件按六点定位原理定位后，它在夹具中的位置已经确定，但由于某些原因，工件的工序基准在夹具中的实际位置仍会偏离其理论位置，使加工后工件的工序尺寸和位置精度产生误差。工件在定位时因工序基准的实际位置偏离其理论位置而使工件在加工时产生的加工误差称为定位误差，用 Δ_D 表示。对于单个工件而言，其定位误差为定值。对于一批工件，其定位误差由工序基准位置的最大变动量确定。

在工件的加工中，还会因为夹具在制造与安装、工件的夹紧、机床的工作精度、刀具的精度、受力变形、热变形等因素而产生误差，定位误差仅是加工误差的一部分，一般限定定位误差不超过工件加工公差 T 的 $1/5 ~ 1/3$，即

$$\Delta_D \leqslant (1/5 ~ 1/3)T \qquad (6-10)$$

式中：Δ_D 为定位误差，单位 mm；T 为工件加工误差，单位 mm。

定位误差主要由以下几方面组成：

$$定位误差\begin{cases}定位基准位移误差\begin{cases}工件定位基准误差\\夹具定位元件误差\end{cases}\\定位基准与设计基准不重合误差\end{cases}$$

1. 产生定位误差的原因

工件在夹具中定位时会产生定位误差，为了有效地控制和最大限度地减少定位误差对加工精度的影响，必须要彻底搞清楚定位误差产生的原因。定位误差的产生原因主要是定位基准与工序基准不重合产生的基准不重合误差以及定位基准位移误差两方面。

（1）基准不重合误差。基准不重合误差是由于工件定位时用的定位基准与工件的工序基准不重合而使工序基准的位置发生变动所引起的，其大小等于工序基准与定位基准间的尺寸及相对位置在加工尺寸方向上的变动量，以 Δ_B 表示。

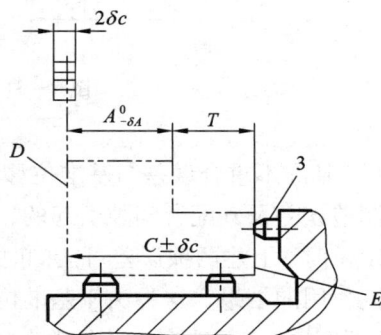

图 6 - 30　基准不重合误差产生的原因

如图 6 - 30 所示在工件上铣缺口，要保证的工序尺寸为 $A^0_{-\delta A}$。刀具以支承钉 3 的支承面（即定位基准 E）面作为调刀基准，一次调整好刀具位置，保证调刀尺寸 T 不变。而工序尺寸

A 的工序基准为 D 面。显然工序基准与调刀基准(定位基准)不重合,它们之间的尺寸为 $C \pm \delta_C$。由于尺寸 $C \pm \delta_C$ 是在本工序之前已经加工好,因此在本工序定位中,对一批工件而言,其工序基准 D 相对于调刀基准(定位基准 E)有可能产生的最大位置变化量就是 $2\delta_C$。因为工序基准的变化方向与工序尺寸 A 同向,所以这一位置变化会导致工序尺寸 A 产生 $2\delta_C$ 的加工误差。这一加工误差是由于基准不重合误差 Δ_B 所致,即

$$\Delta_B = 2\delta_C \tag{6-11}$$

由此可见,基准不重合误差的大小就等于工件上从工序基准到调刀基准(定位基准)之间的尺寸误差积累。显然,基准不重合误差是由于定位基准选择不当引起的,可以通过用 D 面作定位基准加以消除。

(2)基准位移误差。图 6-31 所示工件以圆柱孔定位铣键槽,要求保证尺寸 $b_0^{+\delta b}$ 和 $H_{-\delta H}^0$。其中尺寸 b 由铣刀保证,而尺寸 H 由按定位销中心调整的铣刀位置来保证。如果孔的中心线与销的中心线重合,则不存在因定位引起的误差。但实际上定位销和工件内孔都有制造误差。设工件定位孔尺寸为 $D_0^{+\delta D}$,定位销直径尺寸为 $d^0_{-\delta d}$,当孔在销上定位时,孔的轴线(即定位基准)就会相对于销的轴线(即理想位置)发生位置移动。若移动的方向是任意的,即孔和销的母线可能在任意方向上接触,则该位置移动的范围是一圆,圆的直径就是其可能产生的最大移动量。这种由于定位副的制造误差或定位副配合间隙所导致的定位基准在加工尺寸方向上的最大变动量,称为基准位移误差,用 Δ_y 表示。

$$\Delta_y = X_{max} = (D + \delta_D) - (d - \delta_d) = \delta_D + \delta_d + X_{min} \tag{6-12}$$

式中: δ_D 为工件定位孔的尺寸公差; δ_d 为定位销的尺寸公差; X_{min} 为定位销与定位孔的最小配合间隙。

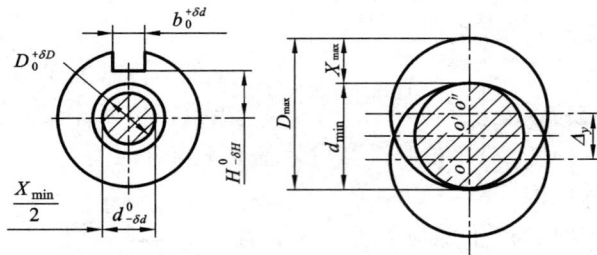

图 6-31　孔、销定位时的基准位移误差

(3)基准不重合误差与基准位移误差的合成。由上述分析可知,基准位移误差是由于定位副制造误差及其配合间隙引起的,而基准不重合误差是由于定位基准选择不当产生的。在工件定位时,上述两项误差可能同时存在,也可能只有一项存在,而定位误差正是这两项误差共同作用的结果。这种由于基准位移和基准不重合导致调整法加工一批工件时,工序尺寸(或位置精度)有可能产生的最大变化量,称为定位误差,用 Δ_D 表示,即

$$\Delta_D = \Delta_B \cos\alpha \pm \Delta_y \cos\beta \tag{6-13}$$

式中: α 为基准不重合误差 Δ_B 方向与工序尺寸方向间的夹角; β 为基准位移误差 Δ_y 方向与工序尺寸方向间的夹角。

当 Δ_B 和 Δ_y 是由同一误差因素导致产生的,这时称 Δ_B 和 Δ_y 关联。当 Δ_B 和 Δ_y 关联时,

如果 $\Delta_B\cos\alpha$ 和 $\Delta_y\cos\beta$ 方向相同时，合成时取"＋"号；如果 $\Delta_B\cos\alpha$ 和 $\Delta_y\cos\beta$ 方向相反时，合成时取"－"号。当两者不关联时，可直接采用两者的和叠加计算定位误差。

2. 常见定位方式的定位误差计算

（1）工件以平面定位时的定位误差计算。工件以平面定位时，作为精基准的平面，其平面度误差很小，所以由定位副制造不准确而引起的定位误差可以忽略不计，所以工件以平面定位时，其定位误差主要由基准不重合所引起的，即其误差为设计基准到定位基准之间的尺寸公差。

（2）工件以圆柱孔定位时的定位误差计算。工件以圆柱孔在间隙配合的定位销（或心轴）上定位时，定位副有单边接触和任意边接触两种情况，产生的位移误差值不同。另外，如果工序基准和定位基准不重合，还产生基准不重合误差。应根据具体情况，进行定位误差分析计算。

① 圆柱孔与心轴（或定位销）固定单边接触。工件定位时，若加一固定方向的作用力（如工件重力），孔与心轴在一固定处接触，定位副间只存在单边间隙。如图 6 - 32 所示为圆柱孔在心轴上间隙配合定位。图 6 - 32（a）为理想定位状态，工件内孔轴线与心轴轴线重合，$\Delta_y = 0$。在重力作用下孔与心轴上母线处固定接触，孔中心线从 O 变动到 O_1，如图 6 - 32（b）所示，此时为孔轴线可能产生的最小下移状态。当最大直径孔 D_{max} 与最小直径心轴 d_{min} 相配时，出现孔轴线的最大下移状态，使孔中心线从 O 变动到 O_2，如图 6 - 32（c）所示。孔的中心线位置置的在竖直方向的最大变动量即为竖直方向工序尺寸的基准位移误差：

$$\Delta_y = \overline{O_1O_2} = \overline{OO_2} - \overline{OO_1} = \frac{1}{2}(D_{max} - d_{min}) - \frac{1}{2}(D_{min} - d_{max})$$

$$= \frac{1}{2}\left[(D_{max} - D_{min}) + (d_{max} - d_{min}) \right]$$

$$= \frac{1}{2}(\delta_D + \delta_d) \tag{6-14}$$

式中：δ_D 为工件孔直径 D 的尺寸公差；δ_d 为定位心轴直径 d 的尺寸公差。

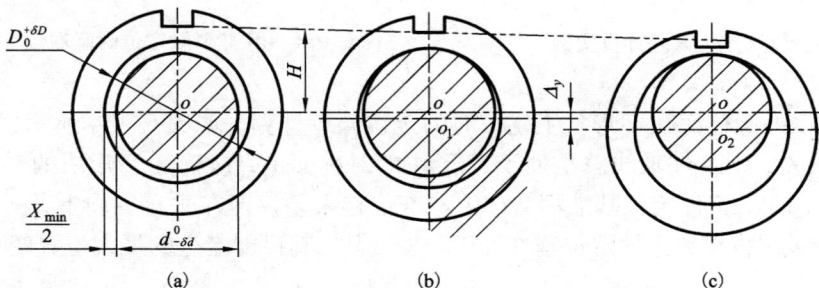

图 6 - 32　圆柱孔与心轴固定单边接触

② 圆柱孔与心轴（或定位销）任意边接触。孔中心线相对于心轴中心线可以在间隙范围内作任意方向、任意大小的位置变动，如图 6 - 31 所示。孔中心线的变动范围是以最大间隙，X_{max} 为直径的圆柱体。其任意方向的基准位移误差为：

$$\Delta_y = X_{max} = D_{max} - d_{min} = \delta_D + \delta_d + X_{min} \tag{6-15}$$

以上讨论时仅考虑了基准位移误差，所以总的定位误差还需加上基准不重合误差。

例 6 - 1　如图 6 - 33 所示，工件以孔 $\phi 60_0^{+0.15}$ 及端面定位加工 $\phi 10_0^{+0.1}$ 小孔，定位销直径为 $\phi 10_{-0.06}^{-0.03}$，要求保证工序尺寸 40 ± 0.10。定位方案如下图，计算定位误差，并分析定位质量。

解：（ⅰ）求基准不重合误差

因定位基准与工序基准工件内孔轴线，则 $\Delta_B = 0$

（ⅱ）求基准位移误差。因工件内孔定位与定位销属于任意边接触，所以有

$$\Delta_{\psi} = \delta_D + \delta_d + X_{\min} = 0.15 + 0.03 + 0.03 = 0.21 \text{ mm}$$

（ⅲ）计算定位误差

$$\Delta_D = \Delta_y + \Delta_B = 0 + 0.21 = 0.21 \text{ mm}$$

（ⅳ）分析定位质量。工件公差的三分之一为

$$\frac{1}{3}T = \frac{1}{3} \times 0.2 = 0.0667 \text{ mm}$$

故此定位方案不能确保工序尺寸 40 ± 0.10 mm 的加工要求。

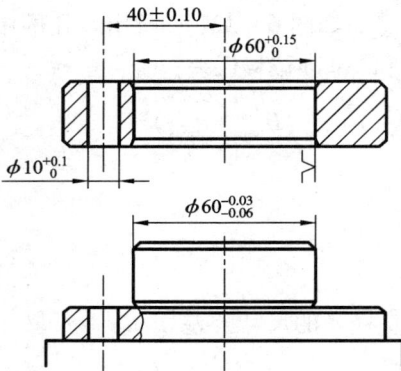

图 6 - 33　定位误差计算实例

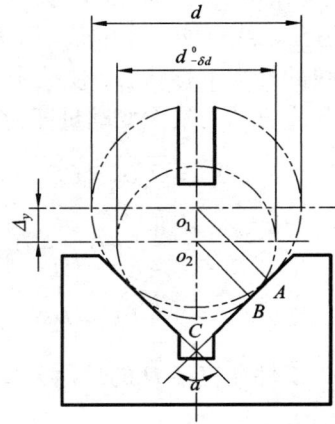

图 6 - 34　用 V 形块定位时基准位移误差的计算

（3）工件以外圆柱面在 V 形块上定位时的定位误差计算。如图 6 - 34 所示，若不考虑 V 形块的制造误差，则工件轴线总是处于 V 形块的对称面上，这就是 V 形块的对中作用。因此，在水平方向上，工件定位基准不会产生基准位移误差。但在垂直方向上，由于工件定位直径尺寸的误差，将导致工件定位基准产生位置变化，其可能产生的最大位置变化量为：

$$\Delta_y = \overline{O_1 O_2} = \overline{O_1 C} - \overline{O_2 C} = \frac{\overline{O_1 A}}{\sin \dfrac{\alpha}{2}} - \frac{\overline{O_2 B}}{\sin \dfrac{\alpha}{2}} = \frac{\delta_d}{2\sin \dfrac{\alpha}{2}} \qquad (6 - 16)$$

式中：δ_d 为工件定位外圆柱面直径尺寸公差；α 为 V 形块的夹角。

图 6 - 35 所示为工件在 V 形块上定位铣槽三种不同工序尺寸标注情况，设工件直径尺寸为 $d_{-\delta d}^0$，其定位误差分析如下：

图 6 - 35(a) 所示工序尺寸为 H_1，以工件轴线为工序基准，此时工序基准与定位基准重合，$\Delta_B = 0$。其定位误差仅有基准位移误差。

156

$$\Delta_{D_{H_1}} = \Delta_y = \frac{\delta_d}{2\sin\frac{\alpha}{2}} \qquad\qquad (6-17)$$

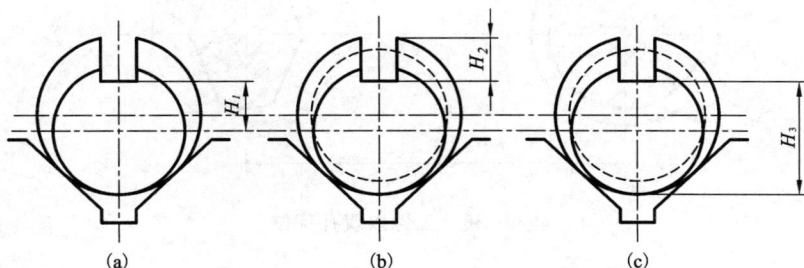

图 6-35　不同工序尺寸标注的定位误差计算
(a)工序基准为工件轴线；(b)工序基准为工件上母线；(c)工序基准为工件下母线

图 6-35(b)所示工序尺寸为 H_2，以工件上母线为工序基准，工序基准与定位基准不重合，其定位误差为基准不重合误差和基准位移误差的矢量和。其中 $\Delta_y = \dfrac{\delta_d}{2\sin\frac{\alpha}{2}}$，$\Delta_B = \dfrac{\delta_d}{2}$，因为两者均是由工件定位外圆柱面直径尺寸误差引起，所以属于关联因素，因此计算定位误差时需判断相加还是相减。其判断方法如下：当工件直径尺寸减小时，工件定位基准下移，基准位移误差 Δ_y 使得工序尺寸 H_2 变小；当工件定位基准位置不变时，如果工件直径尺寸减小，则工序基准(即上母线)也将下移，同样使工序尺寸 H_2 变小，两者变化方向相同，合成时取"+"号，即：

$$\Delta_{D_{H2}} = \Delta_y + \Delta_B = \frac{\delta_d}{2\sin\frac{\alpha}{2}} + \frac{\delta_d}{2} \qquad\qquad (6-18)$$

工序基准为工件下线时，工序尺寸为 H_3，工序基准与定位基准不重合，其定位误差为基准不重合误差和基准位移误差之差。

$$\Delta_{D_{H3}} = \Delta_y - \Delta_B = \frac{\delta_d}{2\sin\frac{\alpha}{2}} - \frac{\delta_d}{2} \qquad\qquad (6-19)$$

从上述三种不同工序基准的定位误差分析可知，工件以下母线为工序基准，其定位误差最小。以上工件以外圆表面在 V 形块中定位误差的计算中，由于篇幅有限未论述定位元件 V 形块的制造误差对定位误差的影响。

(4)工件以一面两孔定位时的定位误差计算。双孔定位时常采用的定位元件是：一个短圆柱销和一个短削边销，如图 6-36 所示。在不同的方向和不同的位置，其定位误差的计算方法是不同的。定位误差计算有下列几种情况：

①x 轴方向上的基准位移误差 $\Delta_y(x)$ 在 x 轴方向上的定位是由定位孔 1 实现的，定位孔 2 不起定位作用。因此，工件所能产生的最大定位误差是定位孔 1 相对于定位销 1 的基准位移误差，即

$$\Delta_y(x) = \delta_{D_1} + \delta_{d_1} + X_{1\min} \qquad\qquad (6-20)$$

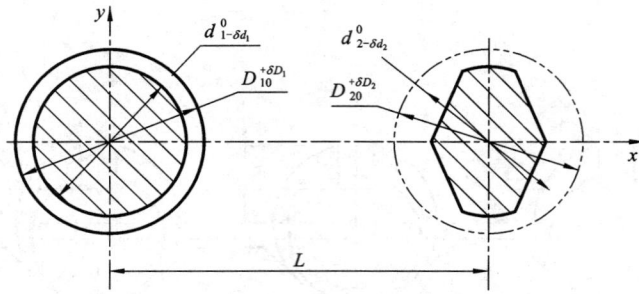

图 6 - 36　工件以双孔定位

②y 轴方向上的基准位移误差 $\Delta_y(y)$ 在 y 轴方向上，基准位移误差受双孔定位的共同影响，其大小随着位置的不同而不同，且在不同的区域内计算方法也有所不同，如图 6 - 37 所示。

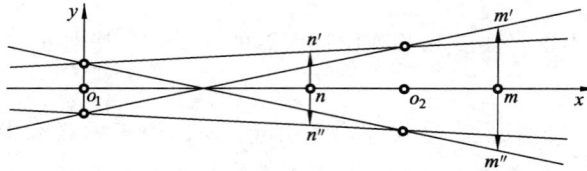

图 6 - 37　方向的基准位移误差

在中心 O_1 或 O_2 处，其 $\Delta_y(y)$ 就等于该处单孔、销定位的基准位移误差；在 O_1 和 O_2 的中间区域，应按双孔同向最大位移计算 $\Delta_y(y)$，如图 6 - 37 中 n 处的基准位移误差为 $n'n''$；在 O_1 和 O_2 的外侧区域，应按双孔的最大转角计算 $\Delta_y(y)$，如图 6 - 37 中 m 处的基准位移误差为 $m'm''$。

③转角误差 $\pm\Delta_\theta$。如图 6 - 38 所示，最大转角发生的条件是：双孔直径最大 $D_1 + \delta_{D_1}$、$D_2 + \delta_{D_2}$；两销直径最小 $d_1 - \delta_{d_1}$、$d_2 - \delta_{d_2}$；销心距和孔心距应取最小相等值，由于其对转角误差影响不大，且考虑计算方便起见，销心距和孔心距一般取其基本尺寸。

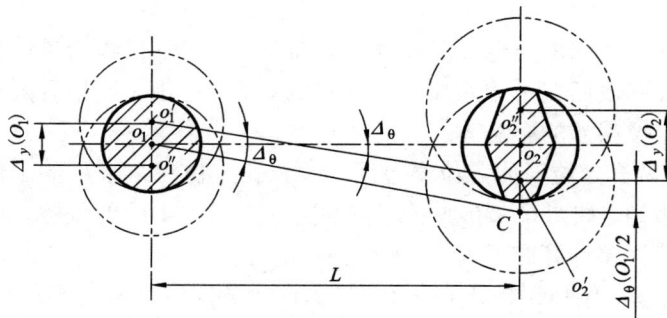

图 6 - 38　转角误差计算

158

图中 O_1 和 O_2 分别为两销中心。当双孔顺时针转动时，即孔 1 中心上移至 O_1'，而孔 2 中心下移至 O_2' 时转角有最大值，根据图中几何关系可得：

$$\text{tg}\Delta_\theta = \frac{\overline{O_2C}}{L} = \frac{\overline{O_2O_2'} + \overline{O_2'C}}{L}$$

式中：$\overline{O_2O_2'} = \dfrac{\delta_{d_2} + \delta_{D_2} + X_{2\min}}{2}$。

所以

$$\overline{O_2'C} = \overline{O_1O_1'} = \frac{\delta_{d_1} + \delta_{D_1} + X_{1\min}}{2}$$

$$\tan\Delta_\theta = \frac{\delta_{d_1} + \delta_{D_1} + X_{1\min} + \delta_{d_2} + \delta_{D_2} + X_{2\min}}{2L}$$

故

$$\Delta_\theta = \text{arcot}\left(\frac{\delta_{d_1} + \delta_{D_1} + X_{1\min} + \delta_{d_2} + \delta_{D_2} + X_{2\min}}{2L}\right) \qquad (6-21)$$

当双孔逆时针转动时，具有相同的 Δ_θ 误差，故总的转角误差应为 $\pm\Delta_\theta$ 或 $2\Delta_\theta$。即

$$2\Delta_\theta = 2\text{arcot}\left(\frac{\delta_{d_1} + \delta_{D_1} + X_{1\min} + \delta_{d_2} + \delta_{D_2} + X_{2\min}}{2L}\right) \qquad (6-22)$$

例 6-2　工件如图 6-39 所示，表示工件以 $2-\phi12_0^{+0.027}$ mm 孔定位的方案。已知两定位孔的中心距为 80 ± 0.06 mm，试设计两定位销尺寸并计算定位误差。

解：（i）确定定位销中心距及尺寸公差 δ。取

$$T_{Ld} = \frac{1}{3}T_{LD} = \frac{1}{3} \times 0.12 = 0.04 \text{ mm}$$

故两定位销中心距为 80 ± 0.02 mm

（ii）确定圆柱销尺寸及公差。取

$$\phi12g6 = \phi12_{-0.017}^{-0.006} \text{ mm}$$

（iii）按表 10-3 选定削边销的 b_1 及 B 之值。取

$$b_1 = 4 \text{ mm}$$

$$B = d - 2 = (12 - 2) \text{ mm} = 10 \text{ mm}$$

（iv）确定削边销的直径尺寸及公差。取补偿值：

$$a = \delta_{LD} + \delta_{Ld} = (0.06 + 0.02) \text{ mm} = 0.08 \text{ mm},$$

则

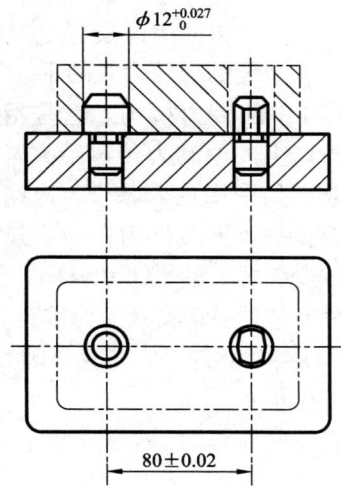

图 6-39　两孔定位设计计算实例

$$X_{2\min} = \frac{2ab_1}{D_{2\min}} = \frac{2 \times 0.08 \times 4}{12} \text{ mm} \approx 0.053 \text{ mm}$$

所以

$$d_{2\max} = D_{2\min} - X_{2\min} = (12 - 0.053) \text{ mm} = 11.947 \text{ mm}$$

削边销与孔的配合取 h6，其下偏差为 -0.011 mm，故削边销直径为

$$\phi11.947_{-0.011}^{0} \text{ mm} = \phi12_{-0.064}^{-0.053} \text{ mm}$$

所以

$$d_{2\max} = \phi12_{-0.064}^{-0.053} \text{ mm}$$

（v）计算定位误差。基准位移误差为

$$\Delta_y = \delta_{D1} + \delta_{d1} + X_{1\min} = [0.027 + (-0.006 + 0.017) + (0 + 0.006)] = 0.044 \text{ mm}$$

转角误差为

$$\Delta\theta = \arctan\frac{X_{1\max} + X_{2\max}}{2L} = \arctan\frac{(0.027 + 0.017) + (0.027 + 0.064)}{2 \times 80} = \arctan\frac{0.135}{160}$$

$\Delta\theta \approx 2'54''$，双向转角误差为 $5'48''$。

第三节　工件在夹具中的夹紧

工件在夹具上定位以后，必须采用一些装置将工件夹紧压牢，使其在加工过程中不会因受切削力、惯性力等作用而使工件产生位移或振动。这种将工件夹紧压牢的装置称为夹紧装置。

一、夹紧装置的组成及基本要求

1. 夹紧装置的组成

夹紧装置的结构形式是多种多样的，一般由三部分组成，包括：

（1）力源装置。通常是指产生夹紧作用力的装置，所产生的力称为原动力，常用的动力有气动、液动、电动等。图6-40中的力源装置是气缸1。手动夹紧装置的力源为人的手。

（2）中间传力机构。它是指将力源装置产生的原动力传递给夹紧元件的机构，如图中的斜楔2。根据夹紧的需要，中间传力机构在传力过程中

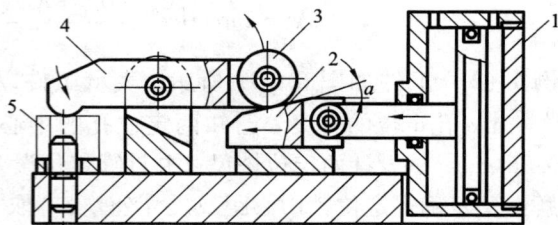

图6-40　夹紧装置的组成
1—气缸；2—斜楔；3—滚轮；4—压板；5—工件

可以改变夹紧力的大小和方向并使夹紧实现自锁，保证力源提供的原始力消失后仍可靠地夹紧工件，这对手动夹紧尤为重要。

（3）夹紧元件。它是夹紧装置的最终执行元件，它直接作用在工件上完成夹紧作用，如图中的压板4。

在一些简单的手动夹紧装置中，夹紧元件与中间传力机构往往是混在一起的，很难截然分开，因此常将二者又统称为夹紧机构。

2. 对夹紧装置的基本要求

夹紧装置设计得好坏，对工件的加工质量，生产率的高低，以及操作者的劳动强度都有直接影响。夹紧装置的设计要合理地解决以下两个方面的问题：一是正确选择和确定夹紧力的方向、作用点及大小；二是合理选择或设计原动力的传递方式及夹紧机构。因此，在设计夹紧装置时应满足下列基本要求：

（1）夹紧时不破坏工件的定位，不损伤已加工表面；

（2）夹紧力的大小要适当，即既要夹紧，又不使工件产生不允许的变形；

（3）夹紧动作准确、迅速、操作方便省力，安全可靠；

（4）手动夹紧装置要有可靠的自锁性，机动夹紧装置要统筹考虑其自锁性和稳定的原动力；

（5）夹紧装置要具有足够的夹紧行程，以满足工件装卸空间的需要；

（6）夹紧装置的设计应与工件的生产类型一致；

（7）结构简单，制造修理方便，工艺性好，尽量采用标准化元件。

二、夹紧力的确定

夹紧力由夹紧元件（装置）作用于工件，它的大小、方向、作用点的确定至关重要，它直接影响着夹紧装置设计的各个方面。只有正确地确定夹紧力，才能更好地发挥夹具的技术 – 经济效果。在确定夹紧力时，首先要考虑夹具的整体布局问题，其次要考虑加工方法、加工精度、工件结构、切削力等方面对夹紧力的不同需要。下面具体介绍夹紧力三要素的确定。

1. 夹紧力方向的确定

夹紧力作用方向主要影响工件的定位可靠性、夹紧变形、夹紧力大小等方面。在设计夹紧装置时，选择夹紧力的方向应考虑的原则为：

（1）夹紧力应垂直于主要定位基面。因为这一表面面积最大，定位元件最多，能使接触点的单位压力相对地减少，以免损伤定位元件，并使工件定位稳定。如图 6 – 41 所示，在工件上镗一个孔，要求孔中心线与工件的 A 面垂直，故 A 面为主要定位基面，应使夹紧力垂直于 A 面，才能保证工件既定的位置，以满足精度要求。但若夹紧力指向 B 面，则由于 A 与 B 面间有垂直度误差，破坏了定位，无法满足加工精度的要求。

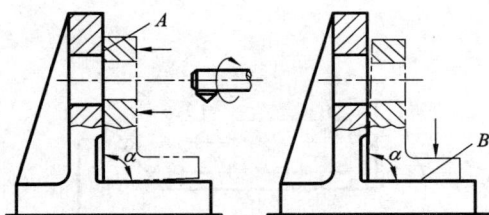

图 6 – 41　夹紧力垂直指向支承面

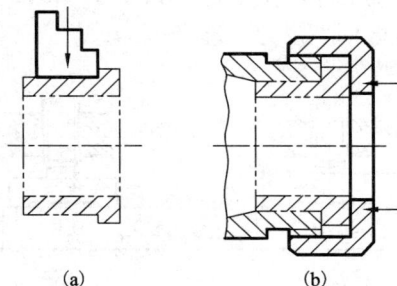

图 6 – 42　夹紧力方向对工件变形的影响

（2）夹紧力方向使工件夹紧变形最小。如图 6 – 42 所示为加工薄壁套筒的两种夹紧方式。由于工件的径向刚度很差，用图 6 – 42（a）的径向夹紧方式将产生过大的夹紧变形而无法保证加工精度。若改用图 6 – 42（b）的轴向夹紧方式，则可大大减少工件的夹紧变形。

（3）夹紧力的方向应有利于减小夹紧力。最佳情况是夹紧力、切削力和工件的重力三者方向一致。这样既省力，又可减少工件的夹紧变形，还可减小夹紧装置的结构尺寸。如图 6 – 43 所示为夹紧力 W、工件重力 G 和切削力 F 三者的关系，当夹紧力 W 与 G、F 方向一致时，所需夹紧力较小；当夹紧力 W 与 G、F 方向相反时，所需夹紧力较大。

2. 夹紧力作用点的确定

夹紧力作用点选择包括作用点的位置、数量、布局、作用方式。它们对工件的影响主要表现在：定位准确性和可靠性及夹紧变形；同时，作用点选择还影响夹紧装置的结构复杂性和工作效率。具体设计时应遵循以下原则：

（1）夹紧力应作用在工件刚度大的部位，使夹紧变形尽可能要小。如图 6 – 44（a）所示夹紧时连杆容易产生变形，所以图 6 – 44（b）方案较合理。

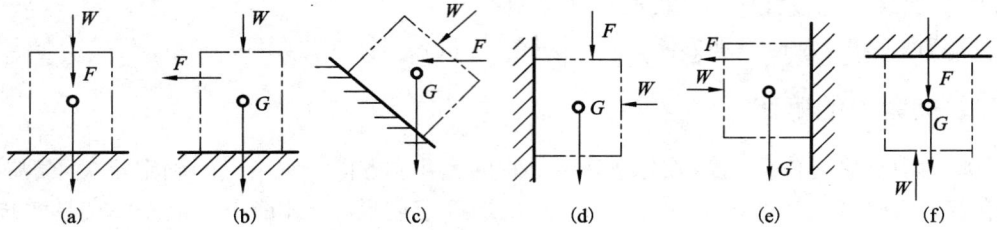

图 6-43　夹紧力方向与夹紧力大小的关系

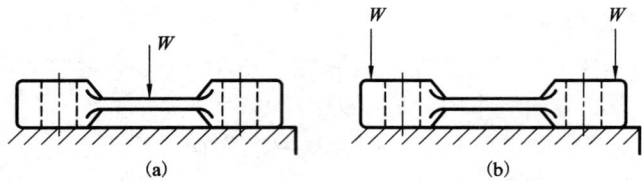

图 6-44　夹紧力作用点对工件变形的影响

（2）夹紧力的作用点应对准支承或位于几个支承所组成的面积范围之内，减少工件变形量，避免工件定位不稳。如图 6-45(a)所示夹紧时会破坏工件定位；而图 6-45(b)夹紧力在稳定区内，较为合理。

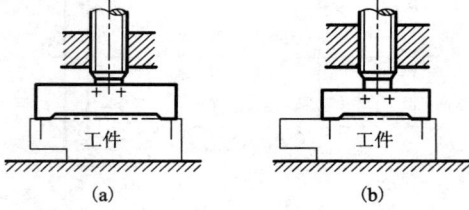

图 6-45　夹紧力的作用点对工件稳定性影响

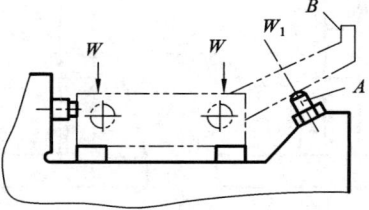

图 6-46　夹紧力作用点应接近加工表面

（3）夹紧力的作用点应尽量靠近被加工表面 B，如图 6-46 所示，这样可以减少工件的振动，提高加工表面的质量。

（4）夹紧力应尽量避免作用在已经精加工过的表面上，以免产生压痕，损坏已加工表面。

3. 夹紧力的大小

夹紧力的大小主要影响工件定位的可靠性、工件的夹紧变形以及夹紧装置的结构尺寸和复杂性。因此，夹紧力的大小必须适当。过小，工件在加工过程中发生移动，破坏定位；过大，使工件和夹具发生夹紧变形，影响加工质量。

理论上，夹紧力应与工件受到的切削力、离心力、惯性力及重力等力的作用平衡；实际上，夹紧力的大小还与工艺系统的刚性、夹紧机构的传递效率等有关。切削力在加工过程中是变化的，因此夹紧力只能进行粗略的估算。在实际设计中，确定基本夹紧力大小的方法有两种：经验类比法和分析计算法。

采用分析计算法估算夹紧力时，应找出夹紧最不利的瞬时状态，略去次要因素，考虑主要因素在力系中的影响。通常将夹具和工件看成一个刚性系统，建立切削力、夹紧力、（大型工件)重力、(高速运动工件)惯性力、(高速旋转工件)离心力、支承力以及摩擦力静力平衡条件,计算出理论夹紧力 W_0,则实际夹紧力 W 为

$$W = K \cdot W_0 \qquad (6-23)$$

式中:K 为安全系数,与加工质量(粗、精加工)、切削特点(连续、断续切削)、夹紧力来源(手动、机动夹紧)、刀具情况有关。一般取 $K = 1.5 \sim 3$;粗加工时,$K = 2.5 \sim 3$;精加工时,$K = 1.5 \sim 2.5$。

生产中还经常用类比法(或试验)确定夹紧力。

三、典型夹紧机构

夹紧机构是夹紧装置的重要组成部分,因为无论采用何种力源装置,都必须通过夹紧装置机构将原动力转化为夹紧力,各类机床夹具应用的夹紧机构多种多样,以下介绍几种利用机械摩擦实现夹紧,并可自锁的典型夹紧机构。

1. 斜楔夹紧机构

斜楔是夹紧机构中最基本的增力和锁紧元件。它是利用斜楔的斜面移动产生楔紧力直接或间接地对工件夹紧的机构。直接使用斜楔夹紧工件的夹具较少,它常与其他机构联合使用。斜楔夹紧机构可分为无移动滑柱的斜楔机构和带滑柱的斜楔机构,如图 6 - 47(a)、图 6 - 47(b)所示。生产中机动的广泛采用气动和液动,以改变原动力的方向和大小,这是一种很好的增力机构,在自动定心夹紧机构中常应用。

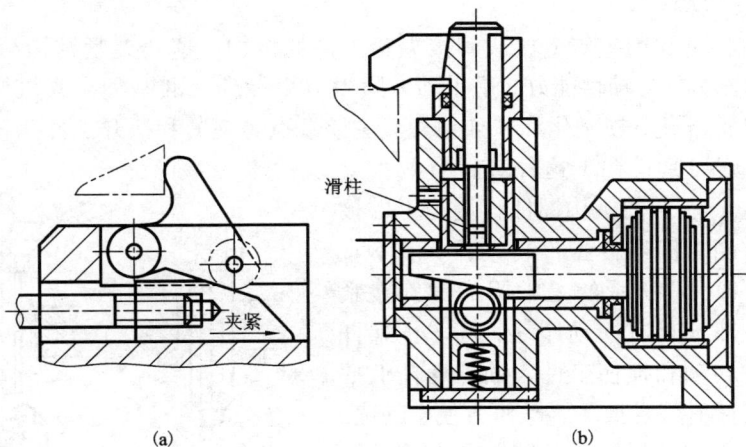

图 6 - 47 斜楔夹紧机构

选用斜楔夹紧机构时,应根据需要确定斜角 α 必须小于摩擦角,常在 $8° \sim 12°$ 内选择。在现代夹具中,斜楔夹紧机构常在气压、液压传动装置联合使用,由于气压和液压可保持一定压力,楔块斜角可大于摩擦角,一般在 $15° \sim 30°$ 内选用。

(1)斜楔的夹紧力。图 6 - 48 为夹紧机构斜楔的受力分析图。根据图 6 - 48(a)可推导出斜楔夹紧机构的夹紧力计算公式

$$F_Q = F_W \tan\varphi_1 + F_W \tan(\alpha + \varphi_2)$$

$$F_W = \frac{F_Q}{\tan\varphi_1 + \tan(\alpha + \varphi_2)} \qquad (6-24)$$

当 α、φ_1、φ_2 均很小且 $\varphi_1 = \varphi_2 = \varphi$ 时，上式可近似地简化为

$$F_W = \frac{F_Q}{\tan(\alpha + 2\varphi)} \quad (6-25)$$

式中：F_W 为夹紧力；F_Q 为作用力；φ_1、φ_2 为分别为斜楔与支承面和工件受压面间的摩擦角，常取 φ_1、$\varphi_2 = 5° \sim 8°$；α 为斜楔的斜角，常取 $\alpha = 6° \sim 10°$。

（2）斜楔的自锁条件。图 6-48（b）所示，当作用力消失后，斜楔仍能夹紧工件而不会自行退出。根据力的平衡条件，合力 $F_1 \geqslant F_{RX}$，即：

$$F_M \tan\varphi_1 \geqslant F_M \tan(\alpha - \varphi_2)$$

所以自锁条件为

$$\alpha \leqslant \varphi_1 + \varphi_2 \quad (6-26)$$

设 $\varphi_1 = \varphi_2 = \varphi$

$$\alpha \leqslant 2\varphi \quad (6-27)$$

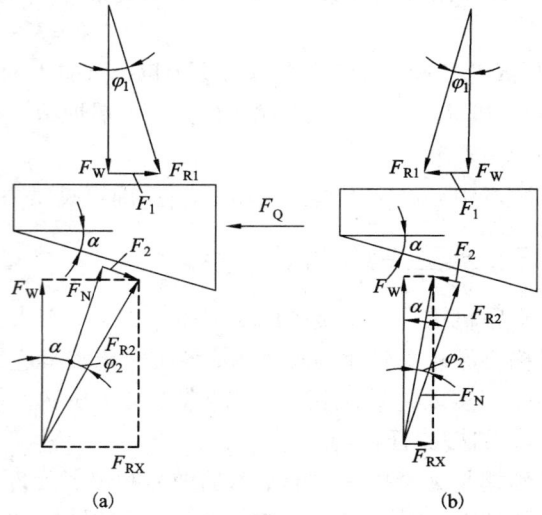

图 6-48 斜楔夹紧力受力分析

一般钢铁的摩擦系数为 $\mu = 0.1 \sim 0.15$。摩擦角 $\varphi = \arctan(0.1 \sim 0.15) = 5°43' \sim 8°32'$ 故有：$\alpha \leqslant 11° \sim 17°$。通常，为可靠起见，取 $\alpha = 6° \sim 8°$。

2. 螺旋夹紧机构

螺旋夹紧机构是利用螺旋直接或间接夹紧工件的机构。这类夹紧结构简单，夹紧可靠，易于操作，增力比大，自锁性能好，是手动夹紧中应用最广泛的一种夹紧机构。其中有关元件和结构多数已标准化、规格化和系列化。其主要缺点是夹紧和松开工件比较费时费力。

（1）简单螺旋夹紧机构。这种装置有两种形式，如图 6-49（a）所示的机构螺杆直接与工件接触，容易损伤已加工面或使工件转动，一般不宜选用。如图 6-49（b）所示的是常用的螺旋夹紧机构，其螺钉头部常装有摆动压块，可防止螺杆夹紧时带动工件转动和损伤工件表面。螺杆上部装有手柄，夹紧时不需要扳手，操作方便、迅速。当工件夹紧部分不宜使用扳手，且夹紧力要求不大的部位，可选用这种机构。

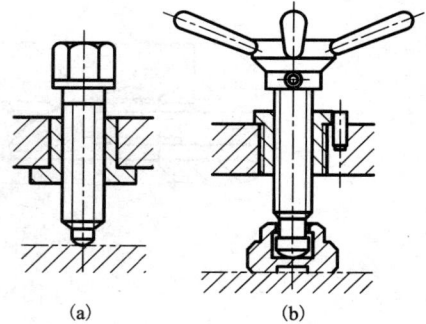

图 6-49 简单螺旋夹紧机构

（2）螺旋压板夹紧机构。在夹紧机构中，结构形式变化最多的是螺旋压板机构，如图 6-50 所示。选用时，可根据夹紧力大小的要求、工作高度尺寸的变化范围、夹具上夹紧机构允许占有的部位和面积进行选择。例如，当夹具中只允许夹紧机构占据很小的面积，而夹紧力又要求不很大时，可选用如图 6-50（a）所示的螺旋压板夹紧机构。又如工件夹紧高度变化较大的小批单件生产，可选用如图 6-50（e）、图 6-50（f）所示的通用压板夹紧机构。

设计时应根据所需的夹紧力的大小选择合适的螺纹直径。图 6-51 给出了螺栓端部的当量摩擦半径，以便计算出作用力的损失。

164

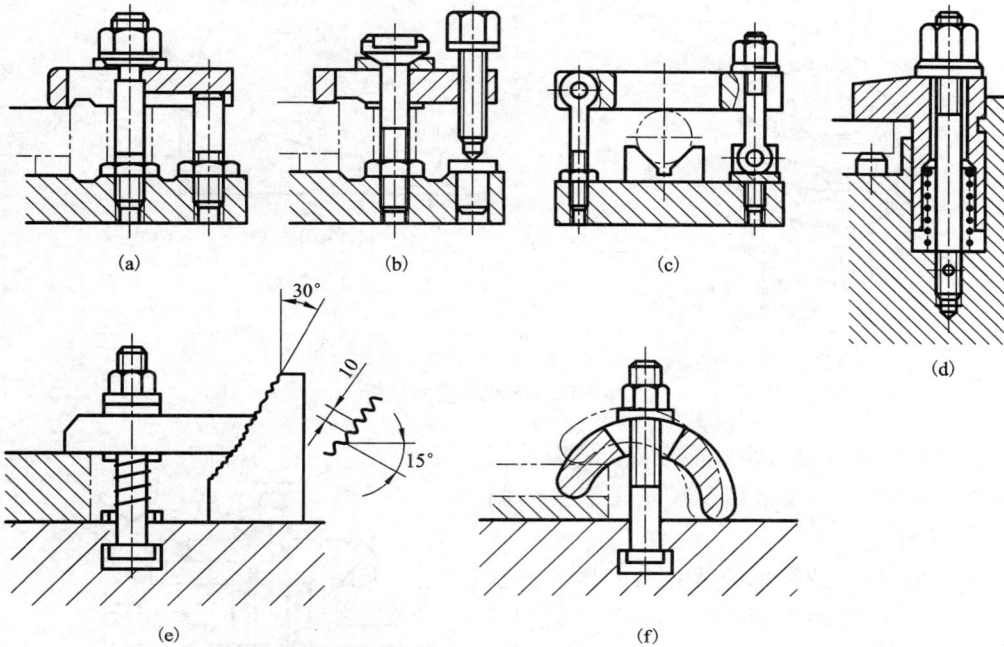

图 6 – 50　螺旋压板夹紧机构

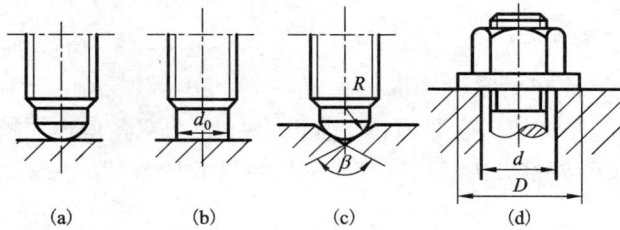

图 6 – 51　当量摩擦半径

$$(a)\, r = 0 \,;\ (b)\, r = \frac{1}{3} d_0 \,;\ (c)\, r = R\tan\frac{\beta}{2} \,;\ (d)\, r = \frac{D^3 - d^3}{D^2 - d^2}$$

　　分析夹紧力时,可将螺旋看作是一个绕在圆柱上的斜面,展开后就相当于斜楔了。如图 6 – 52 所示,用手柄转动螺杆产生外力矩 $M = F_p L$,在 M 作用下,螺杆下端(或压块)与工件间产生摩擦反力矩 $M_1 = F_1 r$,螺杆螺旋面产生反作用力矩 $M_2 = F_{RX} r_0$。由力矩平衡方程式 $M = M_1 + M_2$,可得单螺旋夹紧力 F_M

$$F_M = \frac{F_p L}{r\tan\varphi_1 + r_0\tan(\alpha + \varphi_2)} \tag{6-28}$$

式中:F_p 为原始作用力;L 为手柄长度;r 为螺杆下端与工件(或压块)的当量摩擦半径,根据端部形状确定;r_0 为螺旋作用中径之半;α 为螺旋升角;φ_1 为螺杆下端与工件(或压块)间的摩擦角;φ_2 为螺旋配合面间的摩擦角。

3. 偏心夹紧机构

　　偏心夹紧是指由偏心轮或凸轮实现夹紧的夹紧机构。该结构简单,制造容易,操作方

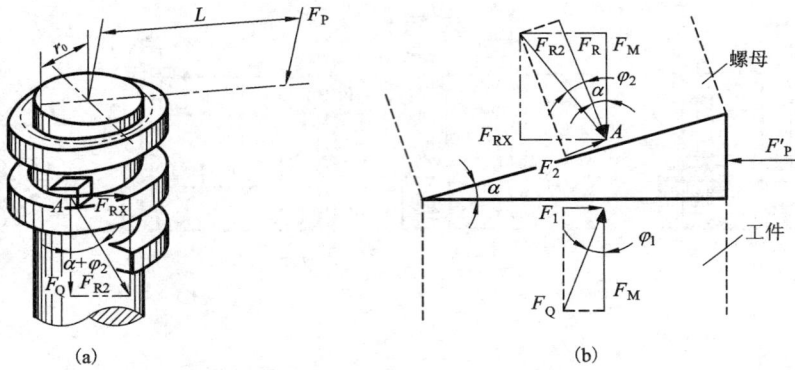

图 6-52 螺旋夹紧力分析

便，动作迅速，缺点是自锁性能较差，增力比较小，夹紧行程小。一般常用于切削平稳且切削力不大的场合。

图 6-53 是一种常见的偏心轮-压板夹紧机构。当顺时针转动手柄 2 使偏心轮 3 绕轴 4 转动时，偏心轮的圆柱面紧压在垫板 1 上，由于垫板的反作用力，使偏心轮上移，同时抬起压板 5 右端，而左端下压夹紧工件。

4. 铰链夹紧机构

图 6-54 是常用的铰链夹紧机构的三种基

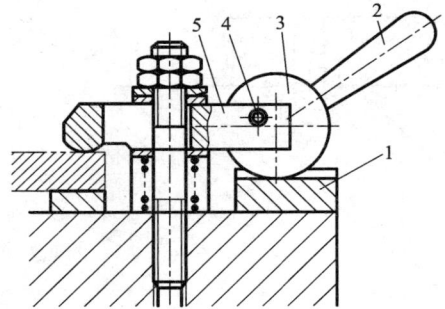

图 6-53 偏心轮-压板夹紧机构
1—垫板；2—手柄；3—偏心轮；4—轴；5—压板

本机构，图 6-54(a)为单臂铰链夹紧机构；图 6-54(b)为双臂单作用铰链夹紧机构；图 6-54(c)为双臂双作用铰链夹紧机构。由气缸带动铰链臂及压板转动夹紧或松动工件。

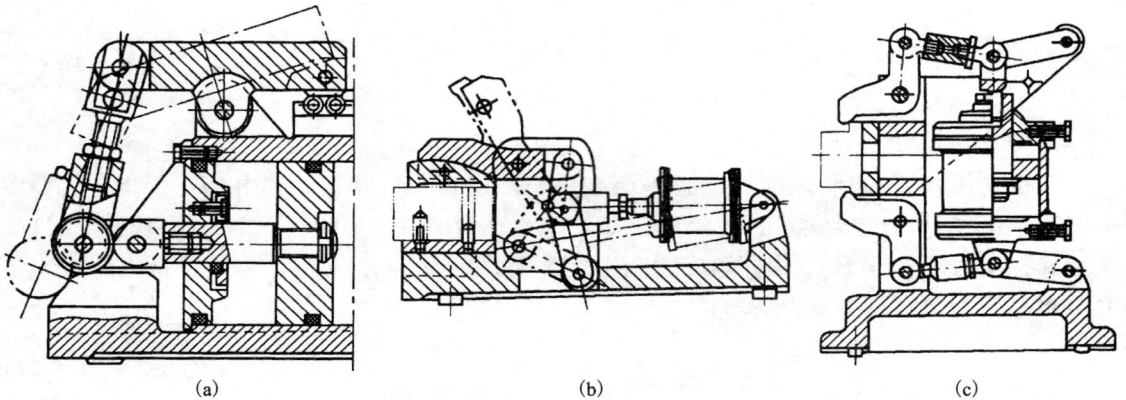

图 6-54 铰链夹紧机构

铰链夹紧机构是一种增力机构，其结构简单，动作迅速，增力比大，摩擦损失小，并易于改变力的作用方向，但自锁性能差，常与具有自锁性能的机构组成复合夹紧机构。铰链夹紧机构适用于多点、多件夹紧，在气动、液压夹具中获得广泛应用。

166

5. 联动夹紧机构

需多点夹紧工件或同时夹紧几个工件时,为提高生产效率,可采用联动夹紧机构。

如图 6 – 55 所示,多点夹紧机构中有一个重要的浮动机构或浮动元件 1,在夹紧工件的过程中,若有一个夹紧点接触,该元件就能摆动[图 6 – 55(a)]或移动[图 6 – 55(b)],使两个或多个夹紧点都与工件接触,直至最后均衡夹紧。图 6 – 55(c)为四点双向浮动夹紧机构,夹紧力分别作用在两个相互垂直的方向上,每个方向各有两个夹紧点,通过浮动元件 1 实现对工件的夹紧,调节杠杆 L_1、L_2 的长度可改变两个方向夹紧力的比例。

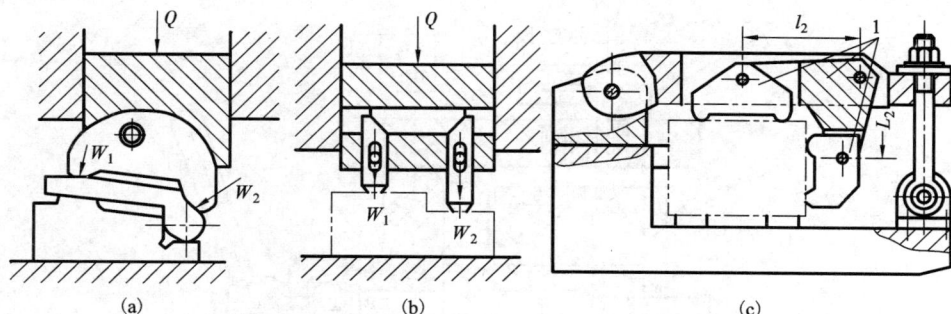

图 6 – 55　浮动压头和四点双向浮动夹紧机构
1—浮动元件

第四节　其他装置及夹具体

除了定位和夹紧两个主要部分外,分度装置、夹具体、辅助支承也是夹具重要的组成部分。例如回转式钻模,分度装置是不可缺少的重要组成部分。当夹具上各种元件需要联接成一个整体时,夹具体便成为不可缺少的部分。为了提高工件的刚度及稳定性,可设置辅助支承。

一、分度装置

当工件的圆周面或端面上要加工有等分位置要求的表面时(如铣花键),夹具上应设计有分度装置。分度装置能使工序集中,减少安装次数,从而减轻劳动强度和提高生产率,因而广泛用于钻、铣、车、镗等加工中。

分度装置可分为两大类:回转分度装置及直线分度装置。生产实践中以回转式分度装置应用较多,所以在此主要介绍回转式分度装置。

回转式分度装置,按回转轴的空间位置可分为:立式分度、卧式分度和斜式分度。

1. 分度装置的组成

如图 6 – 56 所示,回转分度装置一般由四部分组成:转动部分、固定部分、分度对定机构、锁紧机构。

(1)固定部分。分度装置中相对不运动的部分。对于专用回转分度夹具,则是夹具体;对于通用转台的固定部分,则是转台体。

(2)转动部分。分度装置中相对运动的部分。对于专用的回转分度装置,定位、夹紧装置都设置在转动部分上。

（3）分度对定机构。分度对定机构能确保转动部分相对固定部分得到一个正确的定位。如图中件 1、3 和分度对定销 5 等组成了分度对定机构。分度盘与分度装置的转动部分相连，对定销与分度装置的固定部分相连。

（4）锁紧机构。分度装置经分度后，锁紧机构应使夹具的转动部分锁紧在固定部分上。其目的是为了增强分度装置工作时的刚性及稳定性，防止加工时受切削力引起振动。如图中的螺母 7 就起锁紧作用。

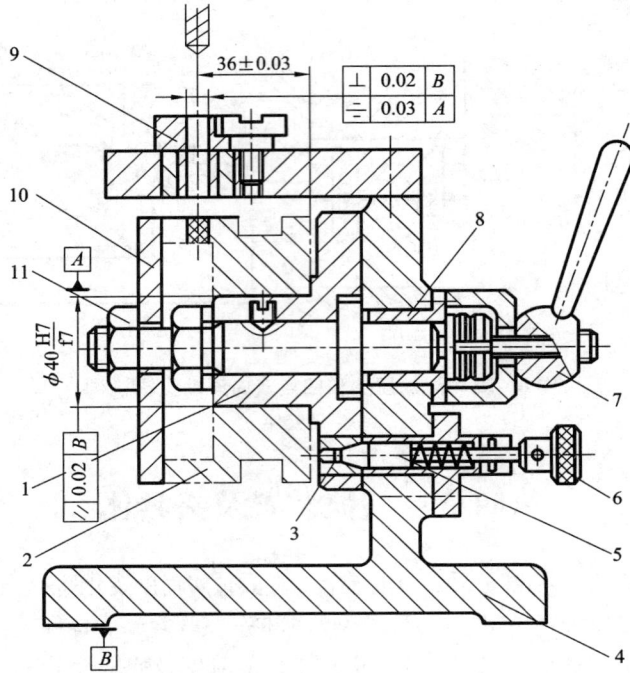

图 6 − 56　钻 3 × φ6H9 孔的钻床夹具

1—定位心轴；2—工件；3—对定套；4—夹具体；5—对定销；6—把手；
7—手柄；8—衬套；9—快换钻套；10—开口垫圈；11—拧紧螺母

2. 分度对定机构

分度对定机构是分度装置的关键部分。按照分度盘与对定销相互位置分，一般分为轴向分度与径向分度两种，如图 6 − 57 所示。对定销轴线平行于分度盘轴线的称为轴向分度；径向分度时，对定销的运动是沿着分度盘的径向方向。

当分度盘直径相同时，径向分度作用半径较大，由于间隙引起的分度转角误差较小；轴向分度结构紧凑，但分度误差较大。因此，生产中轴向分度应用较多，分度精度要求较高的场合，常采用径向分度。

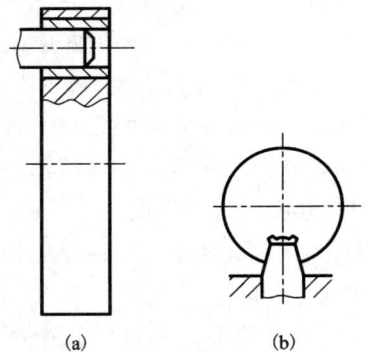

图 6 − 57　分度对定机构

（a）轴向分度；（b）径向分度

3. 锁紧机构

分度装置一般应有锁紧机构。锁紧机构是为了抵抗外力，以保证分度位置不因外力而变化，常用的锁紧机构有：

(1)如图 6-58(a)所示为偏心轮锁紧机构，转动手柄 3 带动偏心轮 2 回转，通过支板 1 将回转台 5 向下拉而锁紧在底座 4 下，为了压紧均匀，偏心轮也应均匀地布置 3 个。如图 6-58(b)所示为楔式锁紧机构，转动螺钉 7，通过滑柱 8 和梯形压紧钉 9，将回转台 6 压紧在底座。如图 6-58(c)所示为切向锁紧机构，转动手柄 11，由于防转螺钉 14 的限制，锁紧螺钉 13 迫使两个锁紧套 12 作相对直线运动，锁住转轴 10。如图 6-58(d)所示为压板锁紧机构，转动手柄 11，手柄随着锁紧螺钉 13 边转动边向下运动，使压板 15 将回转台 6 压紧在底座 4 上。

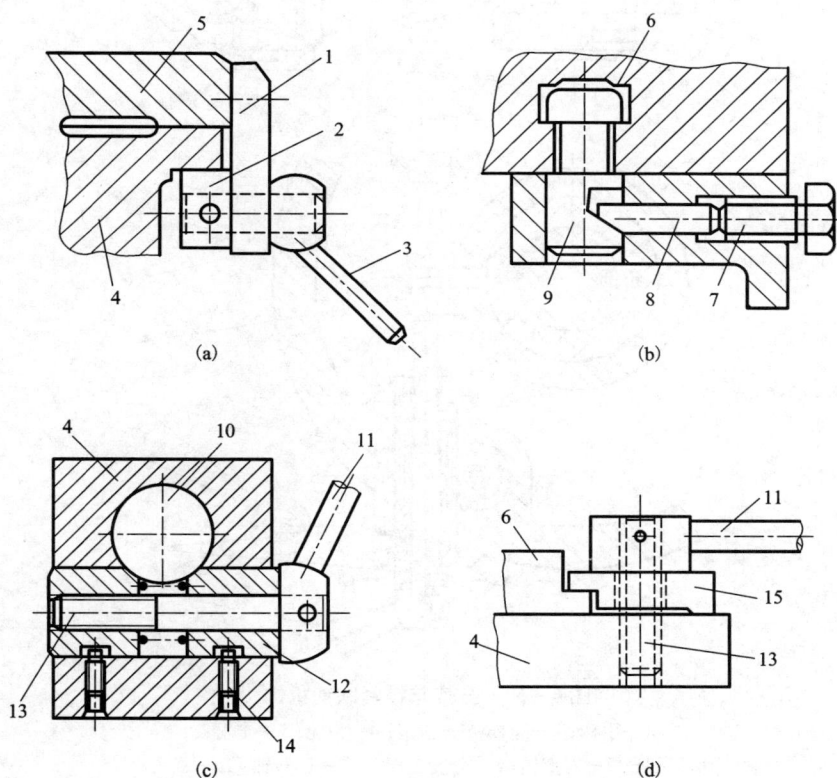

图 6-58 常用的锁紧机构

1—支板；2—偏心轮；3、11—手柄；4—底座；5、6—回转台；7—螺钉；8—滑柱；
9—梯形压紧钉；10—转轴；12—锁紧套；13—锁紧螺钉；14—防转螺钉；15—压板

(2)如图 6-59 所示为分度与锁紧联动机构。当逆时针转动手柄 1 时，螺栓 2 放开卡箍 5，分度工作台 8 松开；同时，固定在螺杆 2 上的横销 3 将在齿轮 4(活套在螺杆上)的扇形槽内走一段空程(见 C-C 剖面)，在继续转动，就会带动齿轮 4 转动，而将带有齿条的对定销 7 拔出，这就实现了先松开分度工作台，后拔销的动作要求。当分度工作台转过某一角度，下一个分度孔到位时，齿条对定销借助弹簧力插入分度孔内，同时也迫使齿轮 4 顺时针转动，使扇形槽的右边侧面紧靠横销，待对定销全部插入后再顺时针转动手柄1，螺杆继续转动，这时横销走空行程，就会通过卡箍5和锥套10将回转轴9下拉，从而使分度工作台8锁紧。为了保证螺杆2在规定的转角内对工作台锁紧的需要，可以调整顶杆6的轴向位置，以确保卡箍5的位置及锁紧位移量。采用上述单手柄操纵，不但能缩短辅助时间，提高生产率，减轻劳动强度，而且也不会出现动作顺序失误现象。

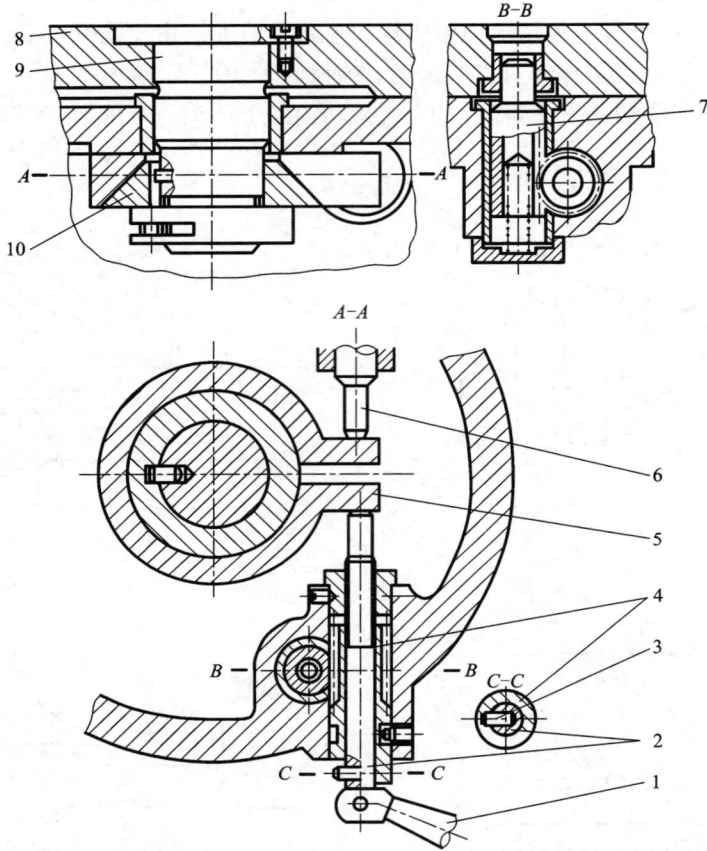

图6-59 分度与锁紧联动机构

1—手柄；2—螺杆；3—横销；4—齿轮；5—卡箍；
6—顶杆；7—对定销；8—分度工作台；9—回转轴；10—锥套

二、夹具体

1. 夹具体的作用和要求

夹具体是夹具的基础件，组成某种夹具所需要的各种元件、机构和装置，都是安装在夹具体上，并通过它将夹具安装在机床上。夹具体的结构形式和尺寸大小主要取决于：被加工工件的尺寸和结构；夹具的受力状态（包括夹紧力、切削力、工件的重力和惯性力等）；夹具所选用的零件及其布局；夹具与机床的连接方式等。

夹具体一般是非标准件，需自行设计、制造。夹具体对整个夹具的强度和刚度、工件加工精度和安全生产等问题都有很大影响。因此，夹具体的设计应满足以下基本要求：

（1）夹具体应有足够的强度和刚度，以保证在承受所有外力时，避免产生不允许的变形和振动。为此夹具体需要有足够的壁厚，一般铸造夹具体的壁厚为 12～30 mm，焊接夹具体的壁厚为 8～12 mm。同时，根据夹具的受力状态，在适当的部位需布置加强筋，形成框形结构，以提高夹具体的刚度。一般加强筋厚度取壁厚的 0.7～0.9 倍，筋的高度不大于壁厚的 5 倍。在不影响强度和刚度的地方，应该开有窗口、凹槽，以减轻夹具体的重量。

（2）夹具体在机床上安装要稳定可靠、安全，切削力和重力等外力作用点应落在夹具体在机床上的安装平面内。为此要保证夹具体与机床工作台接触良好，夹具体底面的中间部分一般需要挖空。对于较大夹具，夹具安装面一般采用周边接触形式与机床工作台接触。

（3）夹具体要结构紧凑、形状简单、装卸工件方便。在保证强度和刚度的前提下，尽可能减少其体积和重量，特别是手动移动或翻转夹具，要求夹具总重量不超过 100 N，以便于操作。

（4）夹具体要便于排除切屑。当加工所产生的切屑不多时，可适当加大定位元件工作表面与夹具体之间的距离或增设容屑槽；对于加工产生大量切屑的夹具，一般应在夹具体上专门设置排屑用的斜面或缺口，以便切屑能自动地排至夹具体外。

（5）夹具体的结构工艺性要好，便于制造、装配和使用。夹具体上有三部分表面是影响夹具装配后精度的关键，这就是夹具的安装面（与机床连接的表面）；安装定位元件的表面；安装对刀或导向装置的表面。而其中往往以夹具体的安装面作为加工其他表面的定位基准，因此，在考虑夹具体结构时，应便于达到这些表面的加工要求。对于夹具体上供安装各元件的表面，一般应铸出 3～5 mm 的凸台，以减少加工面积。

（6）夹具体与机床连接部分的结构形状和尺寸装配关系应与机床连接部分相适应。

2. 夹具体的毛坯类型

在选择夹具体的毛坯制造方法时，应考虑其结构工艺性、经济性、标准化可能性、制造周期以及工厂的具体条件等。在生产中，按夹具体的毛坯制造方法和所用材料的不同，将夹具体分为五类。

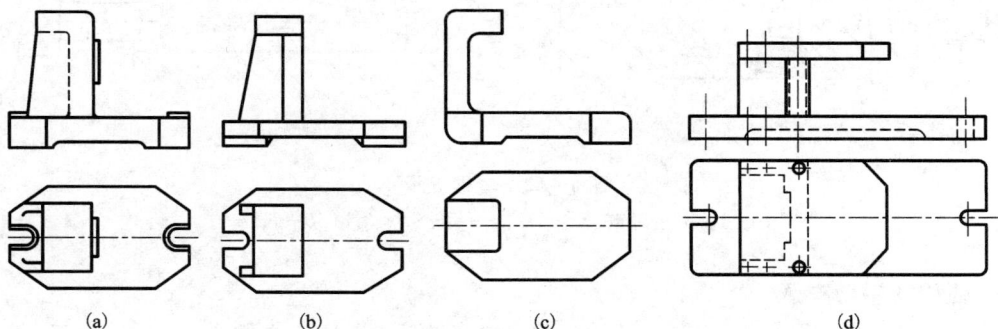

图6-60 夹具体毛坯零件

（1）铸造夹具体。如图6-60(a)所示，铸造夹具体应用最为广泛。其主要优点是，可铸出各种复杂形状，具有较好抗压强度，刚度和抗震性也较好，但生产周期较长，为消除内应力，铸件需经时效处理，故生产成本较高。

（2）焊接夹具体。如图6-60(b)所示，焊接夹具体用钢板、型材焊接而成。其主要优点是易于制造，生产周期短，成本低，重量轻。缺点是焊接过程中产生的热变形和残余应力对精度影响较大，故焊接后需经退火处理。

（3）锻造夹具体。如图 6 – 60（c）所示，锻造夹具体只适用于形状简单、尺寸不大的场合，一般情况下较少使用。

（4）型材夹具体。小型夹具体可以直接用板料、棒料、管料等型材加工装配而成。这类夹具体取材方便、生产周期短、成本低、重量轻。

（5）装配夹具体。如图 6 – 60（d）所示，它是选用通用零件和标准零件组装而成的，可大大缩短来具体的制造周期，并可组织专业化生产，有利于降低成本。而要使装配夹具体在生产中得到广泛应用，必须实现夹具体结构标准化和系列化。

三、辅助支承

在夹具中，只起提高工件装夹刚度和稳定性作用的元件，称为辅助支承。如图 6 – 61 所示，工件以内孔及端面定位，钻右端小孔。若右端不设支承，工件装好后，A 处刚性较差，致使因切削力作用而产生较大的变形影响加工精度。因此，宜在 A 处设

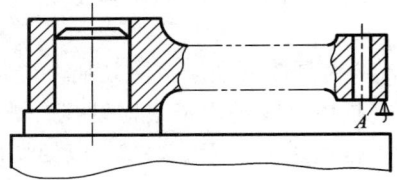

图 6 – 61　辅助支承的应用

设置辅助支承，以增加工件的装夹刚度，但此支承不起限制自由度的作用，也不允许破坏原有的定位。为此，辅助支承在工件定位装夹好后，才予以调整并锁紧，在每次卸下工件后必须退回或松开。辅助支承有以下几种：

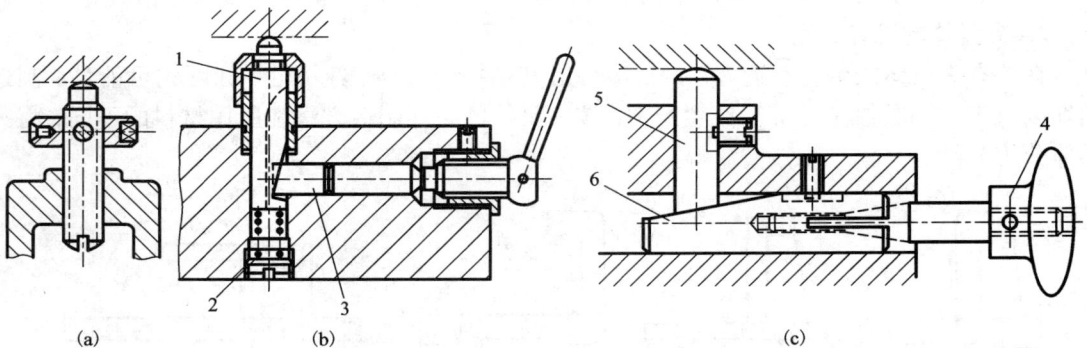

图 6 – 62　辅助支承
1—滑柱；2—弹簧；3—顶柱；4—手轮；5—滑销；6—斜楔

1. 螺旋式辅助支承

如图 6 – 62（a）所示，这种支承结构简单，效率较低，操作不方便。

2. 自动调节辅助支承

如图 6 – 62（b）所示，弹簧 2 推动滑柱 1 与工件接触，转动手柄，通过顶柱 3，锁紧滑柱 1。滑柱的斜面角不能大于自锁角否则锁紧时会使滑柱顶起工件而破坏原定位。

3. 推引式辅助支承

如图 6 – 62（c）所示，工件定位后，推动手轮 4，使滑销 5 与工件接触，然后转动手轮，使斜楔 6 胀开而锁紧。它适用于工件较重、垂直作用负荷较大的场合。

习 题

6－1 机床夹具通常由哪些部分组成？各组成部分的功能如何？

6－2 何谓定位基准？何谓六点定位规则？试举例说明之。

6－3 试举例说明什么叫工件在夹具中的"完全定位"、"不完全定位"、"欠定位"和"过定位"？

6－4 夹紧和定位有何区别？试述夹具的夹紧装置的组成和设计要求。

6－5 试述在设计夹具时，对夹紧力的三要素（力的作用点、方向、大小）有何要求？

6－6 固定支承有哪几种形式？各适用什么场合？

6－7 何谓自位支承？何谓可调支承？何谓辅助支承？三者的特点和区别何在？使用辅助支承和可调支承时应注意些什么问题？

6－8 何谓联动夹紧机构？设计联动夹紧机构时应注意哪些问题？试举例说明？

6－9 试比较斜楔、螺旋、偏心夹紧机构的优缺点及其应用范围。

6－10 试比较通用夹具、专用夹具、组合夹具，可调夹具和自动线夹具的特点及其应用场合。

6－11 试述铣床夹具的分类及其设计特点。

6－12 试述钻镗夹具的分类及其特点。钻套、镗套分为哪几种？各用在什么场合？

6－13 简要说明数控机床夹具的特点。简述数控铣床、数控钻床和加工中心机床常用夹具是哪些？

6－14 试述自动线夹具的分类及其特点。

6－15 根据六点定位原理分析下列各定位方案（图6－63）中各定位元件所消除的自由度（在原图上用线引出各定位元件分别标明），各定位方案分别属哪种定位现象？

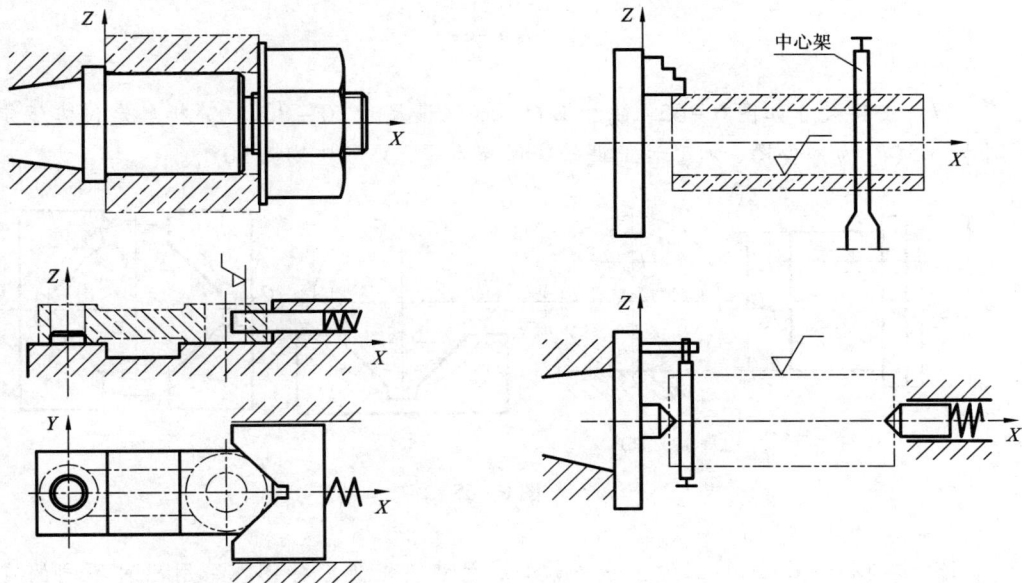

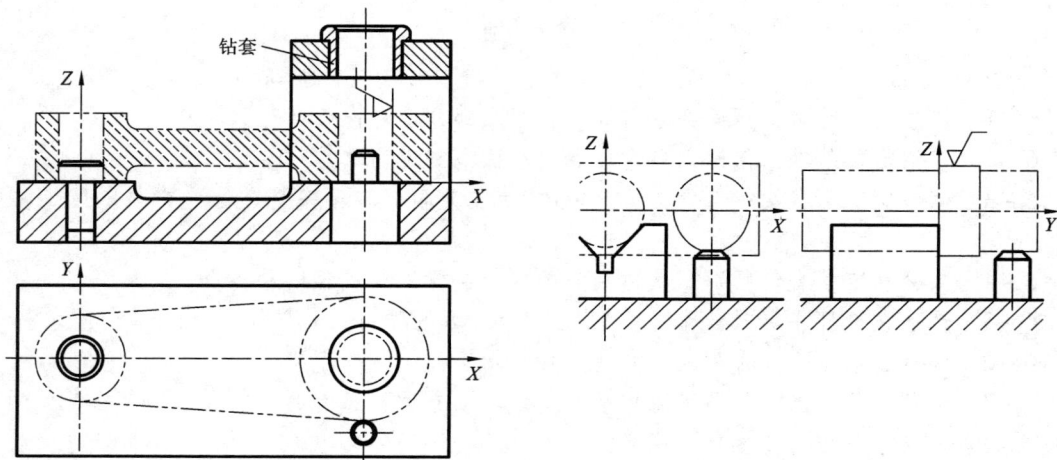

图 6-63

6-16 根据夹紧力方向确定原则,判断下列三种情况哪个最好,哪个最差? 为什么?
(注:图 6-64 中 Q 为夹紧力,P 为切削力,W 为重力)

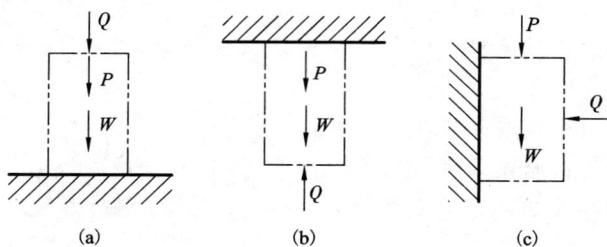

图 6-64

6-17 工件尺寸如图 6-65,欲加工 O 孔,保证尺寸 30-0.1。分析各定位方案定位误差[图 6-65(a)为零件图,加工时工件轴线保持水平,V 形块均为 90°]。

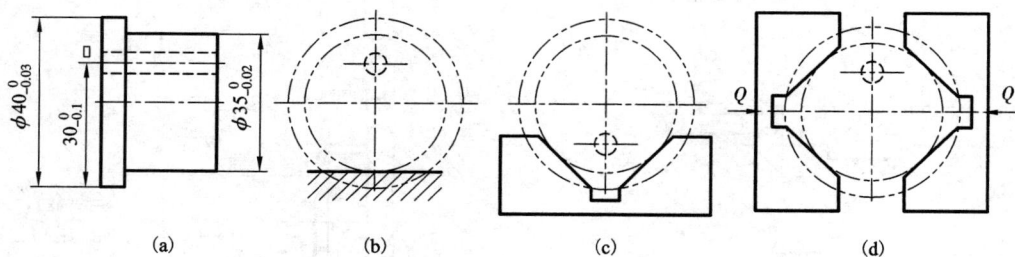

图 6-65

6-18 在图 6-66 所示工件上铣一缺口,尺寸要求见零件图。采用三种不同的定位方案,试分析它们的水平和垂直两个方向的定位误差,并判断能否满足加工要求(定位误差不

174

大于加工尺寸公差的 1/3）。

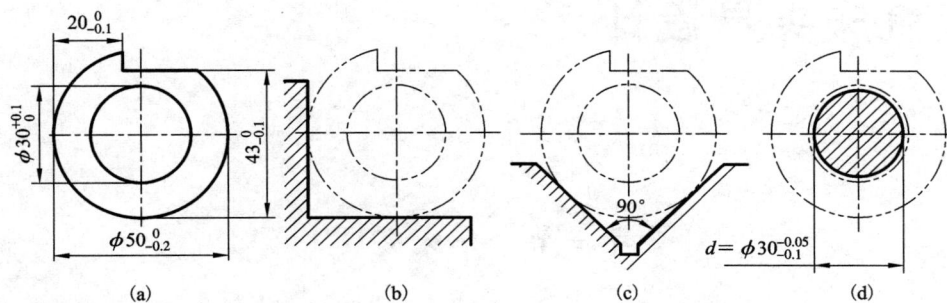

图 6 – 66

（a）零件图；（b）支承板定位；（c）V 形块定位；（d）水平放置心轴定位

6 – 19　在工件上铣一缺口，如图 6 – 67 所示，保证尺寸 $8^0_{-0.08}$，现采用图 6 – 67（b）、图 6 – 67（c）两种方案，试计算各方案的定位误差，并分析能否满足要求，若都不能，提出改进方案。

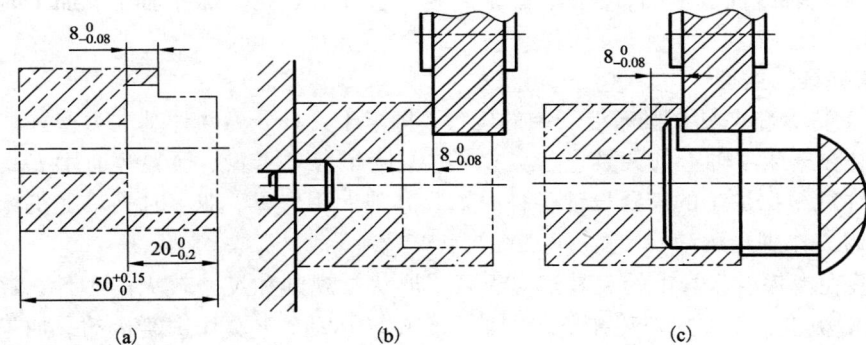

图 6 – 67

第7章
典型机床夹具设计

第一节　车床夹具

在金属切削机床中，车床约占加工设备总数的30%以上。合理设计车床夹具对提高劳动生产率和经济效益具有现实意义。

一、车床夹具的特点及类型

1. 车床夹具的特点

车床主要用于加工零件的内外圆柱面、圆锥面、螺纹以及端平面等。上述表面都是围绕机床主轴的旋转轴线而成形的，因此，车床夹具一般都安装在车床主轴上，加工时随机床主轴一起旋转。

2. 车床夹具的类型

根据加工特点和夹具在机床上安装的位置，将车床夹具分为两种基本类型：

（1）安装在车床主轴上的夹具。这类夹具中，除了各类卡盘、顶尖等通用夹具或其他机床附件外，往往根据加工的需要设计各种心轴或其他专用夹具，加工时夹具随机床主轴一起旋转，切削刀具作进给运动。

（2）安装在滑板或床身上的夹具。对于某些形状不规则和尺寸较大的工件，常常把夹具安装在车床滑板上，刀具则安装在车床主轴上作旋转运动，夹具作进给运动。加工回转成形面的靠模属于此类夹具。对于这类夹具本书不作过多的介绍，其实例可参阅《机床夹具图册》。

车床夹具按使用范围，可分为通用车夹具、专用车夹具和组合车夹具三类。

二、典型车床专用夹具的结构分析

图 7-2 为加工如图 7-1 所示的开合螺母上 $\phi40$ mm 孔的专用夹具。工件的燕尾面和两个 $\phi12$ mm 孔已经加工，两孔距离为 38 ± 0.1 mm，$\phi40$ mm 孔经过粗加工。本道工序为精镗 $\phi40$ mm 孔及车端面。加工要求是：$\phi40$ mm 孔轴线至燕尾底面 C 的距离为 45 ± 0.05 mm，$\phi40$ mm 孔轴线与 C 面的平行度为 0.05 mm，加工孔轴线与 $\phi12$ mm 孔的距离为 8 ± 0.05 mm。为贯彻基准重合原则，工件用燕尾面 B 和 C 在固定支承板 8 及活动支承板 10 上定位（两板高度相等），限制五个自由度；用 $\phi12$ mm 孔与活动菱形销 9 配合，限制 1 个自由度；工件装卸时，可从上方推开活动支承板 10 将工件插入，靠弹簧力使工件靠紧固支承板 8，并略推移工件使活动菱形销 9 弹入定位孔 $\phi12$ mm 内，采用带摆动 V 形块 3 的回转式螺旋压板机构夹紧。用平衡块 6 来保持夹具的平衡。

176

技术要求：$\phi 40_0^{+0.027}$ mm 的孔轴线对两 B 面的对称面的垂直度为 0.05 mm。

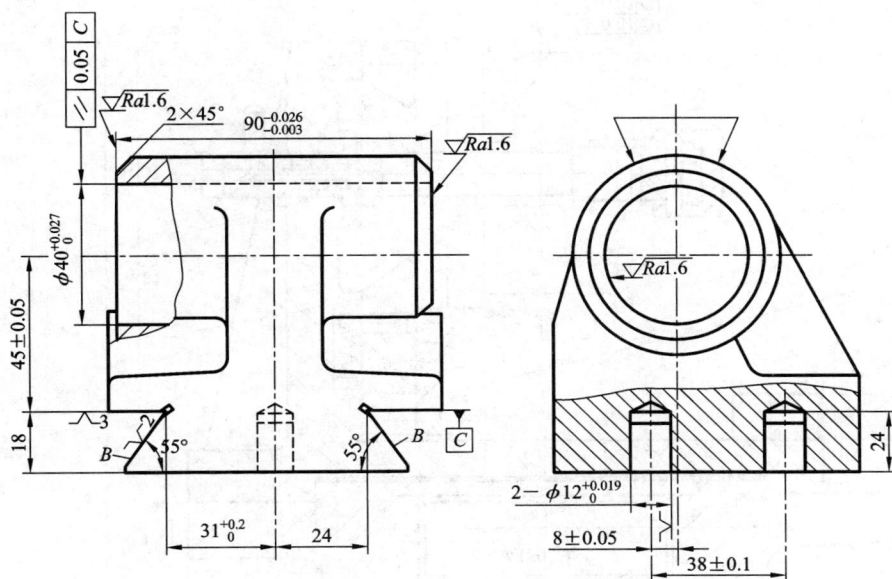

图 7 - 1　开合螺母车削工序图

三、车床夹具设计要点

1. 定位装置的设计特点

在车床上加工回转面时，要求工件被加工面的轴线与车床主轴的旋转轴线重合，夹具上定位元件的结构和布置，必须保证这一点。因此，对于同轴的轴套类和盘类工件，要求夹具定位元件工作表面的中心轴线与夹具的回转轴线重合。对于壳体、接头或支座等工件，被加工的回转面轴线与工序基准之间有尺寸联系或相互位置精度要求时，则应以夹具轴线为基准确定定位元件工作表面的位置。

2. 夹紧装置的设计特点

在车削过程中，由于工件和夹具随主轴旋转，除工件受切削扭矩的作用外，整个夹具还受到离心力的作用。因此，夹紧机构必须产生足够的夹紧力，且自锁性能要可靠。对于角铁式夹具，还应注意施力方式，防止引起夹具变形。如图 7 - 3 所示，如采用图 7 - 3(a)所示的施力方式，会引起悬伸部分的变形和夹具体的弯曲变形，离心力、切削力也会加剧这种变形；如能改用图 7 - 3(b)所示铰链式螺旋摆动压板机构显然较好，压板的变形不影响加工精度。

3. 夹具与机床主轴的连接

车床夹具与车床主轴的联接方式取决于机床主轴轴端的结构以及夹具的体积和精度要求。对于车床夹具，一般是安装在机床的主轴上，其安装方法如图 7 - 4 所示：

(1)夹具体直径 $D < 140$ mm 或 $D < (2 \sim 3)d$ 的小型夹具，一般用莫氏锥度与机床主轴配合，为保险起见，有时用拉杆在尾部拉紧，如图 7 - 4(a)所示。这种方法定位迅速方便，定位精度高，但夹具呈悬臂状，刚度低，通常只适用于小型夹具。

(2)径向尺寸较大的夹具，一般用过渡盘安装在主轴的头部，过渡盘与主轴配合处的形

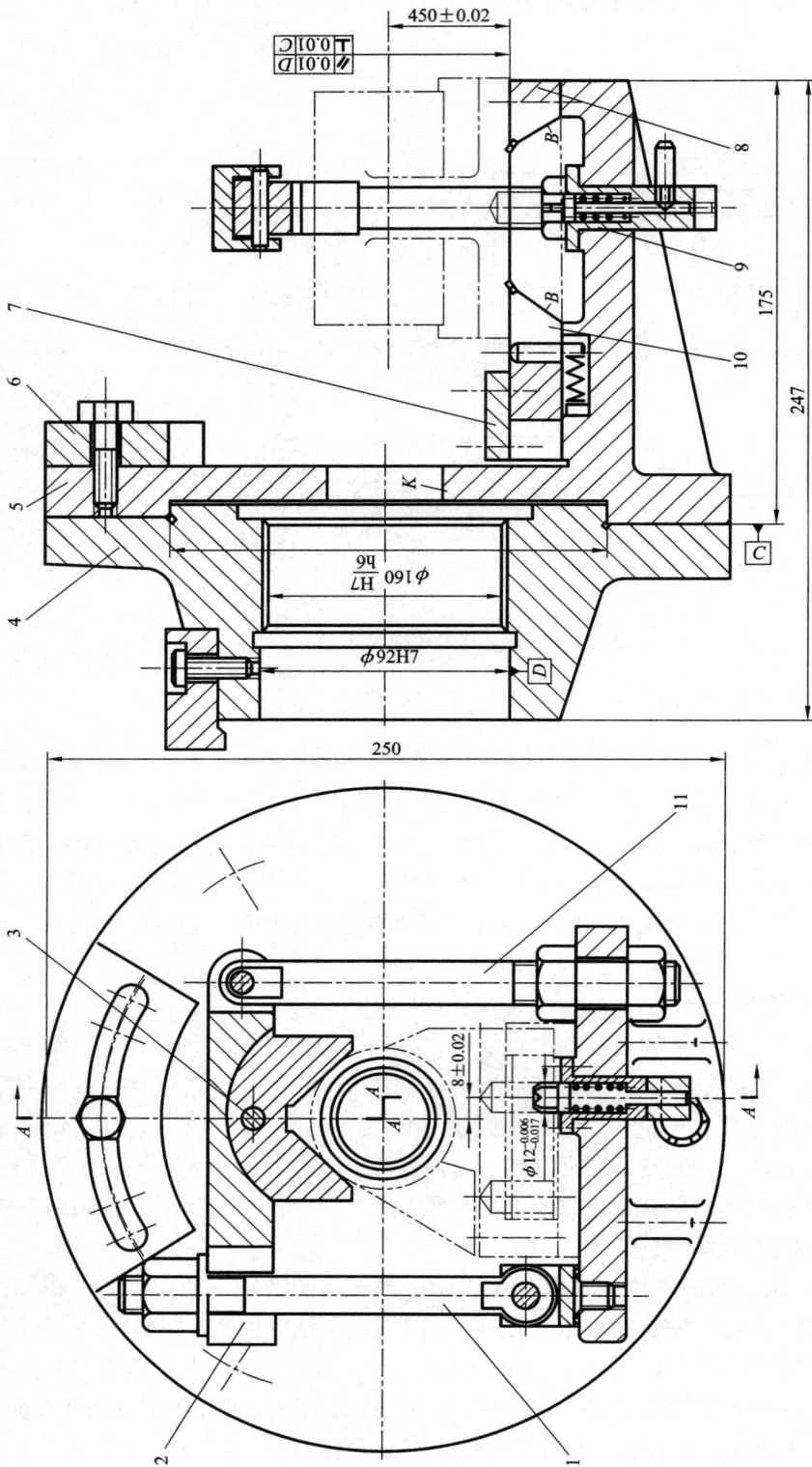

图 7-2 角铁式车床夹具

1、11—螺栓；2—压板；3—摆动V形块；4—过渡盖；5—夹具体；6—平衡块；7—盖板；8—固定支承板；9—活动菱形销；10—活动支承板

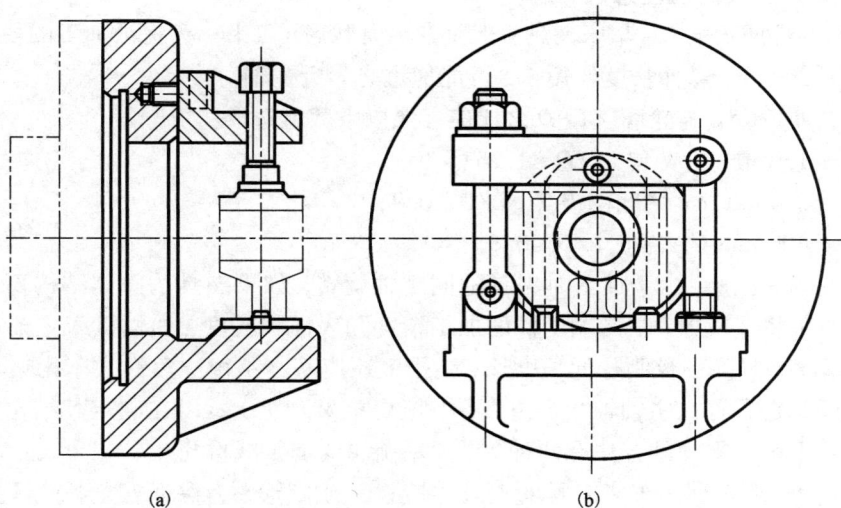

(a)　　　　　　　　　　　(b)

图 7 - 3　夹紧力方式的比较

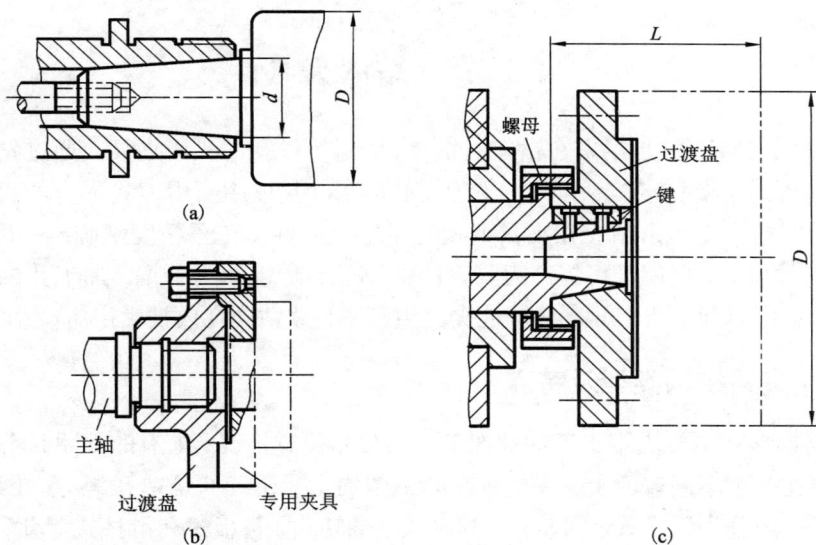

(a)

(b)　　　　　　　　　　　(c)

图 7 - 4　车床夹具与机床主轴的连接

状取决于主轴前端的结构。

①如图 7 - 4(b)所示的过渡盘，用圆柱及端面定位，圆柱定位面一般用 H7/h6 或 H7/js6 配合，用螺纹紧固，轴向由过渡盘端面和与主轴前端的台阶面接触。为防止停车和倒车时因惯性作用使两者松开，可用压板将过渡盘压在主轴上。这种安装方式的安装精度受配合精度的影响，所以定位精度低。

②如图 7 - 4(c)所示的过渡盘以锥孔与端面定位，用螺母锁紧，由键传递转矩。这种安装方式定位精度高，刚性好，但过渡盘与主轴台阶面必须贴近，要求 0.05 ~ 0.1 mm 间隙，因而制造困难。

4. 设计车床夹具时应注意的问题

(1)夹具的悬伸长度 L。车床夹具一般是在悬臂状态下工作,为保证加工的稳定性,夹具的结构应紧凑、轻便,悬伸长度要短,尽可能使重心靠近主轴。

夹具的悬伸长度 L 与轮廓直径 D 之比应参照以下数值选取:

直径小于 150 mm 的夹具, $L/D \leqslant 1.25$;

直径在 150 ~ 300 mm 之间的夹具, $L/D \leqslant 0.9$;

直径大于 300 mm 的夹具, $L/D \leqslant 0.6$。

(2)夹具的静平衡。由于加工时夹具随同主轴旋转,如果夹具的总体结构不平衡,则在离心力的作用下将造成振动,影响工件的加工精度和表面粗糙度,加剧机床主轴和轴承的磨损。因此,车床夹具除了控制悬伸长度外,结构上还应基本平衡。角铁式车床夹具的定位元件及其他元件总是布置在主轴轴线一边,不平衡现象最严重,所以在确定其结构时,特别要注意对它进行平衡。平衡的方法有两种:设置平衡块或加工减重孔。

(3)夹具的外形轮廓。车床夹具的夹具体应设计成圆形,为保证安全,夹具上的各种零件一般不允许突出夹具体圆形轮廓之外。此外,还应注意切屑缠绕和切削液飞溅等问题,必要时应设置防护罩。

第二节 钻床夹具

钻床夹具(通称钻模)是用来在钻床上钻孔、扩孔、铰孔的机床夹具。通过钻套引导刀具进行加工是钻模的主要特点。钻削时,被加工孔的尺寸精度主要由刀具本身的尺寸精度来保证;而孔的位置精度则是由钻套在夹具上相对于定位元件的位置精度来确定。因此,通过钻套引导刀具进行加工,这就既可提高刀具系统的刚性,防止钻头引偏,加工孔的位置又不需划线和找正,工序时间大大缩短,显著地提高生产率,故钻模在成批生产中应用很广。

一、钻床夹具结构类型及特点

钻模的结构形式主要决定于工件被加工孔的分布位置情况,如有的孔系是分布在同一平面上、或分布在几个不同表面上、或分布在同一圆周上,还有的是单孔等等。因此钻模的结构形式很多,一般分为固定式、回转式、移动式、翻转式、盖板式和滑柱式等几种类型。

1. 固定式钻模

这类钻模在使用过程中,夹具和工件在机床上的位置固定不动。用于在立轴式钻床上加工较大的单孔或在摇臂钻床上加工平行孔系。如前图 10 - 1 所示就是一个固定式钻模。

2. 回转式钻模

回转式钻模主要用于加工同一圆周上的平行孔系,或分布在圆周上的径向孔。它带有分度装置,按分度装置中心转轴位置不同,这种钻模分为立轴、卧轴和斜轴三种基本形式。图 7 - 5 所示为一套专用回转式钻模,用其加工工件上均布的径向孔。

3. 移动式钻模

这类钻模用于在单轴立式钻床上,先后钻削中、小型工件同一表面上的多个孔。一般工件和加工孔径都不大,属于小型夹具。

4. 翻转式钻模

这类钻模主要用于加工中、小型工件分布在不同表面上的孔。加工时整个夹具与工件一起翻转，因此，夹具连同工件的总重量不能太大，一般以不超过 100 N 为宜。

5. 盖板式钻模

这类钻模没有夹具体，实际上是一块钻模板，其上除钻套外，一般还装有定位元件和夹紧装置，只要将它覆盖在工件上即可进行加工。

盖板式钻模结构简单，一般多用于加工大型工件上的小孔，因夹具在使用时经常搬动，故盖板式钻模的重量不宜过重。为了减轻重量可在盖板上设置加强筋而减少其厚度，设置减轻窗孔或用铸铝件。

6. 滑柱式钻模

滑柱式钻模是一种带有升降钻模板的通用可调夹具。其钻模板固定在滑柱上，随滑柱的上下移动而上下移动，下移时可将工件夹紧，并借锁紧机构锁紧。

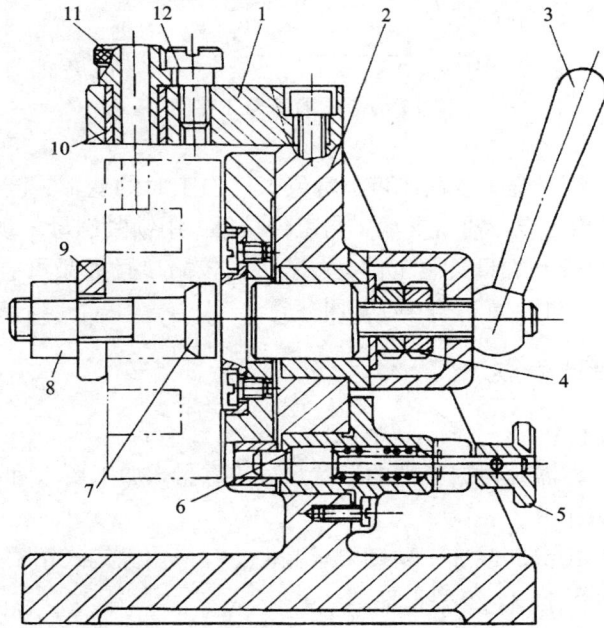

图 7 − 5　专用回转式钻模

1—钻模板；2—夹具体；3—手柄；4—螺母；5—把手；6—对定销
7—圆柱销；8—螺母；9—快换垫圈；10—衬套；11—钻套；12—螺钉

二、典型钻床夹具结构分析

图 7 − 6 所示为杠杆臂工序图。$\phi22$ mm 孔及两头的上下端面均已加工。本工序在立式钻床上加工 $\phi10$ mm、$\phi13$ mm 孔，两孔轴线相互垂直，且与 $\phi22$ mm 孔轴线的距离分别为 78 ± 0.50 mm 及 15 ± 0.50 mm。

图 7 − 7 所示为钻杠杆臂两孔的翻转式钻模。工件以 $\phi22$ mm 孔及其端面、$R12$ mm 圆弧面作为定位基准，分别在定位销 7、可调支承 11 上定位，限制工件的 6 个自由度。钻 $\phi10$ mm

181

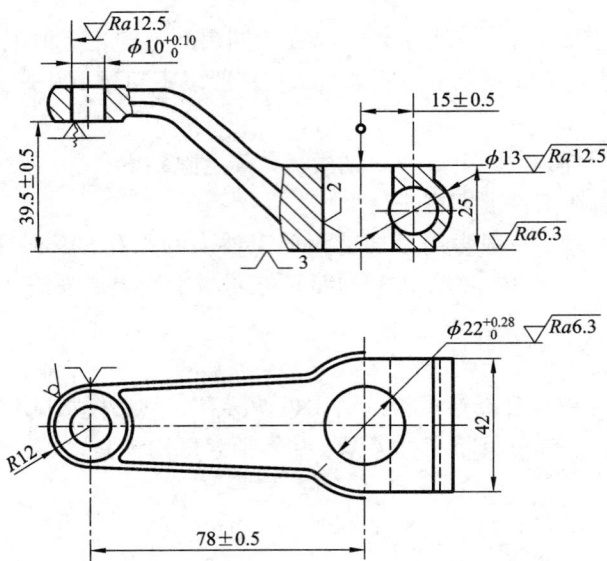

图 7 - 6　　杠杆臂工序图

孔处时工件呈悬臂状，为增强工件的刚度，避免工件加工时的变形，该处采用了螺旋辅助支承 2，当工件定位夹紧后，旋转辅助支承 2 与工件接触，用锁紧螺母 1 锁紧。

该夹具采用快换垫圈和螺母夹紧工件，夹紧机构较简单且夹紧可靠。钻完一个孔后，翻转 90° 再钻削另一个孔。此夹具适合中、小批生产。

三、钻床夹具设计要点

1. 钻模类型的选择

在设计钻模时，首先需要根据工件的形状尺寸、重量、加工要求和批量来选择钻模的结构类型。选择时注意以下几点：

（1）钻孔直径大于 10 mm 或加工精度要求高时，宜采用固定式钻模。

（2）翻转式钻模适用于中、小型工件。

（3）当加工分布不在同心圆周上的平行孔系时，如工件与夹具所产生的总重量超过 150 N，宜采用固定式钻模在摇臂钻床上加工。如批量大，则可在立式钻床上采用多轴传动头加工。

（4）对于孔的垂直度和孔距离要求不高的中、小型工件，有条件时宜优先采用滑柱钻模，若孔的垂直度公差小于 0.1 mm，孔距尺寸公差小于 ±0.15 mm 时，一般不宜采用这类钻模。

（5）钻模板和夹具体为焊接式钻模，因焊接应力不能彻底消除，精度不能长期保持，故一般在工件孔距公差要求不高（大于 ±0.15 mm）时才采用。

2. 钻套的选择和设计

（1）钻套类型。钻套按其结构形式，可分为固定钻套、可换钻套、快换钻套和特殊钻套四类。

①固定钻套（GB 2262—1980）。图 7 - 8（a），它分带肩和不带肩两种。钻套安装在钻模

182

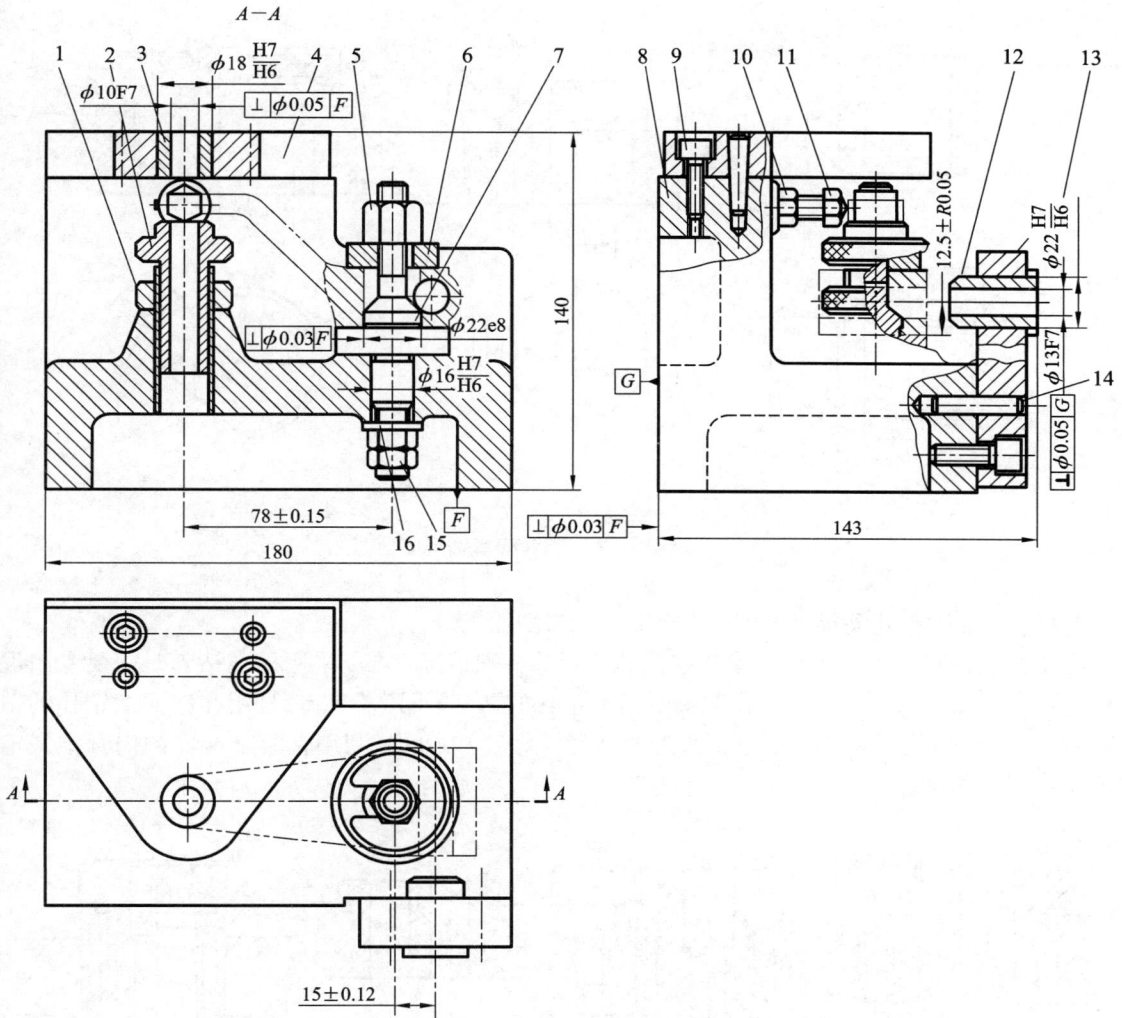

图 7 - 7　钻两孔翻转式钻模

1、10—锁紧螺母；2—辅助支承；3、12—钻套；4、13—钻模板；5、15—螺母
6—快换垫圈；7—定位销；8—夹具体；9—螺钉；11—可调支承；14—圆锥销；16—垫圈

板或夹具体中，其配合为 H7/n6 或 H7/r6。固定钻套结构简单，钻孔位置精度高。缺点是磨损后不易更换，一般用于单一钻孔工序和中小批生产。

②可换钻套（GB 2264—1980）。图 7 - 8（b），为保护钻模板，在钻套与钻模板之间加一衬套。钻套与衬套之间采用 F7/m6 或 F7/k6 配合，衬套与钻模板之间采用 H7/n6 配合。当钻套磨损后，可卸下螺钉，更换新的钻套，螺钉能防止加工时钻套转动或退刀时随刀具拔出。一般用于大批大量生产中。

③快换钻套（GB 2265—1980）。图 7 - 8（c），它的凸缘除有供螺钉压紧的台肩外，同时还铣出一削边平面，当转动钻套使削边平面对准螺钉时，便可取出钻套进行更换。但削边方向应考虑刀具的旋向，以免钻套随刀具自行拔出。快换钻套多用在加工过程需要连续更换刀

183

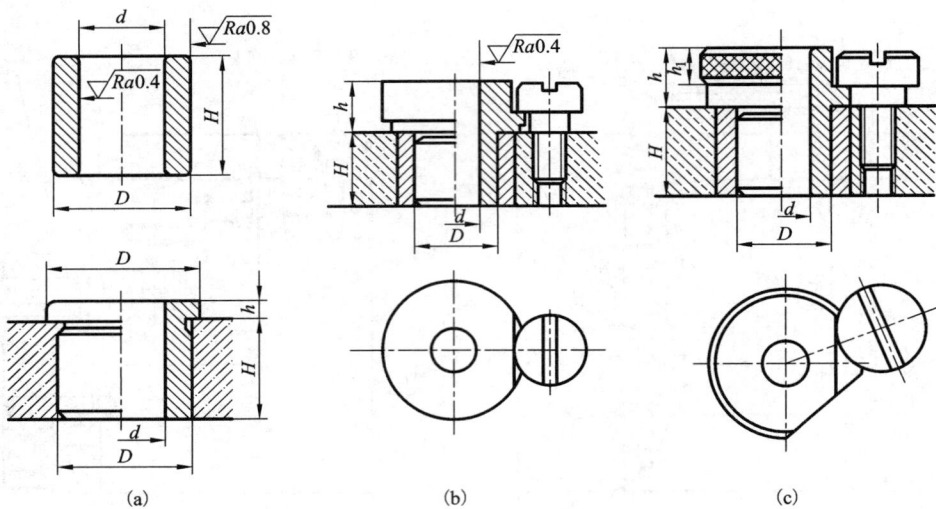

图7-8 钻套的结构

具的场合，如一个孔需经钻、扩、铰等多个工步的加工。

④特殊钻套。由于工件的形状或孔的位置等特殊情况，难以采用标准钻套时需要专门设计的钻套。图7-9(a)是用于在凹形平面上钻孔的钻套；图7-9(b)是用在斜面上钻孔的钻套；图7-9(c)是用于两孔中心距很近的钻套；图7-9(d)是利用钻套下端面的内圆锥来定位夹紧工件的钻套。

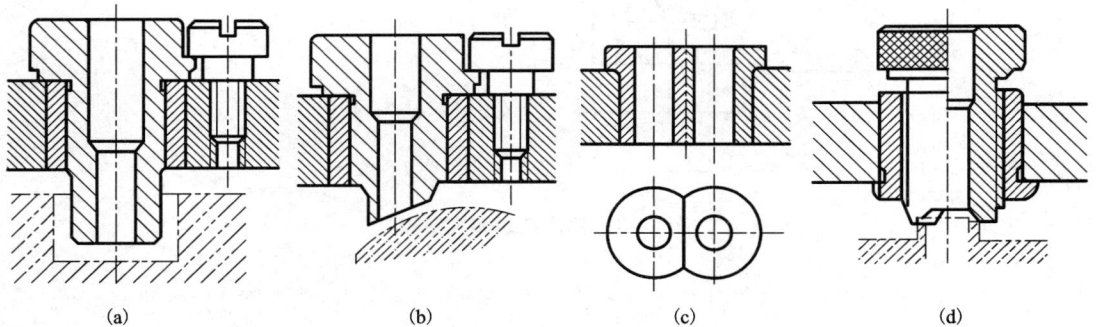

图7-9 特殊钻套

（2）钻套尺寸、公差及材料。设计钻床夹具时，在选定钻套的机构形式后，需要确定钻套的内孔尺寸、公差及其他有关尺寸，如图7-10所示。

①钻套内径 d 的尺寸确定。钻套内径的基本尺寸应为所用刀具的最大极限尺寸。因为钻头、扩孔钻、铰刀都是标准的定尺寸刀具，所以钻套内径应按基轴制选取。一般根据所用刀具和工件上的加工精度要求来选取钻套内径的公差和配合，当钻孔和扩孔时选用 F7 或 F8；粗铰孔时选用 G7；精铰孔时选用 G6。若钻套引导的是刀具的导柱部分，此时可按基孔制的相应配合选取，如 H7/f7、H7/g6、H6/g5 等。

②钻套的高度 H 增大，则导向性能好，刀具刚度高，加工精度高，但钻套与刀具的磨损加剧。对于一般孔距精度：$H = (1.5 \sim 2)d$；对于要求较高的孔距精度：$H = (2.5 \sim 3.5)d$。

③排屑空间 h 指钻套底部与工件表面之间的空间。增大 h，排屑方便，但刀具的刚度和孔的加工精度都会降低。加工铸铁时，取 $h = (0.3 \sim 0.7)d$；加工钢时，取 $h = (0.7 \sim 1.5)d$。当孔的位置精度要求较高时，可取 $h = 0$，使切屑全部从钻套中排出；对于带状切屑 h 取大值，断屑好者取小值。

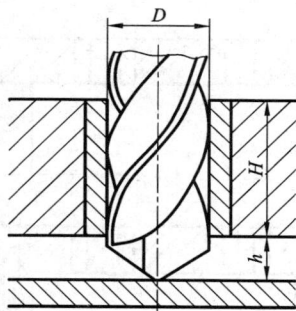

图7-10　钻套尺寸

在加工过程中，钻套与刀具产生摩擦，故钻套必须有很高的耐磨性。当钻套孔径 $d \leqslant 26$ mm 时，用 T10A 钢制造，热处理硬度为 58 ~ 64 HRC；当 $d > 26$ mm 时，用 20 钢制造，渗碳深度为 0.8 ~ 1.2 mm，热处理硬度为 58 ~ 64 HRC。

3. 钻模板设计

钻模板通常装配在夹具体或支架上，或与夹具上的其他元件相连接。常见有如下几种类型：

(1)固定式钻模板。钻模板和夹具体或支架的固定方法，一般采用两个圆锥销和螺钉装配连接；对于简单的结构也可采用整体的铸造或焊接结构，如图7-11(a)所示。它们的结构都较简单，钻套的位置精度也较高，但要注意不妨碍工件的装卸。

(2)铰链式钻模板。当钻模妨碍工件装卸或钻孔后需攻螺纹时，可采用图7-11(b)所示的铰链式钻模板，它与夹具体或支架采用铰链连接。

铰链销与钻模板的销孔采用 G7/h6 配合，与铰链座销孔采用 N7/h6 配合。钻模板与铰链座凹槽一般采用 H8/g7 配合，精度要求高时应配制，控制 0.01 ~ 0.02 mm 的间隙，钻套导向孔与夹具安装面的垂直度，可通过调整垫片或修磨支承件的高度予以保证。加工时，钻模板需用菱形螺母或其他方法予以锁紧。由于铰链销孔之间存在配合间隙，其加工精度比采用固定式钻模板低。

(3)可卸式钻模板。如图7-11(c)所示，可卸钻模板以两孔在夹具体上的圆柱销3和削边销4上定位，并用铰链螺栓将钻模板和工件一起夹紧，加工完毕需将钻模板卸下，才能装卸工件。使用这类钻模板时，装卸钻模板费力，钻套的位置精度低，故一般多在使用其他类型钻模板不便于装夹工件时才采用。

(4)悬挂式钻模板。在立式钻床上采用多轴传动头进行平行孔系加工时，所用的钻模板就连接在传动箱上，并随机床主轴往复移动。

如图7-12所示，钻模板5的位置由导向滑柱2来确定，并悬挂在滑柱上，通过弹簧1和横梁6与机床主轴或主轴箱连接。这类钻模板多与组合机床或多轴箱联合使用。

4. 夹具体

钻模的夹具体一般不设定位或导向装置，夹具通过夹具底面安放在钻床工作台上，可直接用钻套找正并用压板压紧(或在夹具体上设置耳座用螺栓压紧)。

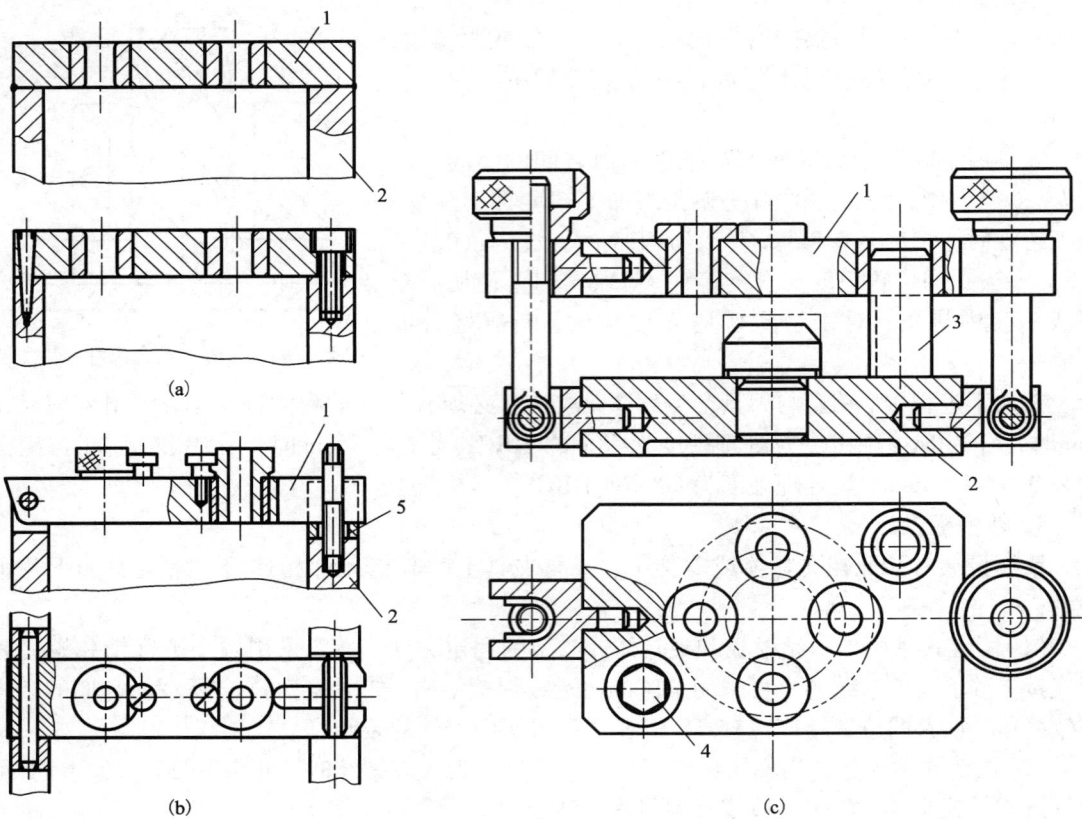

图 7 – 11 夹具上的几种钻模板

1—钻模板；2—夹具体(支架)；3—圆柱销；4—削边销；5—垫片

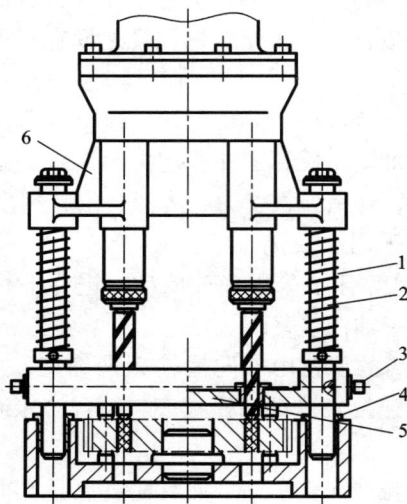

图 7 – 12 悬挂式钻模板

1—弹簧；2—导向滑柱；3—螺钉；4—套；5—钻模板；6—横梁

186

第三节　镗床夹具

镗床夹具又称镗模，它与钻床夹具相似，除具有一般元件外，也采用了引导刀具的镗套。镗套按照工件被加工孔系的坐标布置在一个或几个专门的零件即导向支架（镗模架）上。镗模主要用于保证箱体、支座等工件各孔间、孔与其他基准面之间的相互位置精度。

一、镗床夹具结构类型及特点

镗床按所用机床的不同，有立式镗模和卧式镗模之分，二者分别用于立式镗床和卧式镗床上；而按镗套及镗模支架的布置形式不同，又有单面导向镗模和双面导向镗模之分。

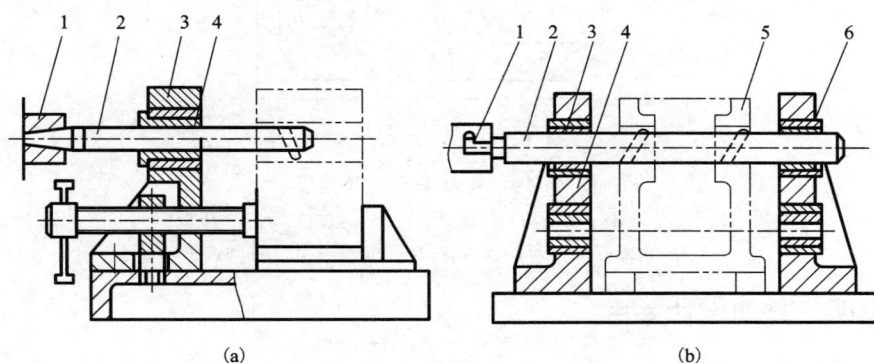

图 7 – 13　镗模的两种结构形式
1—机床主轴；2—镗杆；3—接头；4—镗杆；5—镗套；
6—镗模支架；7—镗套；8—支架；9—工件；10—衬套

图 7 – 13（a）为一单向导向镗模的示意图，其镗套结构简单，操作方便，适用于加工孔径较大而其长度较短及加工精度要求较低的孔系。

图 7 – 13（b）为一双面导向镗模的示意图，其镗套和镗模支架布置在工件的两侧，镗杆与机床主轴采用柔性连接。镗模结构较为复杂，操作有时不太方便。孔系加工精度主要取决于镗模精度。由于这种镗模可以实现"以粗干精"的目的，即用精度较低的机床，借助于精化工艺装备，而加工出精度较高的工件来，因此，在生产中得到广泛应用。

二、典型镗床夹具结构分析

图 7 – 14 所示为镗削车床尾座孔镗模。由于加工孔长度比较长，即孔长与孔径比 $L/D >$ 1.5，采用前后单支承引导，即两个镗套分别设置在工件的前方和后方，镗刀杆 9 和主轴之间通过浮动接头 10 连接。工件以底面、槽及侧面在定位板 3、4 及可调支承钉 7 上定位，限制六个自由度。采用联动夹紧机构，拧紧夹紧螺钉 6，压板 5、8 同时将工件夹紧。镗模支架 1 上装有滚动回转镗套 2，用以支承和引导镗刀杆。镗模以底面 A 装在机床工作台上，其位置用 B 面找正。

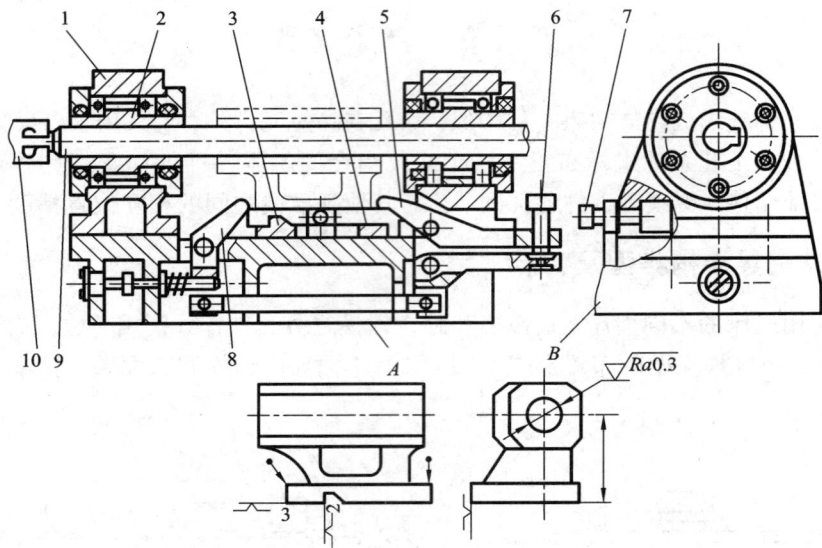

图 7-14 镗削车床尾座镗模

1—镗模支架；2—滚动回转镗套；3、4—定位板；5、8—压板；
6—夹紧螺钉；7—可调支承钉；9—镗刀杆；10—浮动接头

三、镗床夹具的设计要点

1. 镗套的结构

镗套的结构和精度直接影响到加工孔的尺寸精度、几何形状和表面粗糙度。设计镗套时，可按加工要求和情况选用标准镗套，有特殊情况可自行设计。一般镗孔用的镗套主要有固定式和回转式两类，都已经标准化。

(1)固定式镗套。图 7-15 为固定式镗套，它与钻套相似，加工时镗套不随镗杆转动。A型不带油杯和油槽，靠镗杆上开的油槽润滑。B型则带油杯和油槽，使镗杆和镗套之间能充分润滑，从而减少镗套的磨损。固定式镗套优点是外形尺寸小，结构简单，精度高。但镗杆在镗套内一面回转，一面作轴向移动，使镗套容易磨损，因此只适用于低速镗孔。一般摩擦面线速度 $v < 0.3$ m/s。

(2)回转式镗套。回转式镗套随镗杆一起转动，镗杆与镗套只能相对移动而无相对转动，从而大大减少了镗套的磨损，也不会因摩擦发热而出现"卡死"现象。因此，它适用于高速镗孔。回转式镗套可分为滑动式回转镗套[图 7-16(a)]和滚动式回转镗套[图 7-16(c)]两种。

2. 镗套的设计

镗套的长度 L 直接影响导向性能，根据镗套的类型和布置方式，一般取：

固定式镗套 $\qquad\qquad\qquad L = (1.5 \sim 2)d$

滑动式回转镗套 $\qquad\qquad L = (1.5 \sim 3)d$

滚动式回转镗套 $\qquad\qquad L = 0.75d$

镗套与镗杆及衬套等的配合，根据加工精度要求，按表 7-1 所列选取。

188

A型　　　　　　　　　　　B型

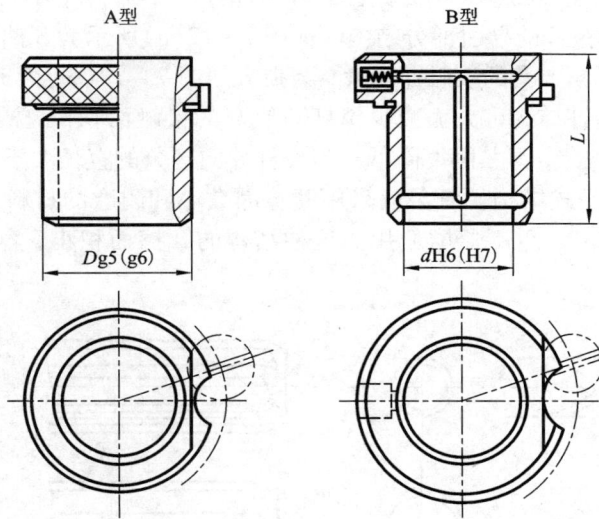

图 7 – 15　固定式镗套

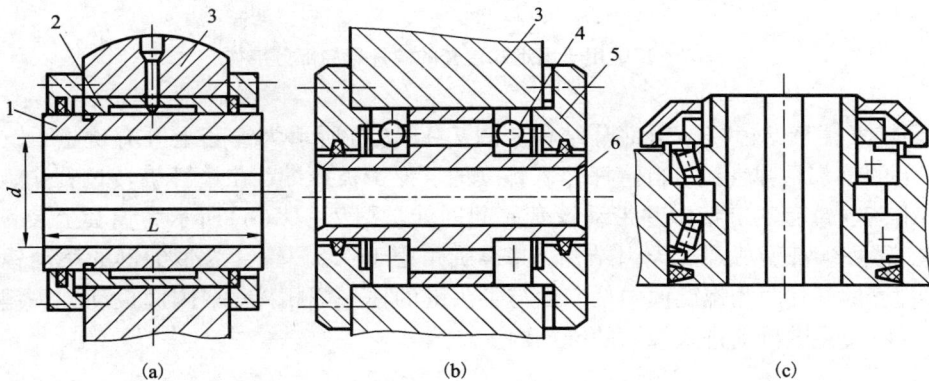

(a)　　　　　　　　(b)　　　　　　　　(c)

图 7 – 16　回转式镗套

1、6—镗套；2—滑动轴承；3—镗模支架；4—滚动轴承；5—轴承端盖

表 7 – 1　镗套与镗杆、衬套等的配合

配合表面	镗杆与镗套	镗套与衬套	衬套与支架
配合性质	$\dfrac{H7}{g6}\left(\dfrac{H7}{h6}\right)\dfrac{H6}{g5}\left(\dfrac{H6}{h5}\right)$	$\dfrac{H7}{g6}\left(\dfrac{H7}{js6}\right)\dfrac{H6}{h5}\left(\dfrac{H6}{j5}\right)$	$\dfrac{H7}{h6}\ \dfrac{H6}{h5}$

镗套的材料可选用铸铁、青铜、粉末冶金材料制成，硬度一般应低于镗杆的硬度。在生产批量不大时多用铸铁，负荷大时采用 20 钢渗碳，经热处理淬硬至 55～60 HRC。青铜比较贵，因此多用于生产批量较大的场合。

3. 镗杆的结构及其参数设计

镗杆是连接刀具与机床的辅助工具，不属于夹具范畴。但镗杆的一些设计参数与镗模的设计关系密切，而且不少生产单位把镗杆的设计归于夹具的设计中。镗杆的导引部分是镗杆与镗套的配合，按与之配合的镗套不同镗杆的导引部分可分为下列两种形式：

（1）固定式镗套的镗杆的导引部分结构。如图 7－17（a）所示为开油槽的镗杆，镗杆的刚度和强度较好，但镗杆与镗套的接触面积大，磨损大。图 7－17（b）及 3－17（c）为有较深直槽和螺旋槽的镗杆，这种结构可大大减少镗杆与镗套的接触面积，沟槽有一定的存屑能力，可以减少出现"卡死"现象，但其刚度降低。当镗杆导向部分的直径大于 50 mm 时，常常采用图 7－17（d）所示的镶条式结构。镶条应采用摩擦因数小和耐磨的材料，如铜或钢。镶条磨损后，可在底部添加垫片，重新修磨使用。这种结构的摩擦面积小，容屑量大，不容易"卡死"。

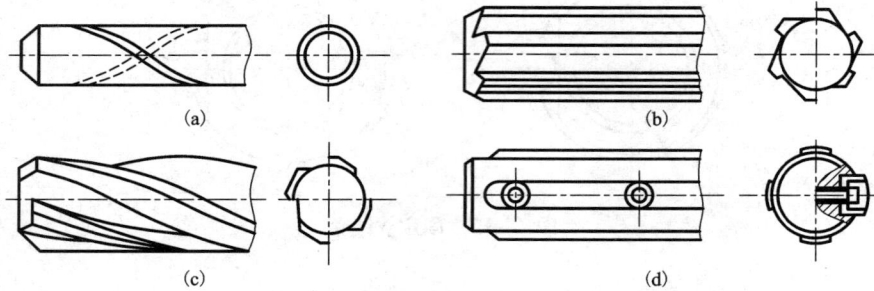

（a）　　　　　　　　　　　（b）

（c）　　　　　　　　　　　（d）

图 7－17　用于固定式镗套的镗杆导向部分结构

（2）回转式镗套的镗杆导引部分结构。图 7－18（a）所示为镗套上开有键槽，镗杆上装键。镗杆上的键都是弹性键，当镗杆伸入镗套时，弹簧被压缩，在镗杆旋转过程中，弹性键便自动弹出落入镗套的键槽中并带动镗套一起回转。图 7－18（b）所示为镗套上装键，镗杆上开键槽，镗杆端部做成螺旋导引结构，其螺旋角小于 45°。镗套为带尖键的滚动镗套。当镗杆伸入镗套时，其两侧螺旋面中任一面与尖头键的任一侧相接触，因而拨动尖头键带动镗套回转，可使尖头键自动进入镗杆的键槽内。

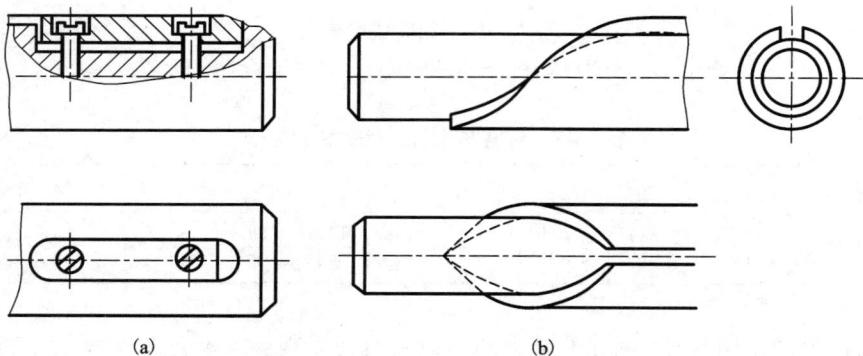

（a）　　　　　　　　　　　（b）

图 7－18　用于回转式镗套的镗杆导引部分结构

（3）镗杆的直径和长度。镗杆的直径和长度对镗杆的刚性影响较大，所以镗杆的设计主要是确定恰当的直径和长度。直径受到加工孔径的限制，但在可能的情况下应尽量取大些，使在一定的长度下有足够的刚度，以保证镗孔的精度，镗杆的直径一般取 $d = (0.6 \sim 0.8)D$。

在设计镗杆时，镗孔直径 D、镗杆直径 d、镗刀的截面积 B×B 之间的关系可从表 7-2 上选取。

根据镗杆的工作情况，一般要求其表面硬度较镗套高。而内部则要有较好的韧性。因此，一般都采用 45 钢、40Cr 钢制造，淬火硬度 40~45HRC；也可以用 20 钢或 20Cr 钢渗碳淬火，渗碳层厚 0.8~1.2 mm，淬火硬度为 61~63 HRC。

表 7-2　镗孔直径 D、镗杆直径 d、镗刀的截面积 B×B 之间尺寸的关系

D/mm	30~40	40~50	50~70	70~90	90~100
d/mm	20~30	30~40	40~50	50~65	65~90
B×B	8×8	10×10	12×12	16×16	16×60 20×20

第四节　铣床夹具

铣削加工一般用于加工平面、沟槽、缺口以及成型曲面等，铣床夹具也是常用的夹具。

一、铣床夹具结构类型及特点

按铣削时的进给方式不同，铣床夹具可分为直线进给、圆周进给和靠模进给三种类型。

1. 直线进给式铣床夹具

这类夹具安装在铣床工作台上，在加工中随工作台按直线进给方式运动。按照在夹具中同时安装工件的数目和工位多少分为单件加工、多件加工和多工位加工夹具。

如图 7-19 所示为多件加工的直线进给式铣床夹具，该夹具用于在小轴端面上铣一通槽。六个工件以外圆面在活动 V 形块 2 上定位，以一端面在支承钉 6 上定位。活动 V 形块装在两根导向柱 7 上，V 形块之间用弹簧 3 分离。工件定位后，由薄膜式气缸 5 推动 V 形块 2 依次将工件夹紧。由对刀块 9 和定位键 8 来保证夹具与刀具和机床的相对位置。

2. 圆周进给铣床夹具

圆周进给铣床夹具多用在回转工作台或回转鼓轮铣床，依靠回转台或鼓轮的旋转将工件顺序送入铣床的加工区域，实现连续切削。在切削的同时，可在装卸区域装卸工件，使辅助时间与机动时间重合，因此，它是一种高效率的铣床夹具。

3. 靠模进给式铣床夹具

它是一种带有靠模的铣床夹具，适用于专用或通用铣床上加工各种非圆曲面。按照进给运动方式可分为直线进给式和圆周进给式两种。

如图 7-20 所示为圆周进给式靠模铣床夹具示意图。夹具装在回转工作台 3 上，回转工作台 3 装在滑座 4 上。滑座 4 受重锤或弹簧拉力 F 的作用使靠模 2 与滚子 5 保持紧密接触。滚子 5 与铣刀 6 不同轴，两轴相距为 k。当转台带动工件回转时，滑座也带动工件沿导轨相对于刀具作径向辅助运动，从而加工出与靠模外形相仿的成型面。

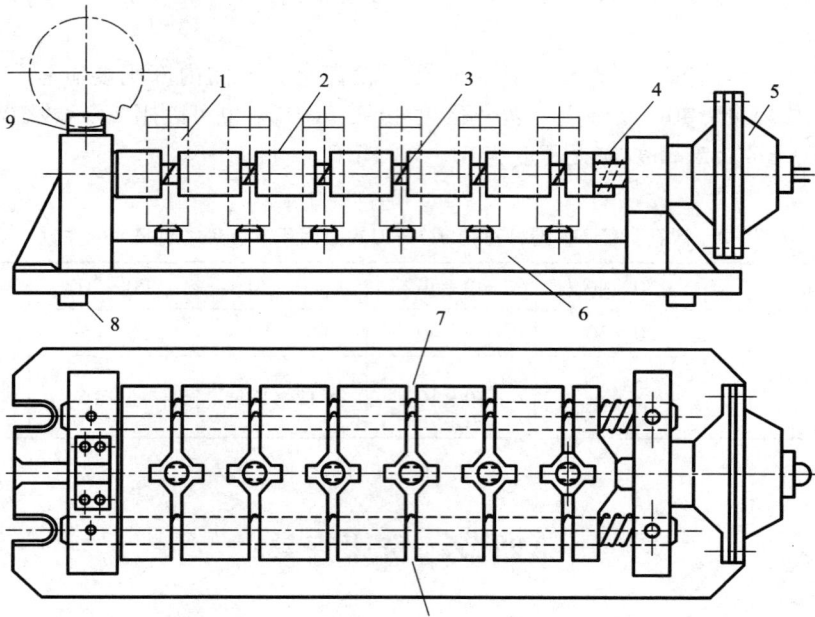

图 7 – 19 多件加工的直线进给式铣床夹具

1—小轴；2—活动 V 形块；3—弹簧；4—夹紧元件；

5—薄膜式汽缸；6—支承钉；7—导向柱；8—定位键；9—对刀块

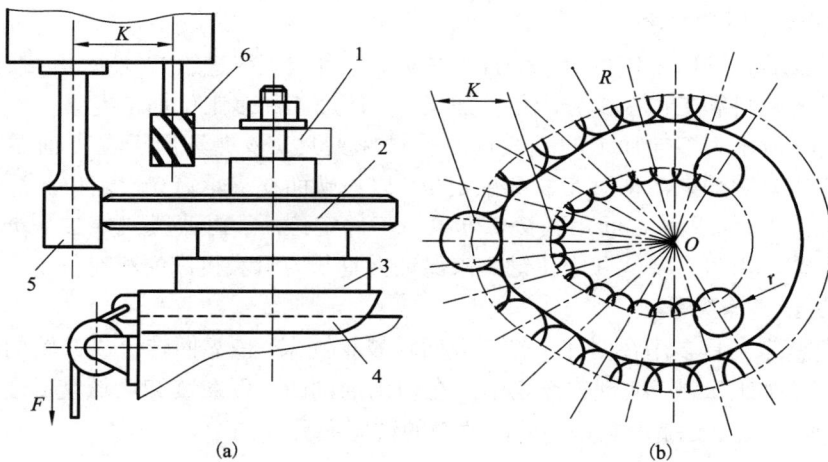

(a)   (b)

图 7 – 20 圆周进给式靠模铣床夹具

1—工件；2—靠模；3—回转工作台；4—滑座；5—滚子；6—铣刀

二、典型铣床夹具结构分析

1. 铣键槽用的简易专用夹具

如图 7 – 21 所示，该夹具用于铣削工件 4 上的半封闭键槽，夹具的结构与组成如下：

（1）V 形块 1 是夹具体兼定位元件，它使工件装夹时轴线位置必须在 V 形面的角平分线上，从而起到定位作用。对刀块 6 同时也起到端面定位作用。

192

（2）压板 2 和螺栓 3 及螺母是夹紧元件，它们用以阻止工件在加工过程中因受切削力而产生的移动和振动。

（3）对刀块 6 除对工件起轴向定位外，主要用以调整铣刀和工件的相对位置。对刀面 a 通过铣刀周刃对刀，调整铣刀与工件的中心对称位置；对刀面 b 通过铣刀端面刃对刀，调整铣刀端面与工件外圆（或水平中心线）的相对位置。

（4）定位键 5 在夹具与机床间起定位作用，使夹具体即 V 形块 1 的 V 形槽槽向与工作台纵向进给方向平行。

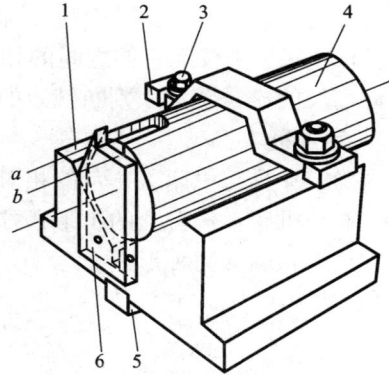

图 7 – 21　铣削键槽用的简易专用夹具
1—V 形块；2—压板；3—螺栓；
4—工件；5—定位键；6—对刀块

三、铣床夹具设计要点

由于铣削时切削用量较大，且为断续切削，故切削力较大，易产生冲击和振动，因此，设计铣床夹具时，要求工件定位可靠，夹紧力足够大，手动夹紧时夹紧机构要有良好的自锁性能，夹具上各组成元件应具有较高的强度和刚度。另外，铣床夹具一般有确定刀具位置和夹具方向的对刀块和定位键。

1. 对刀装置

用于确定刀具与夹具的相对位置，主要由对刀块和塞尺构成。

如图 7 – 22 所示为常见几种铣刀的对刀装置，图 7 – 22（a）是高度对刀装置，用于铣平面时对刀；图 7 – 22（b）中 3 是直角对刀块，用于加工键槽或台阶面时对刀；图 7 – 22（c）、图 7 – 22（d）是成形刀具对刀装置，用于加工成形表面时对刀；图 7 – 22（e）为组合刀具对刀装置，3 是方形对刀块，用于组合铣刀的垂直和水平方向对刀。

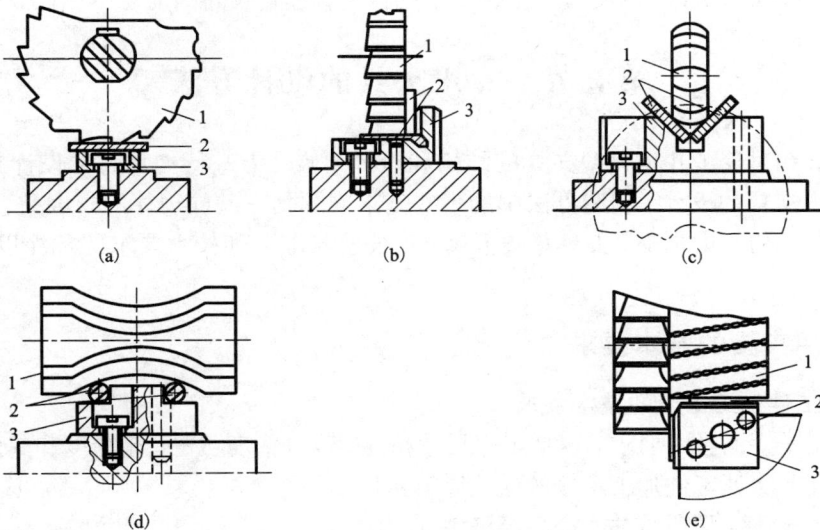

(a)　　　　(b)　　　　(c)

(d)　　　　(e)

图 7 – 22　对刀装置
1—刀具；2—塞尺；3—对刀块

对刀时，铣刀不能与对刀块工作表面直接接触，以免损坏切削刃或造成对刀块过早磨损，应通过塞尺来校准它们之间的相对位置，即将塞尺放在刀具与对刀块的工作表面之间，凭抽动塞尺的松紧感觉来判断铣刀的位置。

2. 定位键

为确定夹具与机床工作台的相对位置，在夹具体底面上应设置定位键。铣床夹具通过两个定位键与机床工作台上的 T 形槽配合，来确定夹具在机床上的位置。如图 7 – 23 所示，定位键有矩形和圆形两种形式。

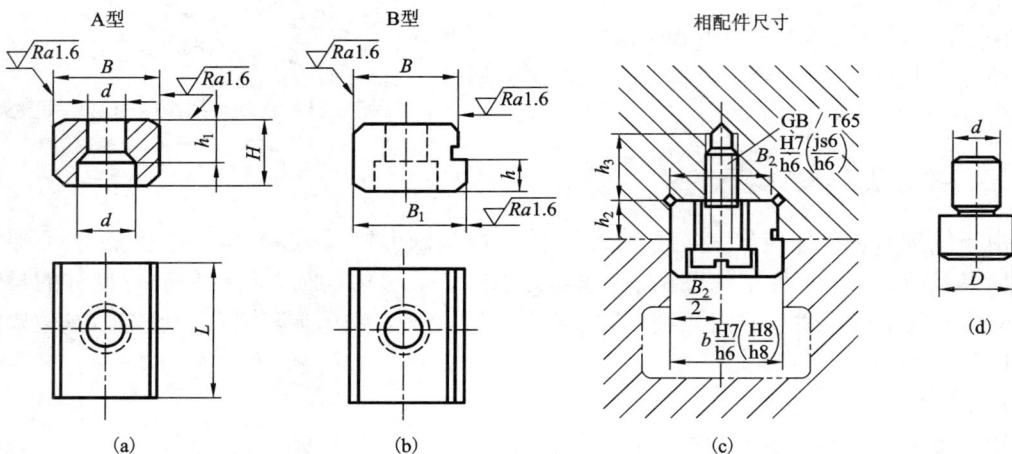

图 7 – 23　定位键

常用的矩形定位键有 A 型和 B 型两种结构形式。A 型定位键适用于夹具定向精度要求不高的场合。B 型定位键的侧面开有沟槽，沟槽上部与夹具体的键槽配合，在制造定位键时，B_1 应留有修磨量 0.5 mm，以便与工作台 T 形槽修配，达到较高的配合精度。

第五节　专用夹具的设计方法

前面分析和讨论了几类典型夹具的结构和设计要点，为进行夹具总体设计打下了基础，但是各类专用夹具的设计、制造方法中的一些基本问题是有共同规律的。因此，本节重点讨论设计专用夹具的基本步骤、夹具总图上尺寸、公差与配合和技术要求的标注以及夹具结构工艺性问题。

一、专用夹具的基本要求

1. 保证工件加工工序的技术要求

工件加工工序的技术要求，包括工序尺寸精度、位置精度、表面粗糙度和其他特殊要求。夹具设计首先要保证工件加工工序的这些质量指标。

2. 提高生产率，降低成本，提高经济性

在适应工件生产纲领的条件下，尽量采用多件多位、快速高效的先进结构，缩短辅助时间。

3. 操作方便, 省力和安全

夹具的操作尽量做到方便、省力、安全可靠。

4. 便于排屑

这是容易被忽视的一个问题。排屑不畅, 将会影响工件定位的正确性和可靠性, 同时, 积屑的热量将会造成系统的热变形, 影响加工质量; 清屑要增加辅助时间; 积屑还可能损坏刀具以至造成工伤事故。

5. 结构工艺性要好

夹具的工艺性能要好, 便于制造、装配、调整、检测和维修。

总之, 在设计时, 针对具体设计的夹具, 结合上述各项基本要求, 最好提出几种设计方案进行综合分析和比较, 以期达到高质、高效、低成本的综合经济效果, 其中保证质量是最基本的要求。

二、专用夹具的设计方法和步骤

在专用夹具的设计过程中, 必须充分收集设计资料, 明确设计任务, 优选设计方案。整个设计过程, 大体分为以下几个阶段进行。

1. 明确设计要求, 认真调查研究, 收集有关资料

这是具体进行设计前的准备阶段。这时, 根据夹具设计任务书的要求认真研究并收集下列资料:

(1)研究被加工的零件, 明确夹具设计任务。

(2)了解零件的生产批量和对夹具需用情况, 以确定所采用夹具结构的合理性和经济性。

(3)了解所使用的机床的主要技术参数、规格、安装夹具的有关连接部分的尺寸, 如工作台 T 型槽的尺寸、主轴端部尺寸等。

(4)了解所使用的刀具和量具的结构和规格, 以及测量和对刀调整方法。

(5)收集有关本厂夹具零部件标准(国标、部标、企标、厂标), 典型夹具结构图册, 夹具设计指导资料等。

(6)了解有关本厂制造、使用夹具的情况。如工厂有无压缩空气站, 以及压缩空气的气压是多大, 本厂制造夹具的能力和经验等。

(7)收集国内外有关设计、制造同类夹具的资料, 吸取其中先进而又结合本厂实际情况的合理部分。

2. 确定夹具的结构方案

确定夹具的结构方案, 就是根据工件生产批量的大小, 所用的机床设备、工件的技术要求、结构特点和使用要求来确定夹具的结构。在这个阶段, 一般按下列步骤进行:

(1)确定工件的定位方案, 根据工序图给出的定位方案, 选取相应结构形状的定位元件, 并确定定位元件的尺寸公差等级及其配合公差带等。

(2)确定刀具的引导方式或对刀装置。对于钻床、镗床类夹具, 应分别采用钻套和镗套; 对于铣床类夹具, 一般应设置对刀块。设计时应尽量选取标准元件。

(3)确定工件的夹紧装置, 根据所确定的夹紧方式, 选择杠杆、螺旋、偏心、铰链等夹紧装置。

(4)确定其他元件或装置的结构, 动力源、定位键、分度装置、装卸工件所用的辅助装置、排屑装置及防误装置等。

（5）确定夹具在机床上的安装方式以及夹具体的结构型式。

（6）绘制结构方案草图。

3. 绘制夹具总图

先用双点画线画出工件的外形轮廓和主要表面。主要表面指定位基面、夹紧表面和被加工表面。总图上的工件，是一个假想的透明体，它不影响夹具各元件的绘制。此后，围绕工件的几个视图依次绘出：定位元件、对刀－导向元件、夹紧机构、力源装置等夹具机构；绘制夹具体及连接件；标注有关尺寸、公差、形位公差和其他技术要求；零件编号；编写标题栏和零件明细表。

4. 绘制非标准零件的工作图。

三、夹具总图上尺寸、公差和技术要求

夹具总图尺寸标注的正确与否，公差和技术要求制订的合理与否，对整个机床夹具的设计与制造影响是很大的。

1. 夹具总图上标注的五类尺寸

（1）夹具的轮廓尺寸。指夹具在长、宽、高三个方向上的外形最大极限尺寸。对于升降式夹具要注明最高和最低尺寸；对于回转式夹具要注出回转半径或直径。这样可表明夹具的轮廓大小和运动范围，以便于检查夹具与机床、刀具的相对位置有无干涉现象以及夹具在机床上安装的可能性。图 7 – 24(a) 中工件孔 ϕ6H9 需要加工，图 7 – 24(b) 为加工该孔的夹具总图，其中 A 为夹具最大轮廓尺寸。

（2）工件与定位元件间的联系尺寸。主要指工件定位面与定位元件上定位表面的配合尺寸以及各定位表面之间的位置尺寸。图 7 – 24(b) 中 B 属于此类尺寸。

（3）夹具与刀具的联系尺寸。主要指对刀、导向元件与定位元件间的位置尺寸；导向元件之间的位置尺寸及导向元件与刀具(或镗杆)导向部分的配合尺寸。图 7 – 24(b) 中 C 属于此类尺寸。

（4）夹具与机床的联系尺寸。指夹具在机床上安装时有关的尺寸，从而确定夹具在机床上的正确位置。对于车床类夹具，主要指夹具与机床主轴端的联接尺寸；对于刨、铣夹具，是指夹具上的定向键与机床工作台 T 型槽之配合尺寸。

（5）夹具内部的配合尺寸。夹具总图上，凡属于夹具内部有配合要求的表面，都必须按配合性质和配合精度标上配合尺寸，以保证夹具上各主要元件装配后能够满足规定的使用要求。图 7 – 24(b) 中 E 属于此类尺寸。

2. 夹具上主要元件之间的位置尺寸公差

夹具上主要元件之间的尺寸应取工件相应尺寸的平均值，其公差一般取 $\pm 0.02 \sim \pm 0.05$ mm。当工件与之相应的尺寸有公差时，应视工件精度要求和该距离尺寸公差的大小而定，当工件公差值小时，宜取工件相应尺寸公差的 1/2～1/3；当工件公差值较大时，宜取工件相应尺寸公差的 1/3～1/5 来作夹具上相应位置尺寸的公差。

夹具上主要角度公差一般按工件相应角度公差的 1/2～1/5 选取，常取为 $\pm 10'$，要求严格的可取 $\pm 5' \sim \pm 1'$。

从上述可知，夹具上主要元件间的位置尺寸公差和角度公差.一般是按工件相应公差的

1/2 ~ 1/5 取值的，有时甚至还取得更严些。它的取值原则是既要精确，又要能够实现，以确保工件加工质量。

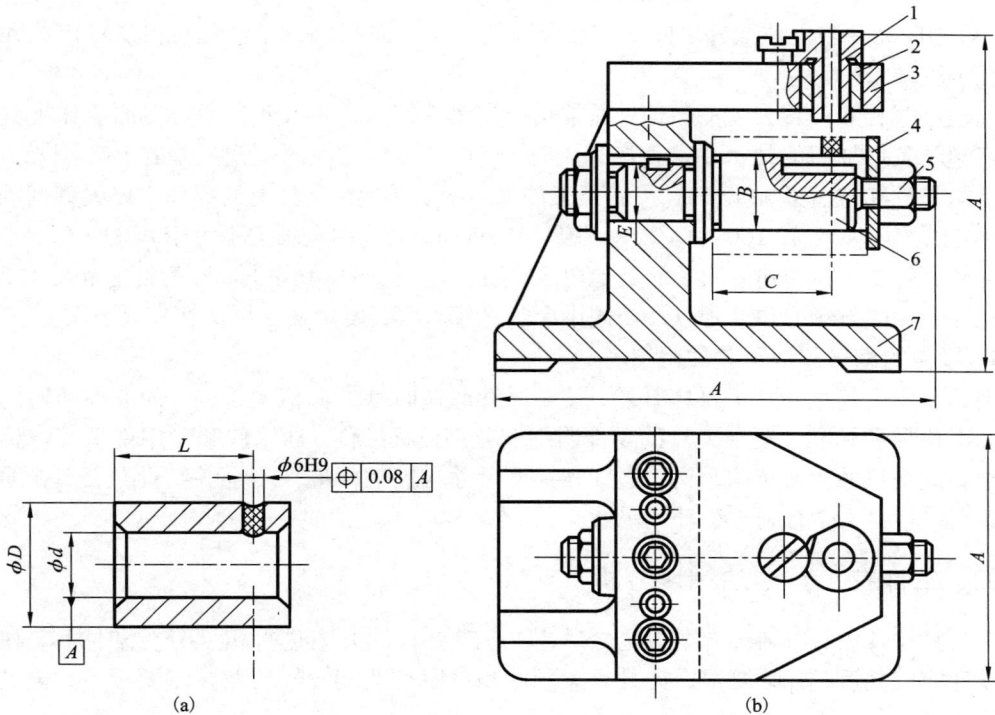

图 7 - 24　钻轴套工件 φ6H9 孔及其加工用的夹具
1—钻套；2—衬套；3—钻模板；4—开口垫圈；5—螺母；6—定位心轴；7—底座

3. 夹具总图上技术要求的规定

夹具总图上规定技术要求的目的，在于限制定位件和导向元件等在夹具体上的相互位置误差以及夹具在机床上的安装误差。在规定夹具的技术要求时必须从分析工件被加工表面的位置要求入手，分析哪些是影响工件被加工表面位置精度的因素，从而提出必要的技术要求。

技术要求的具体规定项目，虽然要视夹具的构造型式和特点等而区别对待，但归纳起来，大致有如下几方面：

（1）定位元件之间的相互位置精度要求。主要是指组合定位时，定位元件之间的相互位置要求或多件装夹时相同定位元件之间的相互位置要求，目的在于保证定位精度。

（2）定位元件与连接元件和夹具体底面的相互位置要求。夹具在机床上安装时，是通过联接元件、夹具体底面来确定其在机床上的最终位置，而工件在夹具上的正确位置，靠夹具上的定位元件来保证。因此，工件在机床上的最终位置，实际上是由定位元件与联接元件和夹具体底面间的相互位置来确定的。故定位元件与联接元件和夹具体底面间就应当有一定的相互位置要求。

（3）导向元件与联接元件和夹具体底面的相互位置要求。标注这类技术要求的目的是保证刀具相对工件的正确位置。加工时工件在夹具定位元件上定位，而定位元件如前述已能保证与联接元件和底面的相对位置。所以只要保证导向元件和联接元件和夹具体底面的相互位置要求，就能保证刀具对工件的正确位置。

（4）导向元件与定位元件之间的相互位置要求。主要指钻、镗套公共轴线对定位元件间的相互位置要求。

上述这些相互位置公差的数值，通常是根据工件的精度要求并参考类似的机床夹具来确定。当它与工件加工的技术要求直接相关时，可以取工件相应的位置公差的 $1/2 \sim 1/5$，最常用的是取工件相应公差的 $1/2 \sim 1/3$。当工件未注明要求时，夹具上的那些主要元件间的位置公差，可以按经验取为 $(100:0.02) \sim (100:0.05)$ mm，或在全长上不大于 $0.03 \sim 0.05$ mm。

另外，夹具在制造和使用上的其他要求，如：夹具的平衡和密封、装配性能和要求、磨损范围和极限、打印标记和编号以及使用中应注意事项等，要用文字标注在夹具总图上。

4. 零件的编号和填写零件明细表

夹具总图上的编号从夹具体开始，按顺时针或逆时针方向依次排列，标准件和通用件可直接标出代号和标准。复杂夹具的零件明细表分别按标准件、通用件和专用件填写。标准件按类别和规格尺寸大小依次填写，类别和规格尺寸相同的标准件要合并统计数量，在明细表中仅填写一栏，这样有利于统计和采购。

四、工件在夹具中的精度分析

在夹具设计中，当结构方案拟定之后，就应对夹具的方案进行精度分析和估算，在夹具总图设计完成之后，有必要根据夹具有关元件和总图上的配合性质及技术要求等，再进行一次复算。

在夹具中造成工件工序误差的因素，来自夹具方面的有：定位误差 Δ_D、夹具在机床上的安装误差 Δ_Z、导向或对刀误差 Δ_T。来自加工方法方面的误差 Δ_G 有：机床方面的误差、刀具方面的误差、工艺系统变形方面的误差、调整测量方面的误差等。上述各项误差在工序尺寸方向上的分量之和就是对工序尺寸造成的加工总误差 $\sum\Delta$，即：

$$\sum\Delta = \Delta_D + \Delta_Z + \Delta_T + \Delta_G \tag{7-1}$$

式中各项按极大值计算。其和应不超过该工序尺寸的公差 δ_K，即：

$$\sum\Delta = \Delta_D + \Delta_Z + \Delta_T + \Delta_G \leqslant \delta_K \tag{7-2}$$

上式即为误差计算不等式。只有满足此式，才能保证加工精度。当夹具要保证的工序尺寸不止一个时，每个工序尺寸都要满足它自己的误差不等式。同时，因为式中各项误差不可能同时出现最大值，故对这些随机性变量，可按概率法合成，即

$$\sum\Delta = \sqrt{\Delta_D^2 + \Delta_Z^2 + \Delta_T^2 + \Delta_G^2} \leqslant \delta_K \tag{7-3}$$

在上式中，Δ_D 为定位误差。安装误差 Δ_Z 包括夹具体安装基面对定位元件的相互位置误差和它对机床装卡面的连接误差以及它本身的制造误差等。

导向或对刀误差 Δ_T 是指夹具上的导向或对刀元件与定位元件间的相互位置误差。

加工方法误差 Δ_G 中，机床误差：取决于机床的精度。如主轴径向或轴向跳动、主轴轴线与导轨的平行或垂直度误差等对对工序尺寸的影响。刀具误差：主要是指刀具几何形状误差、刀具结构本身相互位置误差等对工序尺寸的影响（在钻模钻孔中，应与导向误差合并计算）。工艺系统变形误差：是指工艺系统在加工中的弹性变形以及夹具、机床零件连接中间

隙等所引起的加工误差，其值不容易计算，夹具设计时要采取某些结构性措施来提高安装刚性，减少变形误差。调整测量误差：包括对刀调整时人为的误差以及加工过程中的测量误差。

式中各项误差的值是来自夹具方面的，可以从夹具上有关制造公差中经过计算求出。是来自加工方法方面的，因其误差因素，有的对工序中的直线尺寸有影响，有的只对表面位置关系有影响，在计算时应根据误差的性质去作具体分析和确定。例如在加工回转表面时，对同轴度来讲只有机床主轴的跳动量有影响，因此，Δ_G 就取为机床主轴跳动量（该值可以从机床说明书中查到）。加工平面时，如对工序尺寸来讲，Δ_G 可以取自该加工方法的平均经济加工精度（该值可以从有关工艺师手册中查到）。

误差计算不等式指明了使用夹具时产生加工误差的可能因素和各种误差的相互关系，从而提供了在夹具上保证加工精度的条件。虽然式中有的项目有时难以确定，但它可以帮助我们对加工的误差进行定性分析，以便找出控制各项加工误差的途径，对夹具的设计，检测和使用中的故障分析等提供技术数据。

在使用误差不等式进行精度分析时，若对 $\sum\Delta$ 之值作粗略计算，可用式（7-2）作代数合成。若 $\sum\Delta$ 与 δ_K 之值很接近时，可用式（7-3）作随机误差的概率合成，当 $\sum\Delta$ 之值明显大于 δ_K 时，就要根据具体设备及夹具制造方面的水平，对组成误差的某些值加以修正，然后再次用概率法合成。如修正了某些组成误差值仍然不能满足不等式或将引起 制造上的困难时，可以采用调整环或装配后作最终加工等措施来保证夹具的精度。

最后，为了使夹具能可靠地保证加工精度和有合理的寿命，加工总误差 $\sum\Delta$ 与工序尺寸公差 δ_K 之间，应有一个合适的差值，即

$$\delta_K - \sum\Delta = \varepsilon \tag{7-4}$$

ε 为精度储备，当 $\varepsilon \geq 0$ 时，夹具能满足工件的加工要求。ε 的大小还表示了夹具使用寿命的长短和夹具总图上的各项公差值确定得是否合理。

五、夹具零件图

对于夹具上的零件（非标准件），要分别绘制其工作图，并规定相应的技术要求。

由于夹具上的专用零件的制造属于单件生产，精度要求又高，根据夹具精度要求和制造的特点，有些零件必须在装配中再进行相配加工，有的应在装配后再作组合加工，所以在这样的零件工作图上应该注明。例如在夹具体上用以固定钻模板、对刀块等类元件位置用的销钉孔，就应在装配时进行加工。根据具体工艺方法的不同，在夹具的有关零件图上就可注明："两孔和件××同钻铰"；或"两销孔按件××配作"（因该件××已淬硬，不能再钻铰了）。再如对于要严格保证间隙和配合性质的零件，应在零件图上注明："与件××相配，保证总图要求"等。

夹具体一般都是非标准件，也是夹具上尺寸最大，结构最复杂和承受负荷也最大的元件，需自行设计和制造，设计时应考虑下列要求。

（1）夹具体应有足够的强度和刚度，以防受力后发生变形。故夹具体需要有一定的壁厚，一般铸造夹具体的壁厚为 12～30 mm，焊接夹具体的壁厚为 8～12 mm，加强筋的厚度取壁厚尺寸的 0.7～0.8 倍。

（2）夹具体安装需稳定，故夹具体重心必须要低，其高度与宽度之比一般小于 1.25，且

夹具底部中间需挖空，以保证夹具底部四周与机床工作台接触，使安装稳定，并可减少加工面。

(3)夹具体要结构紧凑、形状简单、装卸工件方便并尽可能使其重量减轻。大型夹具还要安装吊环螺钉，以利搬运。

(4)夹具体要便于排屑。切削下来的切屑要能排出夹具体外，以防落在定位元件的定位面上，破坏定位精度。当切屑不多时，可适当加大定位元件工作表面与夹具体之间的距离，或增设容屑沟以增加容屑空间，或在夹具体上设置排屑缺口，以便将切屑自动排至夹具体外。

(5)夹具体要有良好的结构工艺性，以便于制造、装配和使用。安装面要铸出 3 ~ 5 mm 凸台，以减少加工面积。夹具体上不加工的毛面与工件的轮廓表面间要有一定的空隙，以防相碰。一般毛面与毛面间应留空隙 8 ~ 5 mm，毛面与光面间应留 4 ~ 10 mm。为减小内应力，壁厚变化要缓和均匀。

(6)夹具体制造方法的选择要能保证加工精度，同时要考虑降低成本。根据所用材料和制造方法的不同，夹具体可用铸造、锻造、焊接和机械联接的方法制造，这就要依工序要求、制造周期、经济性和具体制造条件而定，其中用铸铁铸造的应用最多，焊接的夹具体应用也较广泛。

六、夹具设计示例

如图 7-25 所示为钢套钻孔工序图，工件材料为 Q235A 钢，生产批量为 500 件，需要设计钻 $\phi5$ mm 孔的夹具。

1. 明确设计任务，收集原始材料

从图 7-25 可以知道，需要加工的孔为 $\phi5$ mm 为未标注公差尺寸，表面粗糙度 $Ra6.3$ μm，孔与基准面 B 的距离为 $20^{+0.1}_{0}$ mm，这三项要求不高。此外，孔的中心线对基准 A 的对称度为 0.1 mm，且外圆面 $\phi30$ mm、孔 $\phi20H7$ mm、总长尺寸均已经加工过。本工序所使用的加工设备为 Z525 型立式钻床。收集有关的原始资料，包括被加工零件的设计和工艺资料，即零件的设计图、装配该零件部件图及该零件的工艺规程。收集机床、刀具、量具资料以及有关夹具设计资料。

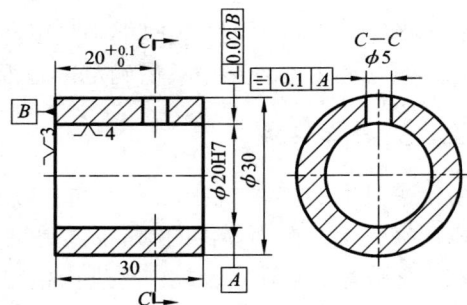

图 7-25　钢套钻孔工序图

2. 确定定位方案，设计定位元件

从所加工的孔位置尺寸 $20^{+0.1}_{0}$ mm 及对称度来看，该工序的工序基准为端面 B 及孔 $\phi20H7$ mm。定位方案如图 7-26(a)，采用一台阶面加一个轴定位，心轴限制 $\vec{y}$、$\vec{z}$、$\widehat{y}$、$\widehat{z}$，台阶面限制三个自由度 $\vec{x}$、$\widehat{y}$、$\widehat{z}$，故重复限制 $\widehat{y}$、$\widehat{z}$，属于过定位。但由于工件定位端面 B 与定位孔 $\phi20H7$ mm 均已经精加工过，其垂直度要求比较高，另外定位心轴及台阶端面垂直度要求更高，一般需要磨削加工。这种过定位是可以采用的。定位心轴在上部铣平，用来让刀，避免钻孔后的毛刺妨碍工件装卸。

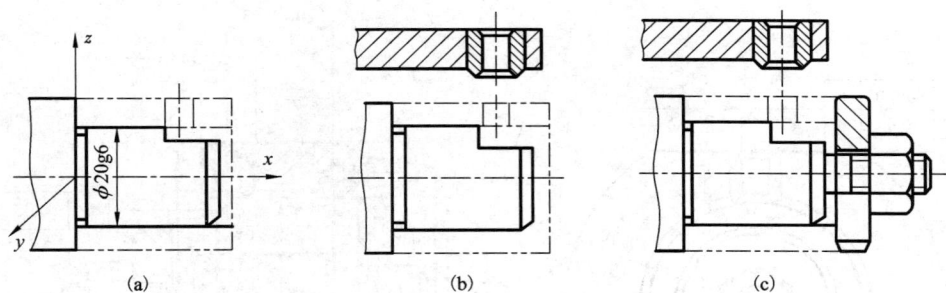

图 7 - 26　钢套的定位、导向、夹紧方案

3. 导向和夹紧方案以及其他元件的设计

为了确定刀具相对于工件的位置，夹具上应设置导向元件钻套。由于只需要钻 $\phi5$ mm 这一个工步，且生产批量较小，所以采用固定式钻套。钻套安装在钻模板上，钻模板采用固定式钻模板，钻模板与工件要留有排屑空间，以便于排屑，如图 7 - 26(b) 所示。由于工件的批量不大，宜用简单的手动夹紧装置，如图 7 - 26(c) 所示，采用带开口垫圈的螺旋夹紧机构，使工件装卸迅速、方便。

4. 夹具体的设计

夹具的定位、导向、夹紧装置装在夹具体上，使其成为一体，并能正确地安装在机床上。如图 7 - 27 所示为采用铸造夹具体的钢套钻孔钻模。夹具体 1 的 B 面作为安装基面，定位心轴 2 在夹具体 1 采用过渡配合，用锁紧螺母 8 把其夹紧在夹具体上，用防转销钉 7 保证定位心轴缺口朝上，钻模板 3 与夹具体 1 用两个螺钉、两个销钉连接。夹具装配时，待钻模板位置调整准确后，再拧紧螺钉，然后配钻，钻铰销钉孔，打入销钉定位。此方案结构紧凑，安装稳定，具有较好的抗压强度和抗振性，但生产周期长，成本略高。

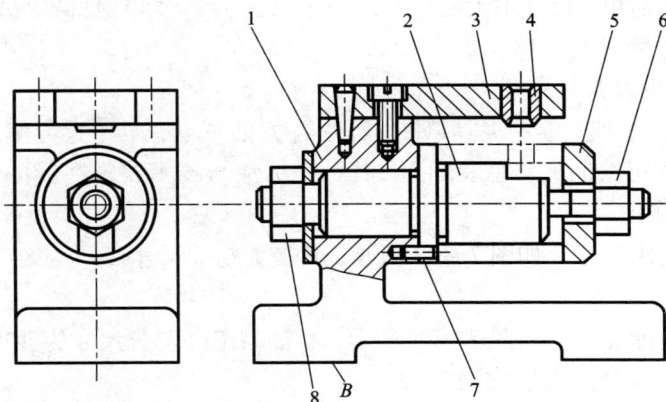

图 7 - 27　铸造夹具体钻模

1—夹具体；2—定位心轴；3—钻模板；4—固定钻套；5—开口垫圈；6—夹紧螺母；7—防转销钉；8—锁紧螺母

图 7 - 28 为采用型材夹具体的钻模。夹具体由盘 1 及套 2 组成，它是由棒料、管料等型材加工装配而成的。定位心轴安装在盘 1 上，套 2 下部安装基面 B，上部兼作钻模板。套 2 与盘 1 采用过渡配合，并用三个螺钉 7 紧固，用修磨调整垫圈 11 的方法保证钻套的正确位

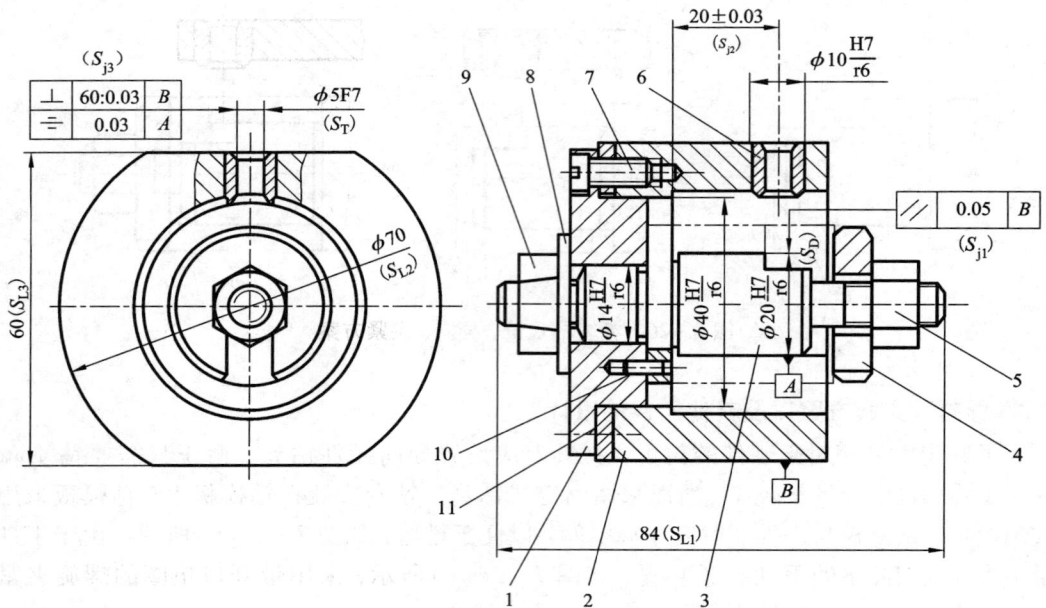

图 7 – 28 型材夹具体钻模

1—盘；2—套；3—定位心轴；4—开口垫圈；5—夹紧螺母；6—固定钻套；
7—螺钉；8—垫圈；9—锁 紧螺母；10—防转销钉；11—调整垫圈

置。此方案取材容易，制造周期短，成本较低，且钻模刚度好，重量轻。

除了上述两种夹具体外，还有焊接夹具体和锻造夹具体。焊接夹具体由钢板、型材焊接而成。这种夹具体制造方便、生产周期短、成本低、重量轻(壁厚比铸造夹具体厚)，但其热应力大、易变形、需要经退火处理，才能保证尺寸稳定性。锻造夹具体只能在要求夹具体强度高、刚度大、形状简单、尺寸不大的场合。由于铸造夹具体和型材夹具体相比之下优点较多，生产中多采用这两种夹具体。

5. 夹具装配总图及尺寸标注

在上述方案确定基础上绘制夹具草图，征求各方面意见，对色觉方案进行改进，在方案正式确定基础上，即可绘制夹具总装配图，其尺寸标注与技术要求在前面已经详细叙述，可按下列步骤进行标注：

(1)标注夹具轮廓尺寸。如图 7 – 28 所示，其最大轮廓尺寸(S_L)为 84 mm(长)、$\phi 70$ mm(宽)、60 mm(高)。

(2)影响定位精度尺寸。如图 7 – 28 所示，心轴与工件配合尺寸为 $\phi 20 H7/f6$，该尺寸及公差影响定位精度，其公差选取按表 7 – 3。

(3)影响对刀精度的尺寸。如图 7 – 28 所示，钻套导向孔尺寸为 $\phi 5F7$ mm。钻头尺寸为 $\phi 5h9$ mm，该尺寸确定在前面已经详述。尺寸(20.05 ± 0.025) mm 及对称度 0.1 mm，该尺寸的确定在前面同样已经叙述。

(4)影响夹具精度的技术要求。它表示对刀、导向元件相对夹具体的位置要求、定位元件相对夹具体的位置要求。如图 7 – 28 所示，钻套孔轴线相对夹具体 B 面垂直度 60 : 0.03，定位心轴相对于安装基面 B 的平行度为 0.05 mm，其值是参照表 7 – 3 所得。

202

（5）其他装配尺寸。如图 7 – 28 所示，定位支撑心轴与夹具体配合尺寸 $\phi14H7/r6$,, 其配合及公差按表 7 – 3 中选取。

6. 工件在夹具中加工精度分析

本工序的主要加工要求是：尺寸 $20_0^{+0.1}$ mm，对称度为 0.1 mm，其加工误差影响因素如下所述：

（1）定位误差 Δ_D。对于 $20_0^{+0.1}$ mm 来说，由于 B 面既是工序基准又是定位基准，所以 $\Delta_D = 0$。对于对称度 0.1 mm 来说，其定位误差为工件定位孔与定位心轴配合的最大间隙。工件定位孔的尺寸为 $\phi20H7$，定位心轴的尺寸为 $\phi20f6$ mm。

$$\Delta_D = X_{max} = (0.021 + 0.033)\text{ mm} = 0.054\text{ mm}$$

（2）导向误差 Δ_Z。如图 7 – 28 所示，钻模板底孔到定位元件尺寸公差 $\delta_{L1} = 0.05$ mm，钻模板底孔相对定位心轴线对称度 $\delta_{L2} = 0.03$ mm，由于工件被加工的孔较浅，刀具的引偏量即为钻头与钻套的最大配合间隙 X_2。钻套导向孔尺寸为 $\phi5F7$ mm，钻头尺寸为 $\phi5h9$ mm，则 $X_2 = 0.052$ mm，所以尺寸 $20_0^{+0.1}$ mm 的导向误差为

$$\Delta_{Z1} = \sqrt{\delta_{L1}^2 + X_2^2} = \sqrt{0.05^2 + 0.052^2} = 0.072\text{ mm}$$

对称度 0.1 mm 导向误差为

$$\Delta_{Z2} = \sqrt{\delta_{L2}^2 + X_2^2} = \sqrt{0.03^2 + 0.052^2} = 0.06\text{ mm}$$

（3）夹具误差 Δ_T。影响 $20_0^{+0.1}$ mm 夹具误差为导向孔对安装基面的垂直度 Δ_{T1} 为 0.03 mm，影响对称度 0.1 mm 的夹具误差仍为导向孔对安装基面的垂直度 $\Delta_{T1} = 0.03$ mm，由于已经考虑钻模板底孔相对定位心轴对称度，其与垂直度在公差上兼容，只需计算其中较大一项即可，由于已经考虑对称度，且对称度与垂直度公差值相等，所以可以不考虑垂直度，即 $\Delta_{T2} = 0$。

（4）加工方法误差 Δ_G。取加工尺寸公差的 δ_K 的 $1/3$。对于尺寸 $20_0^{+0.1}$ mm，加工方法误差为 $\Delta_{G1} = 0.033$ mm，对于对称度 0.1 mm，其加工方法误差同样为 $\Delta_{G2} = 0.033$ mm。由于夹具的安装基面为平面，因而没有安装误差，即 $\Delta_A = 0$，总加工误差 $\sum\Delta$ 和精度储备 δ_K 的计算见表 7 – 3。

表 7 – 3　钻 $\phi5$ mm 孔夹具的加工误差计算

误差名称 ＼ 加工要求	$20_0^{+0.1}$ mm	对称度为 0.1
Δ_D	0	0.054
Δ_Z	0.072	0.06
Δ_A	0	0
Δ_T	0.03	0
Δ_G	0.033	0.033
$\sum\Delta$	$\sqrt{0.072^2 + 0.03^2 + 0.033^2} = 0.085$	$\sqrt{0.054^2 + 0.062^2 + 0.033^2} = 0.088$
δ_K	$(0.1 - 0.085) = 0.015 > 0$	$(0.1 - 0.088) = 0.012 > 0$

由计算结果可知，该夹具能保证加工精度，并有一定的精度储备。

习　题

7 - 1　试说明夹具设计规范化的意义。

7 - 2　简要介绍夹具设计的规范化程序。

7 - 3　如图 7 - 29 所示钻模用于加工图(a)所示工件的两孔，试指出该钻模设计不当之处。

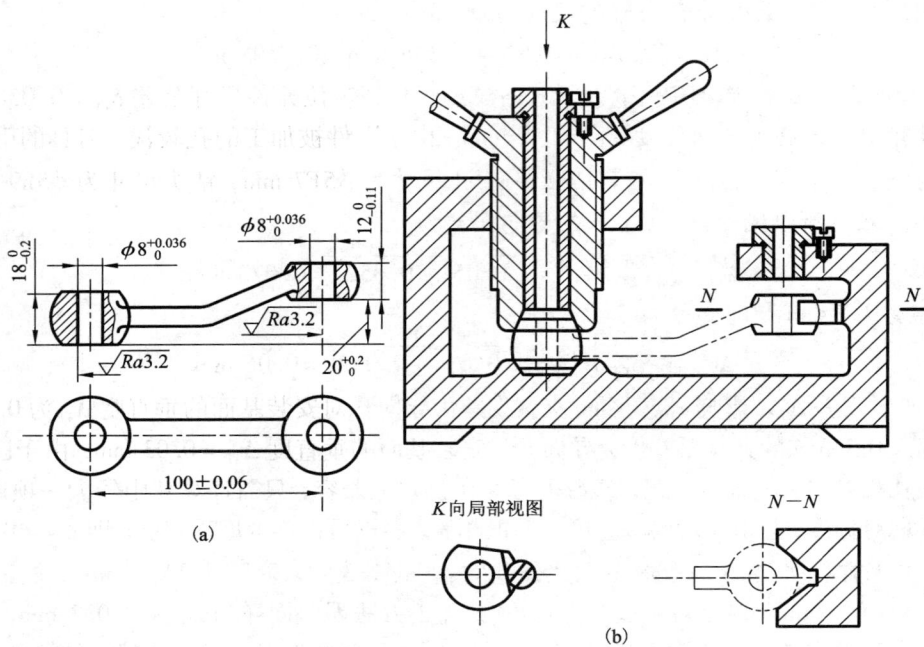

(a)

K 向局部视图

N — *N*

(b)

图 7 - 29

7 - 4　在四轴钻床上加工图 7 - 30 所示工件的 4 - ϕ14 孔，试计算按下列定位方案加工时四孔相对工件中心线的定位误差。

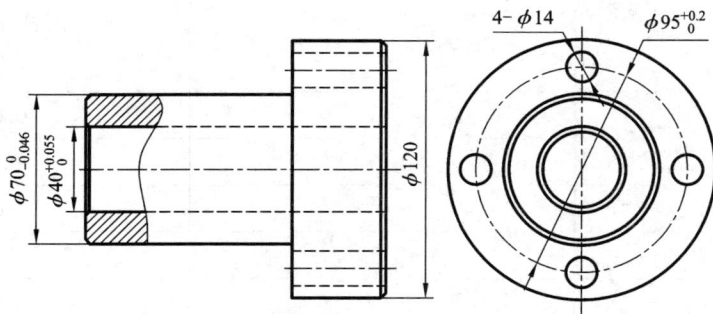

图 7 - 30

（1）以 $\phi70-0.046$ 外圆为基准，用 V 形块定位（$\alpha=90°$）；

（2）以 $\phi40+0.05$ 孔为基准，用可涨心轴定位。

7−5 分析图7−31两夹具在设计中有何问题，应如何改进？其中图7−31(a)加工工件的上表面；图7−31(b)中工件 A 面与 B 面有垂直度误差（$\alpha\neq90°$），要求所镗孔要与基准面 A 垂直。

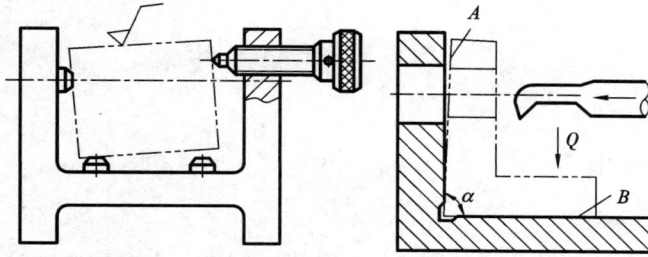

图7−31

第8章
先进制造技术简介

第一节　先进加工技术

一、高速切削技术

1. 高速切削的概念

切削加工目前仍是主要的机械加工方法，在机械制造业占有重要地位。高速切削加工是近年来迅速崛起的一项实用先进制造技术。是指利用超硬材料的刀具和磨具，利用能可靠地实现高速运动的高精度、高自动化和高柔性的制造设备，以提高切削速度来达到提高材料切除率、加工精度和表面加工质量的先进制造技术。

高速切削的理论可追溯到 20 世纪 30 年代。德国切削物理学家 Saloman 最早提出高速加工的概念。他指出，在常规的切削速度范围内，切削温度随着切削速度增加而提高。但是，在切削速度达到某一临界值时，切削速度提高，切削温度反而下降（图 8 – 1）。经过长期的研究和开发，特别是随着近十几年在刀具和机床设备等关键技术领域的突破性进展，高速切削技术日渐成熟。

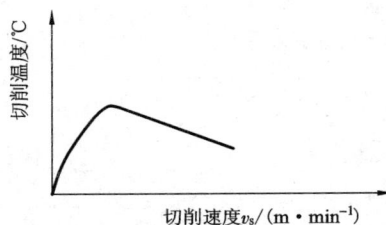

图 8 – 1　高速切削概念示意图

高速切削在加工质量和加工效率两个方面实现了统一，其最突出的优点是生产效率和加工精度提高，表面质量好，生产成本低。高速切削的核心是速度与质量，由于刀具材料、工件材料和加工工艺的多样性，对高速切削不可能用一个确定的速度指标来定义。根据目前的生产和技术水平，对于铣刀等回转刀具，通常以刀具或主轴的转速作为衡量标准，根据不同的刀具直径，现阶段一般把机床主轴转速 10000 r/min 以上视为高速切削。

2. 高速切削技术的特点

高速切削加工和常规切削加工相比，具有如下主要特点：

（1）能获得很高的加工效率。随着切削速度提高，进给速度也提高，因此单位时间内材料切除率增加，可达常规切削的 3 ~ 6 倍，甚至更高。切削加工时间减少，由此加工效率提高。

（2）能获得较高的加工精度。高速切削过程中，随着切削速度的提高，切削力降低。在加工过程中，切削力的降低对减小振动和偏差非常重要，这使工件在切削过程中的受力变形显著减小，有利于提高加工精度。高速切削加工的表面质量可达到磨削的水平，大大降低工件表面粗糙度，工件表面的残余应力也很小，达到较好的表面质量。

（3）加工过程热变形小。高速切削时工件的温度上升不会超过 3℃，90% 以上切削热来不及传给工件就被高速流出的切屑带走。特别适合于加工细长易热变形的工件和薄壁工件。

（4）加工能耗低，节省制造资源。

（5）减少后续加工工序。许多零件在常规加工时需要分粗加工、半精加工、精加工工序，而使用高速切削加工获得的工件表面质量可以和磨削相比，因而采用高速切削可以使工件加工工序集中在一道工序中完成。

3. 高速切削技术的应用

目前，高速切削已经不是实验室里的技术了，它主要应用于以下几个方面：

（1）有色金属，如铝、铝合金，特别是铝的薄壁加工。目前已经可以切出厚度为 0.1 mm、高为几十毫米的成形曲面。

（2）石墨加工。在模具的型腔制造中，由于采用电火花腐蚀加工，因而石墨电极被广泛使用。但石墨很脆，所以，采用高速切削才能较好地进行成形加工。

（3）模具，特别是淬硬模具的加工。当采用高转速、高进给、低切削深度的加工方法时，对淬硬模具型腔加工可获得较佳的表面质量，可省去后续的电加工和手工研磨等工序。

（4）硬的、难切削的材料，如耐热不锈钢等。

二、快速成形技术

快速成形技术是基于计算机三维实体模型生产的一种先进制造技术。与传统制造方法不同，快速成形从零件的 CAD 几何模型出发，经计算机数据处理后，用激光束或其他方法将材料堆积而形成实体零件。由于它把复杂的三维制造转化为许多二维制造的叠加，因而可以在不用模具和工具的条件下生成几乎任意复杂的零部件，极大地提高了生产效率和 制造柔性。

1. 快速成形的原理

快速成形的一般工艺过程原理如下：

（1）三维模型的构造。设计人员可以应用各种三维 CAD 设计软件，如 Pro/E、UG、SolidWorks、Solidedge 等进行三维实体造型，获得描述该零件的 CAD 文件。也可以通过三坐标测量仪、激光扫描仪等其他方式对三维实体进行反求，获取三维数据建立实体的 CAD 文件。目前一般快速成形支持的文件输出格式为 STL 模型，所有 CAD 造型系统均具有对三维实体输出 STL 文件的功能。

（2）三维模型的离散处理。通过专用的分层程序将三维实体模型（一般为 STL 模型）分层。分层切片处理是在选定了制作（堆积）方向后，按一定的厚度对 CAD 模型进行离散，切成一个个二维薄片，获取每一薄层片截面轮廓及实体的信息。薄片的厚度可根据快速成形系统制造精度在 0.05 ~ 0.5 mm 之间选择。

（3）快速堆积成型。根据切片处理的层片的轮廓，单独分析处理轮廓信息，进行工艺规划，选择合适的成形参数，自动生成数控代码。在计算机控制下，快速成形系统根据切片的轮廓和厚度要求，用片材、丝材、液体或粉末材料制成要求的薄片，通过一层层的堆积，最终完成三维形体零件原型。成形后的零件原型一般要经过打磨、涂挂或高温烧结处理（不同的工艺方法处理工艺不同）进一步提高其强度。

2. 快速成形技术的特点

（1）制造过程柔性化。快速成形技术的最突出特点是柔性好，它取消了专用工具，在计算机管理和控制下可以制造出任意复杂形状的零件，把可重编程、重组、连续改变的生产装备用信息方式集成到一个制造系统中。对整个制造过程，只需改变 CAD 模型或反求数据结构模型，对成形设备进行适当的参数调整，即可在计算机管理和控制系统下制造出不同形状的零件和模型。

（2）技术高度集成化。快速成形技术是计算机技术、数控技术、控制技术、激光技术、材料技术和机械工程等多项交叉学科的综合集成。它以离散/堆积为方法，在控制上以计算机和数控为基础，追求最大的柔性化为目标。

（3）设计制造一体化。快速成形技术的另一个显著特点就是 CAD/CAM 一体化。在传统的 CAD、CAM 技术中，由于成形思想的局限性，致使设计制造一体化很难实现。而对于快速成形技术来说，由于采用了离散/堆积分层制造工艺能很好地将 CAD、CAM 结合起来。

（4）制造自由成形化。自由成形的含义有两个方面：一是指根据零件的形状，不受任何专用工具（或模型）的限制而自由成形；二是指不受零件任何复杂程度的限制，能够制造任意复杂形状与结构、不同材料复合的零件。快速成形技术大大简化了工艺规程、工装设备、装配过程等，很容易实现由产品模型驱动的直接或自由制造。

（5）材料使用广泛性。在快速成形领域，由于各种工艺的成形方式不同，因而材料的使用也各不相同，如金属、纸、塑料、光敏树脂、蜡、陶瓷、甚至纤维等材料在快速成形领域已有很好的应用。

3. 快速成形技术的主要类型

目前，快速成形技术已出现了数十种工艺方法，并且新的工艺还在不断涌现。本书仅介绍目前在技术上较为成熟的几种。

（1）层合实体制造法。层合实体制造法是将单面涂有粘胶的箔片或纸片通过热辊加热相互黏结在一起而成形。如图 8-2 所示，单面涂有热熔溶胶的纸卷套在料辊上，通过支撑辊缠绕在收料辊上。伺服电机带动收料辊转动，使纸卷移动。位于上方的 CO_2 激光器按照 CAD 分层模型所获取的数据，用激光束切割成所制零件的内外轮廓，并将轮廓外的废纸料切割成小方格。便于成形过程完成后多余纸料的剥离。切割完一层截面后，新的一层纸再叠加在

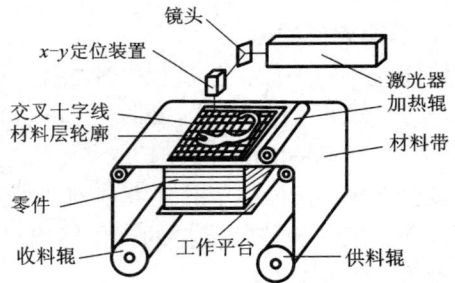

图 8-2　层合实体制造法原理图

上面，通过热压辊将这一层纸与下面已切割层粘合在一起，激光束再次切割，这样反复逐层进行，直到整个零件模型制造完成。零件成形完成后，多余的纸料必须手动去除。

层合实体制造法的优点是只需在片材上切割出零件的截面轮廓，而不用填充扫描，因此成形效率高，易于制造大型零件。成形件的内应力和翘曲变形小，制造成本低。缺点是材料利用率低，表面质量差，零件的残余材料不易去除。层合实体制造工艺采用的材料有纸、金属箔、塑料膜、陶瓷膜等，除了制造模具、模型外，还可以直接制造构件或功能件。

（2）熔积成形法。熔积成形法的工艺原理如图 8-3 所示，机械控制喷头可以在工作台的两个方向移动，工作台可以根据需要上下移动。计算机根据 CAD 模型确定的几何信息控制喷头，将使用的材料通过加热器的挤压头融化成液体，使融化的热塑材料丝通过喷头喷出，挤压头沿零件的每一截面的轮廓准确运动，挤出半流动的热塑材料沉积固化成精确的实际部

208

件薄层，并迅速凝固，形成一层材料。当一层完成之后，工作台下降一个层厚，进行下一层材料的建造。这样逐步堆积成一个实体模型或零件。

熔积成形法的优点是：无需激光系统，设备简单，运行费用低，材料的成本低，可选用的材料种类多。缺点是制作复杂零件时，必须加支撑。例如图 8-4 所示，当零件加工到 h 高度时，下一层熔丝将铺在没有材料支撑的空间，这时必须采用支撑结构。

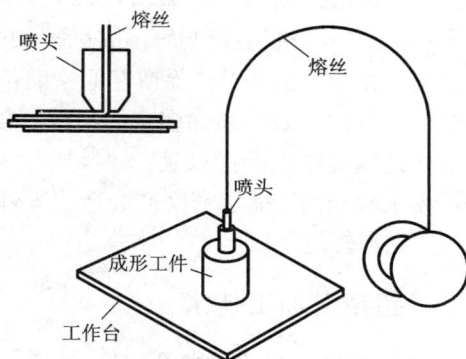

图 8-3 熔积成形法原理图

（3）光刻快速成形法。光刻快速成形是目前应用最为广泛的一种快速成形工艺。光刻成形采用的是将液态光敏树脂固化到特定形状的原理。以光敏树脂为原料，激光束在计算机控制下，按预定零件各分层截面的轮廓为轨迹逐点扫描，被扫描区的树脂薄膜固化并黏结在一起，形成零件的一个薄层截面。

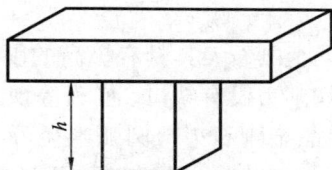

图 8-4 需要支撑材料的零件

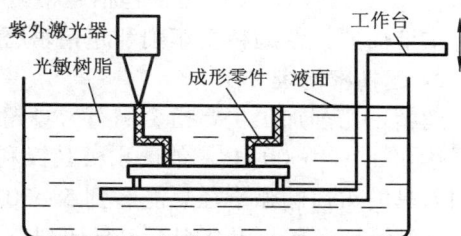

图 8-5 光刻成形法原理图

如图 8-5 所示。成形开始时，工作台处于最高位置，此时液面高于工作台一个层厚，激光发生器产生的紫外激光在计算机控制下聚焦到液面并按零件的第一层截面轮廓扫描，形成零件的第一层固化截面。未被激光照射的树脂仍然是液态的。然后工作台下降一个层厚，新一层液态树脂覆盖在已固化层上面，重复进行扫描固化过程，形成一个新的加工层并与已固化部分牢固地连接在一起。依此类推，直至最后一层固化完毕，生成三维原型实体。没有固化的液态树脂可以再次利用。

光刻成形的优点是：可成形任意复杂形状的零件，成形精度较高，表面质量较好，原材料的利用率接近 100%。缺点是可以选择的材料有限，需要设计支撑，材料价格较贵。

（4）激光选区烧结法。如图 8-6 所示，激光选区烧结是在一个充满氮气的惰性气体加工室内作业。成形材料常采用粉末材料，如蜡粉、金属粉、塑料粉、陶瓷粉等。成形过程中，先将一层很薄的粉末材料沉积到成形

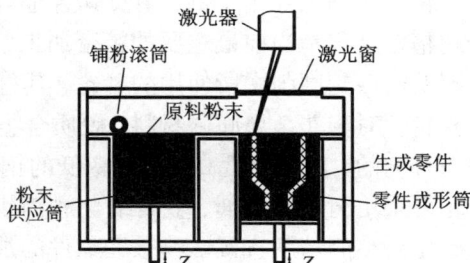

图 8-6 激光选区烧结法原理图

筒的底板上，激光器在计算机控制下按分层截面的轮廓信息对粉末进行扫描融化，并调整激

光束强度正好能将层高为 0.125~0.25 mm 的粉末烧结成形。一层烧结完毕，成形筒底板下降一个层厚，铺粉机构在已烧结的表面上再铺上一层粉末，进行下一层粉末的烧结。未烧结的粉末仍然是松散的粉状，保留在原来的位置，支撑着被烧结的部分。这样一层层烧结，直到整个零件成形。最后去除多余的粉料，再进行打磨、烘干等处理便可得成形零件。

激光选区烧结法的优点是：材料丰富，工艺简单，原型件力学性能好，不需要制作支撑。缺点是粉末较松散，铺层密度低会造成零件精度较低和强度较低。另外成形过程需要不断补充氮气，成本较高。

三、超精密加工技术

1. 超精密加工技术的概念

超精密加工指能使零件的形状、位置和尺寸精度达到微米和亚微米级范围的机械加工方法。精密和超精密只是一个相对的概念，在目前的技术条件下，一般可以做如下的划分：普通加工，加工精度在 1 μm、表面粗糙度 $Ra0.1$ μm 以上。精密加工，加工精度在 $0.1~1$ μm、表面粗糙度为 $Ra0.01~0.1$ μm 之间。超精密加工，加工精度高于 0.1 μm，表面粗糙度小于 $Ra0.01$ μm。超精密加工主要包括超精密车削、超精密磨削、超精密研磨以及超精密特种加工。本节简要介绍超精密车削和超精密磨削加工技术。

2. 超精密切削加工

超精密切削加工主要指金刚石刀具超精密切削。单晶金刚石刀具具有极高的硬度，其硬度可达 6000~10000 HV，能磨出极其锋利的刃口，并且切削刃没有缺口、崩刃等现象。普通切削刀具的刃口圆弧半径只能磨到 5~30 μm，而天然单晶金刚石刃口圆弧半径可小到几纳米，刀刃极其锋利。用金刚石刀具切削有色金属和非金属材料时可得到表面粗糙度 $Ra = 0.02~0.002$ μm 的镜面。当金刚石刀具经过仔细研磨达到特别高的精度时，可切下 1 nm 切削厚度的切屑。当使用配备金刚石刀具的双坐标数控超精密机床时，可使被加工的平面和非球曲面达到很高的几何精度。

金刚石刀具超精密切削加工主要应用于两个方面：单件的大型超精密零件加工的切削加工和大量生产的中小型零件的超精密加工。主要出于国防需要，单件的大型超精密零件加工在美国最发达。大量生产的中小型超精密加工零件主要是感光鼓、磁盘、多面镜、激光反射镜等。

3. 超精密磨削加工

超精密车削主要用于铜、铝及其合金等金属，而对于黑色金属、硬脆材料等，用精密磨削和超精密磨削是当前最主要的精密加工手段。这里介绍超精密砂轮磨削技术。

超精密砂轮磨削中所使用的砂轮，其材料多为金刚石、立方氮化硼磨料，一般称为超硬磨料砂轮。对于非金属脆硬材料、硬质合金、有色金属及其合金主要用金刚石磨料砂轮，对于硬而且韧的、高温硬度高、热导率低的钢铁材料，则用立方氮化硼砂轮磨削较好。超硬磨料砂轮可采用树脂结合剂、金属结合剂、陶瓷结合剂进行结合。

砂轮修整的精度直接影响被磨工件的加工质量、生产效率和生产成本，是超硬砂轮使用中的一个技术难题。砂轮修整通常包括修形和修锐两个过程，普通砂轮的修形和修锐一般是同步进行的，而超硬材料砂轮的修形和修锐是分为两步进行的。修形要求砂轮有精确的几何形状，修锐要求砂轮有好的磨削性能。超硬材料的砂轮比较坚硬，很难通过别的磨料磨削来形成新的切削刃，故通过去除磨料间结合剂的方法，使磨料突出结合剂一定高度，形成新的磨粒。超硬磨料砂轮修整的方法有在线电解修整法、电火花修整法、激光修锐技术等。超精密磨削加工精度可以达到 $0.1 \sim 0.05\ \mu m$，糙度低于 $Ra0.025\ \mu m$，目前正向纳米级发展。

第二节　制造自动化技术

机械制造自动化技术自20世纪20年代出现以来，大致经历了刚性自动化、柔性自动化、综合自动化三个阶段。三种自动化方式的比较见表 8 – 1。

表 8 – 1　三种自动化方式比较

自动化方式 比较项目	刚性自动化	柔性自动化	综合自动化
产生年代	20 世纪 20 年代	20 世纪 50 年代	20 世纪 70 年代
控制对象	设备、工装、器材、物流	设备、工装、器材、物流	设备、工装、器材、信息、物流
特点	通过机、电、液、气等硬件控制方式实现，因而是刚性的，变化困难	以硬件为基础，以软件为支持，通过改变程序即可实现所需要的控制，因而是柔性的，易于变动	不仅针对具体操作和人的体力劳动，还涉及人的脑力劳动，涉及设计、制造、营销、管理各个方面
关键技术	继电器控制技术，经典控制理论	数控技术、计算机控制技术，现代控制理论	系统工程、信息技术、成组技术、计算机技术，现代管理技术
典型设备	自动、半自动机床，组合机床，机械手，自动生产线	数控机床，加工中心，工业机器人，柔性制造单元	CAD/CAM 系统，柔性制造系统，计算机集成制造系统
应用范围	大批量生产	多品种、中小批量	各种生产类型

一、工业机器人

工业机器人是一种可重复编程的多自由度的自动控制操作机，是涉及机械学、控制技术、传感技术、人工智能、计算机科学等多学科技术为一体的现代制造业的基础设备，是整个制造系统自动化的关键环节之一。工业机器人(图 8 – 7)一般由执行机构、控制器、动力装置以及位置检测机构四部分组成。执行机构是一组与人的手脚功能相似的机械构件。根据应用场合，末端执行机构可以是焊枪、喷枪、机械加工刀具、开/合夹爪等。控制器控制与支配机器人按给定的程序动作，并记忆人们示教的指令信息，可再现控制器所存储的示教信息。动力装置是机器人的动力源，常用的动力装置有机械式、液压式、气动式等。位置检测机构通过力、位移、触觉、视觉等不同传感器提供的信息，检测机器人的运动位置和工作状态，并反馈给控制器，以便控制机器人的运动。

机器人的分类方法很多，按照机器人的系统功能分类，可分为专用机器人、通用机器人、示教再现式机器人、智能机器人。按照驱动方式分类，可分为气压传动机器人、液压传动机器人、电气传动机器人。按照主结构或者坐标系统分类，可以分为直角坐标机器人、圆柱坐

211

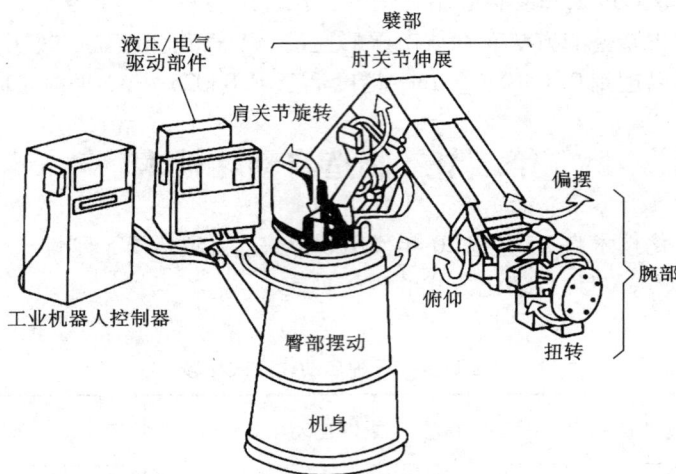

图 8 - 7　工业机器人的结构组成

标机器人、球坐标机器人、关节型机器人。

　　工业机器人的性能特征影响着机器人的工作效率和可靠性,在机器人设计和选用时应考虑如下几个性能指标:

　　(1)自由度。自由度是衡量机器人技术水平的主要指标。所谓自由度是指运动件相对于固定坐标系所具有的独立运动数目。每个自由度需要一个伺服轴进行驱动,因而自由度数越高,机器人能完成的动作越复杂,通用性越强,应用范围也越广,但技术难度也越大。一般情况下,通用工业机器人有 3~6 个自由度。

　　(2)工作空间。工作空间是指机器人应用手爪进行工作的空间范围。机器人的工作空间取决于机器人的结构形式和每个关节的运动范围。

　　(3)提取重力。机器人提取的重力反映负载能力的一个参数,一般,微型机器人提取重力在 10 N 以下,小型机器人提取重力在 10~50 N,中型机器人提取重力 50~300 N,重型机器人提取重力在 500 N 以上。目前应用的机器人一般为中小型机器人。

　　(4)运动速度。运动速度影响机器人的工作效率,与机器人所提取的重力和位置精度均有密切的关系。运动精度高,机器人所承受的动载荷增大,必将承受加减速时较大的惯性力,影响机器人工作的平稳性和位置精度。就目前的技术水平而言,通用机器人的最大直线运动速度大多在 1000 mm/s 以下,最大回转速度一般不超过 120°/s。

　　(5)位置精度。位置精度是衡量机器人工作质量的一项技术指标。位置精度的高低取决于位置控制方式以及机器人运动部件本身的精度和刚度,此外还与提取重力和运动速度等因素有关。典型的工业机器人定位精度一般在 ±0.02 ~ ±0.05 mm。

　　工业机器人最初的应用主要是对人体有害的操作环境。例如加热炉中烧热的零件的取放,有毒材料的处理,深海探测等。今天,工业机器人已越来越多地应用于制造系统中,旨在提高生产率。例如,零件的搬运和装卸,喷漆,焊接,机械加工操作,装配,管道作业等等。

212

二、柔性制造系统（FMS）

柔性制造系统（Flexible Manufacturing System，FMS）概念是英国 MOLIN 公司最早提出的，并在 1965 年取得发明专利。到目前为止，FMS 尚无统一的定义。广义地说，柔性制造系统是由计算机控制系统、高度自动化的物料运送装置和两台以上的数控机床组成的制造系统。它不仅能进行自动化生产，还可以在一定范围内完成不同工件的不同加工任务。相对于传统的适用于大批量生产的刚性自动化生产线相比，柔性制造系统具有高度的柔性：系统中的加工设备具有适应加工对象改变的能力，当加工对象改变时，可以快速调整系统软硬件以满足生产要求，同时，系统能以多种方法加工某一族零件，还可以灵活改变每种零件加工工序的先后顺序。

FMS 主要由以下四部分构成：

（1）制造单元。制造单元是 FMS 的主体，包括由两台以上的数控机床、加工中心或柔性制造单元以及其他加工设备组成。其中最广泛使用的是卧式加工中心和车削中心。

（2）物料运送系统。由工件装卸站、自动化运送小车、机器人、托盘缓冲装置、托盘交换装置等组成，能够对工件和原料进行自动装卸、运输和存储。

（3）刀具运储系统。包括中央刀库、机床刀库、刀具预调站、刀具装卸站、换刀机器人等。

（4）计算机控制系统。实现对 FMS 的控制和管理，以及加工过程的监控。

除了上述四个基本部分之外，FMS 还包括自动清洗装置、检验台、冷却润滑系统、切屑运送系统等附属设备。

FMS 的基本组成可以用图 8 - 8 来表示。

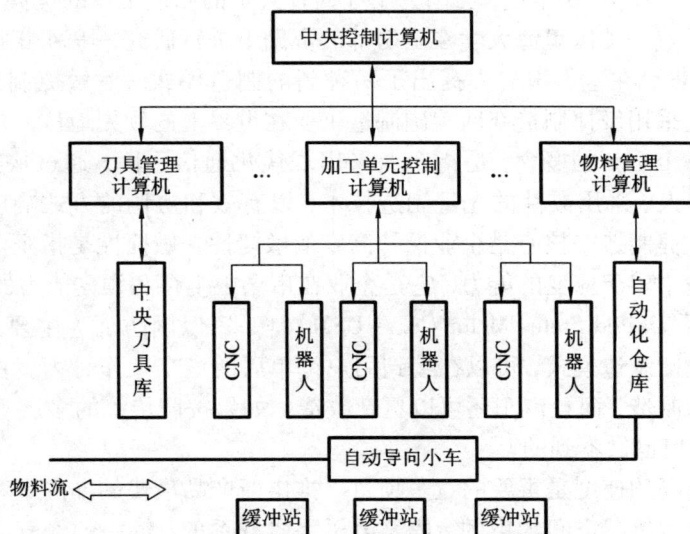

图 8 - 8　FMS 基本组成

柔性制造系统的基本工作原理是：在多个制造单元中，每个制造单元均有一台工业机器人服务于若干台 CNC 数控机床或加工中心或其他独立系统（如检验机、焊接机、高功率激光站等），各个制造单元沿着一个中央物料输送系统来分布，而传送带上可以传送许多不同的工件和零件。每个零件的生产需要组合不同的制造单元来进行加工，并且多数情况下需要一个以上的制造单元才能完成一个给定的加工步骤。当一个特定工件在传送带上趋近所需的制造单元时，相应的机器人将其拾取并将它安装在制造单元的某台 CNC 数控机床上进行加工。在某个制造单元加工完毕后，机器人会把半成品零件返回到传送带上，半成品零件在传送带上移动到下一个顺序制造单元处，相应的机器人再进行拾取、安装，继续进行加工。按照这样的顺序沿着规定的路线到达终点，在终点将工件卸下，并按规定的路线传送到检验站，最后离开 FMS。

FMS 因集中控制，灵活性好，加工过程中工件输出和刀具更换等实现了自动化，提高了生产的连续性和数控设备的利用率，所以生产周期短，成本低。适合于多品种、中小批量零件的生产。

第三节　先进制造生产模式

制造模式是指企业体制、经营、管理、生产组织和技术系统的形态和运作的模式。在市场竞争日趋激烈和变化多端的环境中，企业必须能够适应产品更短的生命周期，品种多样化和生产批量小的生产要求，以最少的库存和在制品数量、最短的上市时间提供质优价廉的产品，才能在竞争中站稳脚跟。近年来，企业越来越注重采用先进的制造生产模式来达到降低成本，提高生产率的目标。

一、敏捷制造

在 20 世纪 80 年代至 90 年代，美国为了夺回丧失了的制造工业的优势，把研究制造工业的发展战略列为重点。美国里海大学在国防部的资助下进行研究，1994 年提出了《21 世纪制造企业战略》的报告。在这份报告中提出了一种新的制造模式——敏捷制造（AM）。指出在下世纪初以前通过采用敏捷制造夺回美国制造工业在世界上的领先地位。

敏捷制造是一个全新的概念，是指企业采用现代化通信手段，通过快速配置各种资源，包括技术、管理和人，采用柔性的先进制造技术，以有效和协调的方式响应用户需求，实现制造的敏捷性。敏捷制造的核心是企业保持高度的敏捷性。敏捷性是指企业在不断变化、不可预测的经营环境中善于应变的能力，它是企业在市场中生存和领先能力的综合表现。

美国汽车公司（United States Motor Co. – USM）是一家以国防部为主要用户的汽车公司。它成功的运用了敏捷制造模式，可以在接到用户订单后的三个工作日内就能交货，并且每辆汽车都按用户要求制造，而且汽车还可以更新改造。如果按照传统的多层管理和自动流水生产方式，是无论如何也做不到的。

新产品投放市场的速度是重要的竞争项目。推出新产品最快的办法是利用不同企业的资源，把他们综合成为超越空间约束的、依靠电子手段联系的、统一的经营实体，这就是敏捷制造的企业组织形式——虚拟企业。虚拟企业具有集成性和时效性两大特点，它实质上是不同企业、组织之间的动态联盟，在某一个阶段，围绕某种新产品开发，靠网络通路联系组成的企业联盟。参与虚拟企业的各方可以是同一个公司的不同组织部门，也可以是不同国家、地区的不同公司，彼此以互利和信任为合作基础，谋求所有联盟企业的共赢。虚拟企业随市场的存亡而聚散。企业为了能够采取虚拟企业的组织形式，必须在自身的敏捷性改造方面下大力气。

在过去的几十年中，大量生产方式占主导地位。许多不愿或不能采用新的生产技术和管理方法的中小企业时刻面临倒闭的危险。敏捷制造为中小企业创造了新的发展机遇。

二、并行工程

并行工程(Concurrent Engineering)是相对于传统的"顺序"或"串行"工作方式而言的。在传统的工程生产中，从市场需求分析到产品设计、工艺设计、生产制造的工作方式是顺序进行的[图 8-9(a)]，每一个后面的环节必须 等待前面的环节完成后才开始。一旦制造出现问题，就要修改设计，导致整个生产环节较大的返工，使整个开发周期很长，新产品难以很快上市。

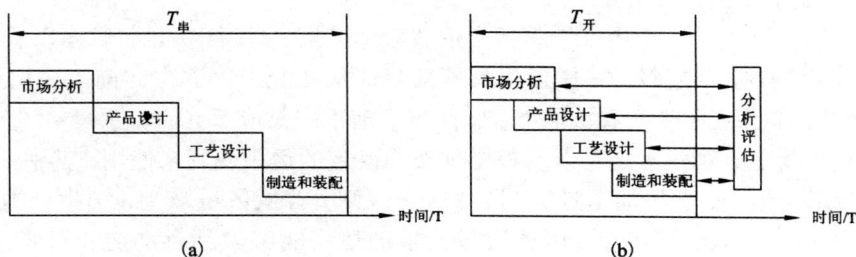

图 8-9
(a)串行工程时序；(b)并行工程时序

并行工程是充分利用现代计算机技术、现代通信技术和现代管理技术来辅助产品设计的一种工作方式。其特点是把时间上有先有后的生产环节转变为同时考虑和尽可能同时处理或并行处理[图 8-9(b)]。它站在产品生命全周期的高度，打破传统的部门分割，封闭的生产组织模式，强调参与者的协同工作，重视产品开发过程的重组、重构。

并行工程中信息传递是双向的，及时而不滞后。在产品设计阶段就集中相关环节的有关技术人员，对产品的各项性能做出评估，及时改进设计，得到优化的结果，由此可以基本上避免串行工程方式中不断反复的情况，这样就可以显著缩短研制周期，确保产品按时供应市场。

三、准时生产

准时生产(Just In Time)是日本丰田汽车公司在 20 世纪 60 年代实行的一种生产方式。其基本思想可概括为"在需要的时候，按需要的量生产所需的产品"，也就是通过对生产的计划和控制以及对库存的管理，来实现一种无库存或库存达到最小的生产系统。准时生产方式将"获取最大利润"作为企业经营的最终目标，将"降低成本"作为基本目标，彻底消除无效劳动和浪费。

为了达到降低成本这一基本目标，准时生产方式采取了以下一些基本措施。

(1)由后工序向前工序领取零部件。为了实现适时、适量生产，通过"后工序领取"的方法来实现。即"后工序只在需要的时候到前工序领取所需加工的物品，前工序中按照被领取的数量和品种进行生产。"这样，整个制造工序的最后一道即总装配线成为生产的出发点，生产计划只下达给总装配线，以装配为起点，在需要的时候，向前工序领取必要的加工品，而前工序提供该加工品后，为了补充生产被领走的量，必须向更前道工序领取物料。这样层层向上推动，把各工序连接起来，形成准时生产的系统。

（2）合理配置资源。合理地配置资源是降低成本目标的最终途径，具体是指在生产线内外，所有的设备、人员和零部件都得到最合理的调配和分派。

（3）弹性配置作业人员。与传统生产系统中的"定员制"不同，准时生产根据生产量的变动，弹性地增减各生产线的作业人员，尽量用较少的人力完成较多的生产。

（4）使用看板管理生产。看板是用来控制和管理生产现场的工具，实际上就是一种记载生产信息的卡片，其主要功能是传递生产和运送的指令。看板上的信息包括：零件号码、产品名称、制造编号、看板编号、移送地点等。

看板的功能主要包括如下几个方面：

（1）生产以及运送的工作指令。看板中记载着生产量、时间、方法、顺序以及运送量、运送时间、运送目的地、放置场所、搬运工具等信息。从装配工序逐次向前工序追溯，在装配线上将所使用零部件上所带的看板取下，以此再去前工序领取。

（2）防止过量生产和过量运送。看板必须按照既定的运用规则来使用，其中一条规则是："没有看板就不能生产，也不能运送。"根据这一规则，看板数量减少，则生产数量也减少。由于看板所表示的只是必要的量，因此通过看板的运用能够做到自动防止过量生产和适量运送。

（3）进行目视管理的工具。看板的另一条使用规则是："看板必须在实物上存放""前工序按照看板取下的顺序进行生产。"根据这一规则，作业现场的管理人员对生产的优先顺序一目了然。通过看板就可以知道后道工序的作业情况、库存情况等。

（4）改善的工具。看板的改善功能主要通过减少看板的数量来实现。看板数量的减少意味着工序间在制品库存量的减少。如果在制品存量较高，即使设备出现故障、不良产品数目增加，也不会影响到后工序的生产，所以容易掩盖问题。在准时生产方式中，通过不断减少数量来减少在制品库存，就使得上述问题暴露出来。这样通过改善活动不仅解决了问题，还使生产线的问题越来越少。

四、精益生产

精益生产是美国麻省理工学院于 1989 年和 1990 年出版的《美国制造业的衰退及对策 – 夺回生产优势》和《改造世界的机器》的两本专著中提出的新概念，系统深入地总结了日本的成功经验和美国的教训。实际上，精益生产是 50 年代日本年轻有为的工程师丰田英二和大野耐一根据当时日本的实际情况在日本丰田公司创造的一种新的生产方式。这种生产方式既不同于欧洲的单位生产，也不同于美国的大批量生产方式，而是综合了单位生产方式与大批量生产方式的优点，使工厂的工人，设备以及厂房开发，新产品等一起投入都大为减少，而产出的产品种类更多，质量更好。使丰田公司成为世界上效率最高，质量最佳的汽车制造厂。80 年代中期，精益生产被公认为适用于现代化制造业的组织方式。

精益生产的主要特征可以概括为如下几个方面：

（1）以用户为"上帝"。产品面向用户，与用户保持密切联系，将用户纳入产品开发过程，

216

以多变的产品,尽可能短的交货期来满足用户的需求,真正体现用户是"上帝"的精神。

(2)以"人"为中心。人是企业一切活动的主体,应以人为中心,大力推行独立自主的小组化工作方式,充分发挥一线职工的积极性和创造性,使他们积极为改进产品的质量献计献策,使一线职工真正成为"零缺陷"生产的主力军。为次,企业对员工进行爱厂如家的教育,并从制度上保证职工的利益以企业利益挂钩。人人有权、有责任、有义务随时解决碰到的问题。还要满足人们学习新知识和实现自我价值的愿望,形成独特的,具有竞争意识的企业文化。

(3)以"精简"为手段。在组织机构方面实行精简,去掉一切多余的环节和人员。实现纵向减少层次,横向打破壁垒,将层次细分工,管理模式转化为分布式平行网络的管理结构。在生产过程中,采用先进的柔性加工设备,减少非直接生产工人的数量,使每个工人都真正对产品实现增值。另外,采用 JIT(准时生产)和看板方式管理物流,大幅度减少甚至实现零库存,也减少了库存管理人员、设备和场所。此外,精益不仅仅是指减少生产过程的复杂性,还包括在减少产品复杂性的同时,提供多样化的产品。

(4)小组工作和并行设计。精益生产强调以小组工作方式进行产品的并行设计,综合工作组是指由企业各部门专业人员组成的多功能设计组,对产品的开发具有很强的指导和集成能力。综合工作组全面负责一个产品型号的开发和生产,包括产品设计、工艺设计、编制预算、材料购置、生产准备及投产等工作。并根据实际情况调整原来的设计和计划。综合工作组是企业集成各方面人才的一种组织形式。

(5)"零缺陷"工作目标。精益生产所追求的目标不是"尽可能好",而是"零缺陷"。即最低的成本、最好的质量、无废品、零库存与产品的多样性。当然,这样的境界只是一种理想境界,但应无止境地去追求这一目标,才会使企业在竞争中保持先进,立于不败之地。

精益生产方式和传统的大量生产方式的比较见表 8 - 2。

表 8 - 2　精益生产方式和大量生产方式的比较

生产方式 比较项目	精益生产方式	传统的大量生产方式
生产目标	追求尽善尽美	尽可能的好
分工方式	集成、综合工作组	分工、专门化
产品特征	面向用户和生产周期较短的产品	数量很大的标准产品
产品质量	在生产过程中的各个环节由工人主动进行质量保障	由检查部门事后进行质量检测
自动化方式	柔性自动化,并尽量精简	倾向于刚性和复杂的自动化
生产组织	加快进度的并行工程模式	依次实施顺序工程模式

从表中可以看出,精益生产方式首先在质量上要求尽善尽美,保证用户在产品整个生命周期都感到满意。在生产组织方式上,采用灵活的小组工作方式和强调相互合作的并行工作方式。在生产技术上采用适当的自动化技术,提高生产率。所有这些,使得企业资源能够得到合理的配置和充分的利用。

习　题

8-1　何谓高速加工？

8-2　简述快速成形技术的概念和常用工艺方法，每种方法的特点和应用范围。

8-3　何谓柔性制造单元、柔性制造系统？

8-4　简述柔性制造系统的主要特点和效益。

8-5　生产流程分析通常包含哪些内容？

参考文献

[1] 陈红霞. 机械制造工艺学(第 2 版). 北京：北京大学出版社，2014

[2] 刘正林. 船舶机械制造工艺学. 武汉：武汉理工大学出版社，2013

[3] 周哲波，姜志明. 机械制造工艺学. 北京：北京大学出版社，2012

[4] 陈明. 机械制造工艺学. 北京：机械工业出版社，2011

[5] 王世敬. 机械制造工艺学. 北京：石油工业出版社，2011

[6] 王先逵. 机械制造工艺学. 北京：机械工业出版社，2007

[7] 夏碧波，崔梁萍. 机械制造技术. 北京：中国电力出版社，2008

[8] 周世学. 机械制造工艺与夹具. 北京：北京理工大学出版社，2006

[9] 韩步愈. 金属切削原理与刀具(第二版). 北京：机械工业出版社，2004

[10] 金涤尘，宋放之. 现代模具制造技术. 北京：机械工业出版社，2005

[11] 艾兴，肖诗纲. 切削用量简明手册. 北京：机械工业出版社，2002

[12] 刘舜尧等. 机械制造基础. 长沙：中南大学出版社，2002

[13] 魏康民. 机械制造技术. 北京：机械工业出版社，2004

[14] 郑修本，冯冠大. 机械制造工艺学. 北京：机械工业出版社，1997

[15] 王茂元. 机械制造技术. 北京：机械工业出版社，2002

[16] 姜作敬. 机械制造工艺学. 武汉：华中理工大学出版社，1989

[17] 刘守勇. 机械制造工艺与机床夹具. 北京：机械工业出版社，1994

[18] 刘晋春，赵家齐. 特种加工. 北京：机械工业出版社，1994

[19] 胡永生. 机械制造工艺原理. 北京：北京理工大学出版社，1992

[20] 郑焕文. 机械制造工艺学. 沈阳：东北工学院出版社，1988

[21] 许香穗，蔡建国. 成组技术. 北京：机械工业出版社，1997

[22] 宾鸿赞，曾庆福. 机械制造工艺学. 北京：机械工业出版社，1990

[23] 李庆寿. 机械夹具设计. 北京：机械工业出版社，1984

[24] 袁长良. 机械制造工艺装备设计手册. 北京：中国铁道出版社，1992

[25] 劳动和社会保障部教材办公室. 数控加工工艺学. 北京：中国劳动社会保障出版社，1999

[26] 郑修本. 机械制造工艺学. 北京：机械工业出版社，1999

[27] 华东地区大专院校机械制造工艺学协作组. 机械制造工艺学. 福州：福建科技出版社，1995

[28] 王启平. 机械制造工艺学. 哈尔滨：哈尔滨工业大学出版社，1998

[29] 龚定安等. 机床夹具设计. 西安：西安交通大学出版社 1999

[30] 赵家齐. 机械制造工艺学课程设计指导书. 北京：机械工业出版社，1999

[31] 孙玉芹，孟兆新. 机械精度设计基础. 北京：科学出版社，2003

[32] 张辽远. 现代加工技术. 北京：机械工业出版社，2002

[33] 韩容第等. 现代机械加工技术. 电子工业出版社，2003

[34] 孙大涌. 先进制造技术. 北京：机械工业出版社，2000

[35] 盛晓敏. 先进制造技术. 北京：机械工业出版社，2000

[36] 任守榘等. 现代制造系统分析与设计. 科学出版社，1999

[37] 严隽琪. 制造系统信息集成技术. 上海：上海交通大学出版社，2001

[38] 卢清萍. 快速原型制造技术. 北京：高等教育出版社，2001

图书在版编目（CIP）数据

机械制造工艺学/何瑛，欧阳八生主编. —长沙：中南大学出版社，
2015.1（2020.1 重印）

ISBN 978 - 7 - 5487 - 1078 - 3

Ⅰ.机…　Ⅱ.①何…②欧…　Ⅲ.机械制造工艺

Ⅳ. TH16

中国版本图书馆 CIP 数据核字（2014）第 092335 号

机械制造工艺学

何　瑛　欧阳八生　主　编

陈书涵　蔡小华　　副主编

□责任编辑　谭　平

□责任印制　易建国

□出版发行　中南大学出版社

　　　　　　社址：长沙市麓山南路　　　　邮编：410083

　　　　　　发行科电话：0731 - 88876770　　传真：0731 - 88710482

□印　　装　长沙印通印刷有限公司

□开　　本　787 mm × 1092 mm　1/16　□印张 14.5　□字数 446 千字

□版　　次　2015 年 1 月第 1 版　□2020 年 1 月第 2 次印刷

□书　　号　ISBN 978 - 7 - 5487 - 1078 - 3

□定　　价　45.00 元